化学检测实验室
质量控制技术

HUAXUE JIANCE SHIYANSHI
ZHILIANG KONGZHI JISHU

刘崇华　董夫银　等编著

化学工业出版社

· 北 京 ·

本书全面、系统地介绍了目前有关化学检测实验室质量控制技术方法的原理、特点、适用范围等，并对每种化学检测实验室质量控制技术的方案设计、实施方法、结果评价等进行了仔细的总结，重点在于介绍各类化学检测实验室质量控制技术方法的设计和具体应用，特别是一线检测技术人员和质量控制管理人员多年来有关化学检测实验室质量控制的经验，同时，对于执行化学检测实验室质量控制过程中一些注意事项也作了介绍。

　　本书适合于我国专业检测机构和企业检测等分析行业实验室从事化学检测工作的中、高级操作人员等检测一线专业技术人员和技术管理人员阅读，也可作为高职、高专、大专院校和专业培训机构化学检测专业作为教材使用。

图书在版编目（CIP）数据

　　化学检测实验室质量控制技术/刘崇华，董夫银等编著. —北京：化学工业出版社，2013.3（2023.3重印）

　　ISBN 978-7-122-16241-0

　　Ⅰ. 化…　Ⅱ. ①刘…②董…　Ⅲ. 化学分析-实验室管理-质量控制　Ⅳ. 065

　　中国版本图书馆 CIP 数据核字（2013）第 002818 号

责任编辑：成荣霞　　　　　　　　　　　　文字编辑：刘志茹
责任校对：宋　玮　　　　　　　　　　　　装帧设计：王晓宇

出版发行：化学工业出版社（北京市东城区青年湖南街 13 号　邮政编码 100011）
印　　装：涿州市般润文化传播有限公司
710mm×1000mm　1/16　印张 15¼　字数 299 千字　　2023 年 3 月北京第 1 版第 10 次印刷

购书咨询：010-64518888　　　　　　　　　售后服务：010-64518899
网　　址：http://www.cip.com.cn
凡购买本书，如有缺损质量问题，本社销售中心负责调换。

定　　价：49.00 元　　　　　　　　　　　　　　　　版权所有　违者必究

前　言

目前，在国内外众多领域，为了保障人们生命健康、生命安全和产品质量，食品、纺织品、玩具、建筑材料、电子电气产品等越来越多的产品必须经过严格的化学检测。因此，化学检测，特别是痕量化学检测成为众多检测实验室的主要任务，化学检测实验室已成为消费产品安全检测的主力军，其检测能力成为政府、社会关注的焦点。

化学检测数据在评估产品质量、保障产品安全中具有极其重要的作用，如检测结果出现差错将可能直接造成重大的经济损失和不良的社会影响。用于行政执法的检测结果的谬误，甚至将严重影响行政执法的正确性和权威性。近年来，不时可见因检测数据差错而导致对生产企业或公众造成极大不良影响的报道。这些产品质量安全事件使我们充分认识到实验室检测数据的准确性事关经济和社会发展大局，事关社会稳定大局。

因此，加强和规范实验室检测结果质量控制，已成为确保检测结果准确性的重要手段。然而，现在不少实验室质量控制工作仅是为了应对实验室认可或评审要求，大多还不科学、不规范，且停留在被动状态。这些实验室虽然获得认可，但对自身检测结果仍缺乏信心，更不可能很好地发挥质量控制的实际作用。

目前，质量控制相关研究很多，大部分依据 ISO/IEC 17025 标准质量控制管理上的要求，较少涉及具体实验室的质量控制技术方案、措施或操作方法的内容。市面上有关质量控制的图书很多，但大多数均为质量管理的基础知识或者利用质量管理的方法在产品生产过程控制中的应用。在检测领域中的应用还很少，专门针对化学检测的质量控制技术具体实施方法的内容更少，一直以来业界缺乏一本以讲解目前化学检测的质量控制技术具体实施方法为主要内容的书籍。

为了帮助我国化学检测实验室从事化学检验、质量控制工作的中、高级专业技术人员和质量管理人员更好地掌握和使用各种化学检测实验室质量控制技术和方法，减少化学检测异常结果的产生，提高化学检测结果的准确性，提高化学检测实验室质量控制水平和检测技术能力，由广东出入境检验检疫局、深圳出入境检验检疫局、辽宁出入境检验检疫局、上海出入境检验检疫局、北仑出入境检验检疫局及广州市质量监督检测研究院、广州通标标准技术有限公司等有关单位技术专家，对目前化学实验室行业内有关化学检测实验室质量控制的原理、特点、适用范围以及具体的方案设计、实施方法、结果评价等进行了仔细的总结，并编写了本书。

本书全面系统地介绍了目前化学检测的质量控制技术具体实施方法。编写时以各种化学检测的质量控制技术为线索，每类质量控制技术首先从简要介绍其技术方法的含义、方法原理，然后着重介绍了方法的步骤，最后挑选典型的实际案例进行详细的介绍。不少实例是目前专业实验室质量控制方法的宝贵经验的总结。本书重点要放在如何设计方案、执行方案、结果评价等实用技术方面，注意从"实用"出发，着重经验、技能和技巧的传授，内容精炼，可操作性强。

全书共分 11 章，其中第 1 章、第 7 章、第 9 章由刘崇华编写；第 2 章、第 3 章由董夫银编写；第 4 章由付冉冉编写；第 5 章由杨振宇编写；第 6 章由冼燕萍编写；第 8 章由余奕东、刘崇华编写；第 10 章第 1 节由李丹、周明辉编写；第 2 节由张林田编写，第 3 节由刘崇华编写，第 4 节由张晓利编写，第 5 节由余奕东编写；第 11 章由刘健斌、刘崇华编写。全书由刘崇华统稿。

本书适用于工农业生产各类化学检测实验室，特别是各类食品等消费品和原材料化学检测实验室，可用于第一方检测实验室、第二方检测实验室、第三方检测实验室。本书将对从事有关化学检测技术人员和实验室质量控制管理人员掌握和了解化学检测的质量控制技术要求，指导化学检测的质量控制技术的操作和应用等工作具有重要指导意义，是化学检测实验室必备的技术资料和工具书。同时本书也适合于涉及化学检测的专业高职、高专、大专院校和专业培训机构作为教材使用。

在编写过程中，引用了国内外大量公开发表的资料，在此向文献的作者表示感谢。同时要感谢化学出版社责任编辑为本书付出的辛勤劳动，感谢广东出入境检验检验局、中国合格评定国家认可中心、深圳出入境检验检疫局、辽宁出入境检验检疫局、上海出入境检验检疫局、北仑出入境检验检疫局及广州市质量监督检测研究院、广州通标标准技术有限公司等有关单位相关部门和人员给予了大力支持！

由于编者水平有限，加之时间非常仓促，难免存在错误和遗漏，恳请广大读者在使用过程中多提宝贵意见，以便日后进行修订。

编者
2013 年 1 月 20 日于广州

目　录

第1章 绪 论

1.1 化学检测基础

1.1.1 常用术语和概念

1.1.1.1 真值

真值指与给定的特定量定义一致的值。

注：真值按其本性是不确定的。在化学检测中，要测量的物质组分含量的真值往往是无法通过测量来获得。

1.1.1.2 约定真值

对于给定目的的具有适当不确定度，赋予特定量的值，有时该值是约定采用的。约定真值有时也叫指定值、最佳估计值、约定值或参考值。

注：在定量化学分析中，由参考标准复现而赋予该量的值可作为约定真值。有时，在消除了明显的系统误差后，也常用多次测量结果来确定约定真值。

1.1.1.3 测量结果（测量值）

由测量所得到的赋予被测量的值。

注：测量结果可以是测量仪器所给出的量的值，即示值，也可以是根据公式计算的值。在测量结果的完整表述中应包括测量不确定度，必要时还应说明有关影响量的取值范围。

1.1.1.4 （测量）误差

测量结果减去被测量的真值。

注：由于真值不能确定，实际上用的是约定真值。误差是衡量测量结果与被测量的真值之间的一致程度，即测量准确度的参数。误差通常可分为系统误差、随机误差和过失误差。

1.1.1.5 随机误差

测量的结果与在重复性条件下，对同一被测量进行无限多次测量所得结果的平均值之差。

注：随机误差等于误差减去系统误差。这里的重复性条件是各种相同的测量条件，包括相同的测量程序、相同的测量人员、在相同的条件下使用相同的测量仪器、相同的地点、在相同时间（短时间内）等条件。随机误差是指由于各种能够影响测量结果的许多不可控制或未加控制的因素的微小波动引起的单次测定值对平均值的偏离，即结果的波动，又称为不可测误差。如测量过程中环境温度的

波动、仪器的噪声等。随机误差的特点是，它的值或大或小，符号有正有负，以不可预定方式变化，当测定次数足够多时，出现各种大小偏差的概率遵循着统计分布规律。

1.1.1.6 系统误差

在重复性条件下，对同一被测量进行无限多次测量所得结果的平均值与被测量的真值之差。

注：系统误差等于误差减去随机误差。如真值一样，系统误差及其原因不能完全获知。系统误差是由测量过程中某些恒定因素造成的。系统误差的大小和方向在多次重复测量中几乎相同，在一定的测量条件下，系统误差会重复地表现出来。系统误差来源是多方面的，可来自仪器（如砝码不准）和试剂（如试剂不纯），也可来自操作不当（如过滤洗涤不当）和方法本身的不完善等。

1.1.1.7 过失误差

指超出在规定条件下预期的误差。

注：过失误差是一种显然与事实不符的误差。主要由于分析人员的粗心或疏忽而造成，如加错试剂、错用样品、操作过程中试样大量损失，仪器出现异常而未被发现，读数错误，记录错误及计算错误等。过失误差没有一定规律可循。含有过失误差的测定值会明显地歪曲客观现象，经常表现为离群数据，可以用离群数据的统计检验方法将其剔除。

1.1.1.8 测量不确定度

表征合理地赋予被测量之值的分散性，与测量结果相联系的参数。

注：此参数可以是诸如标准偏差或其倍数，或说明了置信水准的区间的半宽度。可以认为，测量不确定度是指由于测量误差的存在而对被测量值不能肯定的程度，由测量结果给出的被测量估计值的可能误差的量度，它是表征被测量的真值所处范围的评定。

测量不确定度与误差是完全不同的两个概念。对同一被测量，不论其测量程序、条件如何，相同测量结果的误差相同；而在重复条件下，则不同测量结果有相同的不确定度。误差之值只取一个符号，非正即负。而测量不确定度只能是正值。不确定度越小，结果与真值越靠近，测量质量越高。

1.1.1.9 偏差

一个测量值减去被测量的足够多次测定的平均值。

注：偏差是衡量多次测量结果相互接近的程度，即测量精密度的参数。

1.1.1.10 实验标准［偏］差

对同一被测量作 n 次测量，表征测量结果分散性的量 s 可按下式算出：

$$s(x_i) = \sqrt{\frac{\sum_{i=1}^{n} (x_i - \bar{x})^2}{n-1}}$$

式中，x_i 为第 i 次测量的结果；

$\bar{x}$ 为所考虑的 n 次测量结果的算术平均值。

注：上式称为贝塞尔公式。实验标准［偏］差简称为标准差，通常用 s 表示，它反映了一组测定值中，所有单次测定值与测量均值间的平均偏离程度。标准偏差除以平均值，即为相对标准偏差（RSD），也称变异系数，通常用百分比表示。

1.1.1.11 标准不确定度

以一倍标准偏差表示的测量不确定度。

1.1.1.12 合成标准不确定度

当测量结果是由若干个其他量的值求得时，按其他量的方差或（和）协方差算得的标准不确定度。

注：它是测量结果标准差的估计值。

1.1.1.13 扩展不确定度

确定测量结果区间的量，合理赋予被测量之值的大部分可望含于此区间。

注：该扩展不确定度有时也称为展伸不确定度或范围不确定度。

1.1.1.14 包含因子

为求得扩展不确定度，对合成标准不确定度所乘的数字因子。

注：包含因子等于扩展不确定度与标准不确定度之比。一般以 K 表示。置信概率为 p 时的包含因子用 K_p 表示。包含因子有时也称为覆盖因子。一般在 2～3 范围内。

1.1.1.15 自由度

在方差计算中，和的项数减去对和的限制数。

注：自由度反映相应实验标准差的可靠程度。

1.1.1.16 置信概率

与置信区间或统计包含区间有关的概率值。

注：又称置信水准、置信水平。符号为 p，$p = 1 - \alpha$，α 是显著性水平。常用百分数表示。当测量值服从某分布时，落在某区间的概率 p 即为置信概率。置信概率是介于 (0,1) 之间的数，常用百分数表示。

1.1.1.17 灵敏度

方法灵敏度是指该方法的单位浓度或单位量的待测物质的变化所引起的响应量变化的程度。因此，它可用仪器的响应量或其他指示量与对应的待测物质的浓度或量之比来描述。在实际工作中常以校准曲线的斜率度量灵敏度。

一个方法的灵敏度可因实验条件的变化而改变。在一定的实验条件下，灵敏度具有相对的稳定性。

1.1.1.18 精密度

在规定条件下所获得的独立测量结果之间的一致程度。

注：在化学检测方法中，精密度通常指是用一特定的分析程序在受控条件下重

复分析同一样品所得测定值的一致程度。它反映了分析方法存在的随机误差的大小，而与真值或规定值无关。精密度的度量通常用不精密度术语表示，并用标准偏差和相对标准偏差等表示。大的标准偏差反映了小的精密度。"独立测量结果"意味着所获得的测量结果不受以前任何同样或类似物体的测量结果影响。定量测量精密度关键取决于规定的条件。重复性和重现性条件就是一组规定的极端条件。

重复性是指在相同条件下（同一操作者，同一台仪器，同一实验室内，于很短的时间间隔内）用相同的方法对同一样品进行两次或两次以上独立测定结果之间的符合程度。

再现性是指用相同的方法在不同的条件下（不同的操作者，不同的仪器，不同的实验室，于较长的时间间隔内）对同一样品进行多次测定得到的测定结果之间的符合程度。不同条件，精密度不同。

1.1.1.19　准确度

测量结果与被测量的真值之间的一致程度。

注：不要用"精密度"代替"准确度"。准确度是一个定性概念。准确度的高低常以误差的大小来衡量。即误差越小，准确度越高；误差越大，准确度越低。一个分析方法或分析测量系统的准确度是反映该方法或该测量系统存在的系统误差和随机误差两者的综合指标，它决定着这个分析结果的可靠性。

化学分析中通常可以用测量标准物质或以标准物质作回收率测定的方法来评价分析方法的准确度。由于不同分析方法具有相同不准确性的可能性很小，对同一样品用不同方法获得的相同测定结果可以认为这些方法具有较好的准确度。

1.1.1.20　检测限

检测限也称检出限，是指对某一特定的分析方法在给定的可靠程度内可以从样品中检测待测物质的最小浓度或最小量。可靠程度一般规定 95％置信概率。

方法检测限通常可以通过对多次空白的测定结果标准偏差的 3 倍计算获得，有些仪器分析方法存在一些特殊的方法，如对于分光光度法，以扣除空白值后的吸光度为 0.01，相对应的浓度值为检出限；对于色谱法，以检测器恰能产生与噪声相区别的响应信号时所需进入色谱柱的物质的最小量，通常认为恰能辨别的响应信号最小应为噪声的 2 倍；对于离子选择电极法，标准曲线直线部分外延的延长线与通过空白电位且平行于浓度轴的直线相交时，所对应的浓度值为离子选择电极的检测限。

1.1.2　化学检测方法

1.1.2.1　化学分析方法的分类

（1）按分析任务来分　按分析任务的不同，化学分析可分为定性分析、定量分析及结构分析。

定性分析的任务是确定物质是由哪些化合物或者哪些元素组成。对于相对纯的物质的定性分析的任务即确定它主要是什么物质（单质或化合物）；对于混合物，一般要确定它是由多少种化学物质组成的，每一物质具体是什么？通常，应确认其主要成分。

定量分析的任务是测定物质中特定化合物的含量。对于相对纯的物质，分析其纯度；对于混合物，根据不同需要，可能测定其中某一种组分含量，也可能测定其中多种组分含量。

结构分析的任务是研究物质的分子结构或晶体结构。

（2）按分析对象来分

按分析组分对象的不同，化学分析可分为无机分析和有机分析。

无机分析的对象是无机物质。有机分析的对象是有机物。在化学分析方法具体操作中，由于无机物与有机物有很多不同的特性，根据这些特性可选用不同的样品处理、样品分离、仪器和化学检测方法。如对痕量无机元素分析，消解是一种最常用的样品前处理技术；而在痕量有机分析中，通常采用萃取方法提取待测物质。

（3）按测定原理来分　按分析原理的不同，化学分析可分为化学分析和仪器分析。

化学分析是基于化学反应为基础的分析方法。由于化学分析历史悠久，又称经典分析法，主要包括重量分析和容量分析（滴定分析）法等。

仪器分析是以物质的物理和物理化学性质为基础的分析方法。目前，仪器分析使用日益增多，常用的仪器分析包括：光谱分析法、色谱分析法和电化学分析法等，具体的方法见表1-1。

（4）按待测组分含量水平来分　按待测组分含量高低的不同，化学分析可分为常量成分分析、微量成分分析、痕量成分分析。它们对应的组分含量分别为：$>1\%$、$0.01\%\sim1\%$、$<0.01\%$。

随着国际社会对产品质量，特别是各种食品等消费产品有害物质安全的重视，各种食品、玩具、纺织品、电器等产品中化学分析检测日益增多，本书所介绍的质量控制技术主要适用于这些产品中低含量有害化学物质检测，大多适合仪器分析方法、痕量成分的定量分析，主要包括各种重金属元素和工业有害和农业残留等有机化合物的分析。

1.1.2.2　定量化学检测过程

（1）取制样　一般根据样品的特点和检测方法的要求采用不同的方法。对于气体样品一般需要通过特殊的气体样品采集装置采集。如通过采样泵采集用合适的吸附剂或溶液吸收；对于液体样品一般在取样前充分搅拌或摇匀后直接取制备；对于固体样品，常用剪、切割、粉碎、刮屑等方法。取样过程，最重要的是确保分析试样具有代表性，并满足分析方法的要求，否则，分析结果误差很大，甚至出现错误的结论。

（2）样品前处理　大多数分析仪器方法适合进行溶液样品的分析，而待分析的样品为固体，样品前处理的目的通常是需要通过一定的方法将样品中的待测组分从样品中转移到溶液中。对于无机元素分析，通常采用强酸甚至在高温条件下，将样品破坏分解，样品中无机金属元素溶解到酸性溶液中；对于有机化合物的分析，通常采用合适的有机溶剂经过溶剂萃取，将样品中待测定的有机化合物溶解到有机溶剂中，此外，由于样品基体复杂，通常，痕量有机物的分析还需对样品进行分离步骤，以减少基体的干扰，常用的方法包括液液萃取、固相萃取等。

（3）仪器测定　随着人们对分析方法灵敏度、精密度、自动化程度要求的日益增加，仪器方法手段也不断增多，仪器功能日益强大。目前，食品等消费品化学检测主要采用的仪器方法及其主要用途见表1-1。不同的仪器分析方法的灵敏度、选择性、使用范围有较大差异，应根据分析的任务、目的结合各种方法的特点加以选择。

（4）分析结果的计算　分析实验操作完成后，应根据分析过程试样的质量（或体积）、前处理定容的体积和仪器测定的数据等计算试样中待测组分的含量。计算时，必须注意一些中间过程对样品的定量移取、稀释等步骤。

（5）分析结果的报告　随着分析方法的标准化发展，大多数化学检测都需要依据检测方法标准来进行，分析结果的报告也应该按标准要求来报告结果。通常，分析结果的报告应包括：检验的样品（材料）、检测数据和单位、检测标准方法、检验仪器和设备、检验人员、检验日期等。

1.1.2.3　常用的定量仪器分析方法

目前，化学检测实验室常用的定量仪器分析方法及其主要用途归纳见表1-1。

表1-1　化学检测实验室常用的仪器分析方法及其主要用途

方法名称	缩写	主要用途
电感耦合等离子体原子发射光谱法	ICP-AES	无机元素分析
原子荧光光谱法	AFS	无机元素分析
X射线荧光光谱法	XRF	无机元素分析
分子荧光光度法	MFS	痕量有机化合物等分析
原子吸收光谱法	AAS	无机元素分析
紫外-可见分光光度法	UV-Vis	无机、有机化合物鉴定和定量测定
红外光谱法	IR	有机化合物结构分析
X射线吸收光谱法	XRA	晶体结构测定
拉曼光谱法	RS	物质的鉴定、分子结构研究
电感耦合等离子体质谱法	ICP-MS	元素分析,同位素分析
气相色谱法	GC	挥发性有机化合物分离分析
气相色谱-质谱联用法	GC-MS	挥发性痕量有机化合物分离分析
高效液相色谱法	HPLC	低挥发性、热不稳定性有机化合物分离分析
液相色谱-质谱联用法	LC-MS	低挥发性、热不稳定性痕量有机化合物分离分析
离子色谱法	IC	痕量无机、有机阴阳离子分离分析
高效毛细管电泳法	HPCE	痕量无机、有机阴阳离子分离分析
离子选择电极法	ISE	pH值及无机阴阳离子分析

1.2 质量控制技术导论

1.2.1 质量管理及质量控制的内涵

任何组织都需要管理。当管理与质量有关时，则为质量管理。对于检测实验室，质量管理既是实验室生存的基础，也是实验室发展永恒的主题。

目前，对于质量管理比较经典的定义是国际标准 ISO 9000 给出的，即"在质量方面指挥和控制组织的协调活动。"质量管理通常包括制定质量方针、目标以及质量策划、质量控制、质量保证和质量改进等活动。

质量控制是质量管理的一个重要组成部分。ISO 9000 对质量控制的定义是"质量管理的一部分，致力于满足质量要求"。

对于产品制造企业来说，质量控制的目标就是确保产品的质量能满足顾客、法律法规等方面的质量要求，如适用性、可靠性、安全性。作为检测实验室，检测结果/报告准确、可靠、及时，满足客户的需求是最重要的质量要求，因此，检测质量控制的工作要围绕这些要求来开展，主要包括专业技术和管理技术两个方面，涉及检测结果和检测报告形成全过程的各个环节，需要对影响工作质量的人、机、料、法、环等多个因素进行控制，并对质量活动的结果进行分析验证，以便及时发现问题，采取相应措施，尽可能地减少和防止不合格发生，以符合质量要求。检测实验室质量控制也应贯彻事前预防为主的原则。在检测过程中，充分利用各种质量控制技术，确保这些过程或因素不产生质量问题，或者在过程中尽早发现问题并及时纠正。

1.2.2 质量管理发展历史

了解质量管理的发展过程，有助于有效地利用各种质量管理的思想和方法，更好地开展质量控制工作。目前，一般把质量管理的发展过程分为以下三个阶段。

（1）质量检验阶段 人类自古以来一直就面临着各种质量问题，并在实践中不断获得质量知识。质量管理则是在有商品生产后出现的，但早期主要靠手工操作者依据自己的手艺和经验来把关，因而又被称为"操作者的质量管理"。

从 19 世纪末，直至 20 世纪 40 年代，人们对质量管理主要是依靠使用各种的检测设备和仪表的手段，方式是严格把关，进行百分之百的检验。其间，出现了以美国泰罗为代表的"科学管理运动"。"科学管理"提出了在人员中进行科学分工，并将计划职能与执行职能分开，中间再加一个检验环节，这样，质量检验机构就被独立出来了，这种由专职检验部门实施质量检验，称为"检验员的质量管理"。这一阶段即为质量检验阶段，也称为传统质量管理阶段，是质量管理发展中的初始阶段。

（2）统计质量控制阶段 质量检验的主要特征是按照规定的技术要求，对已完成的产品（最终成品）进行质量检验。对最终产品质量把关是必要和有效的，至今仍不可缺少，但它是在成品中挑出废品，这种事后把关检查，无法在生产过程中起到预防、控制的作用。此外，由于百分之百的检验，检验费用很高。因此它不是一种积极的方式。随着生产规模的扩大，这种检验的弊端就突显出来。

一些著名统计学家和质量管理专家注意到质量检验的问题，尝试运用数理统计学的原理来解决，使质量检验既经济又准确，1924年，美国的休哈特提出了控制和预防缺陷的概念，并发明了"控制图"，把数理统计方法引入到质量管理中，使质量管理推进到了新阶段。控制图的出现，是质量管理从单纯事后检验转入检验加预防的标志，也是形成一门独立学科的开始。这样，统计质量控制的方法（statistical quality control，SQC）就产生了。它应用数理统计的方法，对生产过程进行控制。即在生产过程中，定期地进行抽查，并把抽查结果当成一个反馈的信号，通过控制图或其他统计检验方法发现或鉴定生产过程是否出现了不正常的情况，以便能及时发现和消除不正常的原因，防止废品的产生。

统计质量控制是质量管理发展过程中的一个重要阶段，它是20世纪40～60年代这段时间内得到发展和推广应用的。

（3）全面质量管理阶段　统计质量管理过分强调质量控制的统计方法，使人们误认为"质量管理就是统计方法"，"质量管理是统计专家的事"。使多数人感到高不可攀、望而生畏。同时，它对质量的控制和管理只局限于制造和检验部门，忽视了其他部门的工作对质量的影响。

20世纪50年代末，随着科学技术和工业生产的发展，工业产品的技术水平迅速提高，产品更新换代的速度大大加快，新产品层出不穷。特别是对于许多综合多种门类技术成果的大型、精密、复杂的现代工业产品来说，影响质量的因素多达成千上万个。对一个细节的忽略，也会造成全局的失误。这种情况必然对质量管理提出新的更高的要求，那种单纯依靠事后把关或主要依靠生产过程统计质量控制的质量管理，显然已不能满足需要了。与此同时，人们开始认识到质量的实现，不仅与生产制造过程有关，还受到许多其他因素的影响，如员工的参与度和积极性、生产过程的合理性等。在这样的背景下，全面质量管理开始应运而生。

最早提出全面质量管理（total quality management，TQM）概念的是美国的费根堡姆（Feigenbaum）。20世纪60年代，国际标准化组织ISO给TQM下了一个定义："一个组织以质量为中心，全员参与为基础的管理方法，其目的在于通过顾客满意和本组织所有成员以及社会受益而获得长远的成功的管理途径。"有关TQM详细内容请参考第11章。

总的来说，质量管理发展的三个阶段的本质区别是：质量检验阶段靠的是事后把关，是一种防守型的质量管理；统计质量控制阶段主要靠在生产过程中实施控制，把可能发生的问题消灭在生产过程之中，是一种预防型的质量管理；而全面质量管理，则保留了前两者的长处，对整个系统采取措施，不断提高质量，可以说是一种进攻型或者是全攻全守型的质量管理。

1.2.3 实验室相关质量标准的发展

现代实验室质量控制技术核心思想是伴随着质量管理体系发展和实验室认可逐步推广而发展的。实验室质量标准是在各国产品质量标准和国际质量管理、质量保证质量标准产生并应用基础上产生的。

早期产品质量标准主要在军工产品中，随后出现民用行业标准和国家标准，由于这些产品质量标准所取得令人信服的成效，1978年以后，英国、加拿大、法国、挪威、荷兰、瑞士和澳大利亚等国家也先后制订了质量保证标准，如英国BS5750标准是最早出现的国家级质量管理标准之一等。

正是由于各种产品质量标准和质量管理标准的喷薄而出，以及质量保证思想的迅猛发展，无形中也推动了实验室广泛认可。为确保产品质量，人们开始注意到产品检验（实验室测试）本身必须受到合适的审查。1947年，澳大利亚建立了世界上第一个国家实验室认可体系并成立了认可机构，即澳大利亚国家检测机构协会（NATA）。20世纪60年代，英国也建立了实验室认可机构，从而带动欧洲各国认可机构的建立。70年代，美国、新西兰、法国也相继开展了实验室认可活动。80年代，实验室认可发展到东南亚，新加坡、马来西亚等国建立了实验室认可机构。90年代后，更多的发展中国家，包括中国也加入了实验室认可的行列。

随着各国实验室认可机构的相继建立，1986年6月15日，国际标准化组织ISO/TC176的SC1分技术委员会正式发布ISO 8402—1986《质量—术语》标准。1987年，ISO/TC176的SC2分技术委员会基于英国BS5750，发布了著名的ISO 9000质量管理和质量保证系列标准。随后，这些标准经过全面修订，目前，ISO相关的质量管理标准已有ISO 8000、ISO 9000、ISO 10000三个系列，包括十多项各类具体标准，统称为"质量管理和质量保证族标准"。

随着贸易和经济高速迅猛的发展，全球一体化进程明显加快，ISO质量管理和质量保证族标准得到了广泛的认可和采用。目前，已有100多个国家和地区直接翻译，等同采用ISO 9000等质量标准体系，许多个国家也建立了自己的质量体系认证认可和注册机构。ISO质量管理和质量保证族标准无疑为世界各国经济发展作出了巨大的贡献。

在主要用于产品制造业的质量管理标准发布和不断完善的同时，1990年，国际标准化组织ISO符合性评定委员会（CASCO）吸收ISO 9000标准中有关管理要求的内容，制定专门适用于实验室质量管理标准：ISO/IEC导则25：1990《校准和检测实验室能力的要求》。目前，该标准经过多次修订为ISO/IEC 17025：2005《检测和校准实验室能力的通用要求》，为评价实验室校准或检测能力是否达到要求提供依据，为实验室质量控制提供有效的方法。主要包括：定义、组织和管理、质量体系、审核和评审、人员、设施和环境、设备和标准物质、量值溯源和校准、校准和检测方法、样品管理、记录、证书和报告、校准或检测的分包、外部协助和供给、投诉等内容。

在实验室质量管理中，ISO/IEC17025 适用于各专业领域实验室质量管理，但该标准是基于一般的原则性要求，强调各行各业实验室整个质量体系的普遍性和通用性，对很多专业性强的实验室可能还需要注意一些特别的更严格的和更具体的要求。

目前，中国合格评定国家认可委员会（CNAS）是我国唯一的实验室认可机构，承担全国所有实验室的认可。所有的校准和检测实验室均可采用和实施 ISO/IEC 17025 标准，实验室通过了 ISO/IEC 17025 标准认可，提高了实验数据和结果的精确性，扩大了实验室的知名度，从而提高了经济和社会效益。按照国际惯例，凡是通过 ISO/IEC 17025 认可的实验室提供的数据均具备法律效应，可得到国际认可。

1.3　质量控制方法和工具

1.3.1　检测质量过程控制

质量控制方法可分为两大类：抽样检验和过程质量控制。抽样检验通常是指对具体的产品或材料进行检验，对产品制造企业来说，主要包括在生产前对原材料的检验或生产后对成品的检验，根据随机样本的质量检验结果决定是否接受该批原材料或产品。而过程质量控制是指对生产过程中的产品（中间产品）随机样本进行检验，也包括对生产过程的特征参数监控，以判断该过程是否在预定标准内生产。

对于检测实验室，理论上也包括这两类质量控制方法。不过，由于检测实验室的"产品"即最终的检测报告，其质量（如结果准确性）很难通过对最终的检测报告的检验来判断，因此，主要是采用过程控制方法。

目前，检查检测质量的方法，大多数还是对检测报告的复核和批准，它的作用主要是"把关"。这种方法对于防止不合格的检测报告交付给客户是完全必要的，这是实验室质量管理工作最起码、最基本的职责，必须继续坚持。但是应该看到，这种质量控制方法不仅是光靠事后"把关"，而且，这种"把关"也难以真正地起到很好的把关作用，这些复核也只能重点在核对一些检测原始记录结果和报告，一些检测过程中潜在的质量问题是无法发现。如针对某个样品某项目的化学分析检测，其报告检测结果的准确性（最重要的检测质量）通过查看检测报告是无法检验的，其质量问题不可能得到根本解决。即使依靠重新测试再来判别测试结果的符合性，也往往因破坏性分析难以获得同样的样品，同时时间、成本上也往往不允许这样操作。

采用检测过程控制是解决上述问题的有效方法。过程控制是一种很好的质量控制方法，它遵循"质量是在过程中制造出来的"这个预防为主的原则，即要在检测"过程"中制造出符合要求的检测质量来。而在检测过程中制造质量，具体是指要控制过程的各种操作条件，使它能够稳定地提供准确、可靠的高质量检测报告。过程控制是以可以影响或左右过程结果的因素为处置对象的活动。过程的每个节点都可能会出现差错，关键是能迅速检索出来，反馈上来加以纠正。这种方法强调把过程的诸因素用控制图等方法控制起来，掌握问题的全貌，了解薄弱环节的所在，及时发现问题，采取有效措施，确保质量的稳定可靠。对于检测过程来说，将检测作为一个过程来考虑，通过监视和分析由检测过程获得的数据并采取控制措施，使检测结果的不确定度连续保持在规定的技术要求之内。

检测质量过程控制的有效实施，可极大地督促实验室对检测各环节的严格把关，促进实验室查找问题、整改不足的活动，使得实验室的检测活动处于一种有效的受控状态，保证检测数据的准确出具。可使实验室出具的检测数据更加准确可靠，从而增加实验室出具的质量证明书的可信度，大大提高实验室的知名度。

过程控制的重要性还表现在它能发现存在于检测过程中的质量规律，提供能够保证检测质量的管理方法。所以，在加强检查的同时，实施预防为主的管理方式，在日常检测过程中就要防止不符合因素的产生。即通过检测质量过程控制保证最终检测结果的准确可靠。

常用的检测质量过程控制方法有很多，具体实施时，应依据各种检测质量控制方法的特点，并结合实验室实际制定年度质量控制计划，明确每一检验项目的质量控制方法、资源保证、负责人和完成时间等事项，然后按计划组织检验人员实施检测质量控制活动，并作好活动记录。

1.3.2　控制图

在日常工作中，为了连续不断地监测和控制分析测定过程中可能出现的误差，经常画出质量控制图，实施检测质量控制，以确保该项目或仪器的检验系统出具的数据长期处于受控状态。

"控制图"（control chart ）又叫"休哈特控制图"，原名"管制图"，是 1924年美国贝尔电话实验室的休哈特（Shewhart）博士首先发明的。自休哈特首创以来就一直成为科学管理的一个重要工具，特别在质量管理方面成了一个不可缺少的管理工具。它是一种有控制界限的图，用来区分引起质量波动的原因是偶然的还是系统的，可以提供系统原因存在的信息，从而判断生产过程是否处于受控状态。

控制图的基本样式如图 1-1 所示。

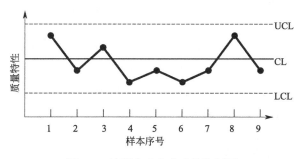

图 1-1　检测实验室典型的控制图

相关说明：横坐标为样本序号，纵坐标为质量特性（如化学分析物质含量），图上三条平行线分别为：实线 CL——中心线，虚线 UCL——上控制界限线，虚线 LCL——下控制界限线。

控制图通常以同一样品（通常是质控样品）在每间隔适当时间，按同一方法进行测定，以检测结果（不同的控制图还可以其他参数）为纵坐标，以样品测定次数（测定时间）为横坐标作图，根据所获得的图特点来检验分析过程是否处于控制状态。在检验前一般先积累足够可靠的数据，统计数据确定中心线和上、下控制线等。随后，在检测过程中，定时抽取样本，把测得的数据点一一描在控制图中。如果数据点落在两条控制界限之间，且排列无缺陷，则表明检测过程正常，过程处于控制状态；否则表明检测条件发生异常，需要对过程采取措施，加强管理，使检测过程恢复正常。

有关控制图详细原理、种类及其在检测实验室的应用参考第 4 章。

1.4　实验室质量控制技术方法

1.4.1　检测质量控制技术

检测实验室作为产品检测服务机构，其检测结果的作用越来越大，检测结果质量不仅是实验室始终关注的重点，也是结果使用方（利益相关方）最关心的因素。作为出具检验报告的质检机构，实验室质量控制是一项重要的技术管理工作。ISO/IEC 17025 国际标准［CNAS 认可准则（CNAS-CL01：2006）］5.9 条款对实验室质量控制提出明确的要求。因此，为确保检测结果的准确、可靠和有效，实验室质量控制至关重要。

实验室质量控制技术是指为将分析测试结果的误差控制在允许限度内所采取的控制措施。实验室质量控制技术可分为：实验室内质量控制和实验室间质量控制两大类。

实验室内质量控制，主要技术方法有：采用标准物质进行核查、实验室内部比对、留样再测、加标回收、空白实验、平行样分析、校准曲线的核查、仪器设备的校准以及使用质量控制图等。它是实验室分析人员对测试过程进行自我控制的过程。

实验室间质量控制，也称实验室外部质量控制，主要技术方法有：参加能力验证、测量审核以及其他实验室间的比对等方式。它是发现和消除一些实验室内部不易核对的误差，特别是存在的系统误差的重要措施。一般由熟练掌握分析方法和质量控制程序的实验室或专业机构承担。

1.4.2　室内质量控制技术

1.4.2.1　采用标准物质监控

在日常分析检测过程中，实验室可以定期使用有证标准物质（参考物质）和

（或）次级标准物质（参考物质）进行结果核查，以判断标准物质的检验结果与证书上的给出值是否符合，从而保证检测数据的可靠性和可比性。

通常的做法是实验室直接用合适的标准物质作为监控样品，定期或不定期将标准物质以比对样或密码样的形式，与样品检测相同的流程和方法同时进行，检测室完成后上报检测结果给相关质量控制人员。也可由检测人员自行安排在样品检测时同时插入标准物质，验证检测结果的准确性。

用标准样品定量分析的结果与已知的含量相比较来评价定量分析结果的准确度。此时标准样品的已知含量可作为真值，标准样品的定量分析结果是测量值，由此计算出的绝对误差和相对误差可用来评价该定量分析结果的准确度。将检测结果与标准值进行比对，如结果差异过大，应由检测室查找原因，进行复测。若复测结果仍不合格，应对检测过程进行检查，查到原因后立即进行纠正，必要时同批样品复测。

这种方法可靠性高，但成本高，一般用于：刚实施的新标准、新方法、新检测项目、设备的校准和核查等。当然，对于日常检测标准方法和项目，如有必要，均可采用这种方法。

有关使用标准物质进行结果核查的详细方法参考第 5 章。

1.4.2.2　实验室内部比对

实验室内部比对是按照预先规定的条件，在同一实验室内部，由两个或多个人员（或方法、设备）对相同或类似的物品进行测量或检测的组织、实施和评价。根据检验条件的不同，一般有人员比对、方法比对、设备比对等几种方式。

这些比对的一般做法是除了需要比对的条件不同以外，其他条件尽量完全相同（相同的环境条件下），对同一样品进行的试验，通过比较分析检测结果的一致性，以评价该比对条件对检测结果的影响。如人员比对，需要采用相同的试验方法或程序，采用相同的检测设备和设施，在相同的环境条件下，仅由不同的检测人员对同一样品进行的试验，通过比较分析检测结果的一致性，以评价人员对检测结果的影响。

实验室内部比对方式多样，操作灵活。不同的比对可适于不同的目的，通过多方面的比对可全面考察实验室内部质量状况，根据比对结果采取相应的措施，达到质量控制的目的。

有关使用实验室内部比对的详细方法参考第 6 章。

1.4.2.3　留样再测

留样再测指仅考虑试验时间先后的不同，用于考核上次测试结果与本次测试结果的差异，通过比较分析检测结果的一致性，以评价检测结果的可靠性、稳定性与准确性。事实上，留样再测可以认为是一种特殊的实验室内部比对，即不同时间的比对。

留样再测以密码样或复测样的方式不定期安排进行。试验结束后将检测结果进行比对，以验证原检测结果的可靠性、稳定性以及准确性。若两次检测结果存在显著性差异，实验室应采用有效的方式查找原因，并对于同批检测的样品进行复测。

留样再测作为内部质量控制手段，主要适用于：有一定水平检测数据的样品或阳性样品、待检测项目相对比较稳定的样品以及当需要对留存样品特性的监控、检测结果的再现性进行验证等。

1.4.2.4　加标回收

由于不是任何检测都能找到标准样品来评价定量分析结果的准确度和精密度，在找不到相应的标准样品时，可用测定回收率的方法来评价。

加标回收法，即在样品中加入标准物质，通过测定其回收率以确定测定方法的准确度，反映出本次检测过程的总体质量水平。加标回收是化学分析实验室一个重要的经常使用的质控手段。

具体的做法是：将被测样品分为两份，其中一份加入已知量的欲测组分，然后用同样的方法分析这两份样品，按下式计算回收率：

$$回收率 = \frac{加入欲测组分样品的测定结果 - 未加入欲测组分样品的测定结果}{加入欲测组分量} \times 100\%$$

通常情况下，回收率越接近100%，定量分析结果的准确度就越高，因此可以用回收率的大小来评价定量分析结果的准确度。

加标回收质量监控的适用范围：各类化学分析中，如各类产品和材料中低含量重金属、有机化合物等项目检测结果控制、化学检测方法的准确度、可靠性的验证、化学检测样品前处理或仪器测定的有效性等。

有关采用加标回收进行质量控制方法的详细内容参考第7章。

1.4.3　室外质量控制技术

1.4.3.1　参加能力验证

能力验证（proficiency testing）是"利用实验室间比对，按照预先确定的准则来评价参加者能力的活动"。对于实验室而言，参加能力验证活动，是衡量与其他实验室的检测结果一致性，识别自身所存在的问题最重要的技术手段之一，也是实验室最有效的外部质量控制方法。

由于能力验证通常由相关行业权威专业机构（即能力验证提供者）组织，其评价结果可靠性较高，参加实验室较多。对于化学检测能力验证，通常的做法是，组织机构将性能良好、均匀、稳定的样品分发给所有参加实验室，各实验室采用合适的分析方法或统一方法对样品进行测定，并把测定结果反馈给组织机构，由组织机构负责对这些测定结果进行统计评价，然后将结果和报告通知给各实验室。实验室通过参加能力验证计划，不仅可检查各实验室间是否存在系统误差，及时发现、识别检测差异和问题，从而有效地改善检测质量，促进实验室能力的提高。

1.4.3.2　参加测量审核

由于能力验证涉及的实验室较多，持续的时间较长，因此，可参加的能力验证计划相对较少，而测量审核是对能力验证的补充，即实验室对被测物品（材料或制品）进行实际测试，将测试结果与参考值进行比较的活动。该方式也用于对实验室的现场评审活动中，可以认为测量审核是一种特殊的，即只有1个参加者的能力验证。相对来说，测量审核更为灵活、快速。

对于化学检测而言，通常测量审核由权威检测实验室组织，由其将样品分发到测量审核申请实验室，回收其测量结果，依据参考值和允许误差对参加实验室结果进行评价，该参考值既可是有证标准物质证书值，也可是能力验证样品指定值，或者是参考实验室的测定值等。

实验室间质量控制必须在切实实施行实验室内质量控制的基础上进行。有关参加能力验证和测量审核的详细内容参考第9章。

1.5 质量控制方案的设计及实施

1.5.1 方案设计的主要原则

（1）可靠性原则 选择合适的质量控制方案以保证质量控制结果的可靠性是进行方案设计的首要原则。如果方案设计不合理，导致产生错误的质量控制结果，这对检测十分不利。举个简单的例子，采用加标回收试验时，由于添加水平与加标样品含量水平差异很大，可能会得到回收率异常的结果，而这种异常不一定说明该检测方法存在问题。因此，在进行方案设计时，必须掌握各类质量控制技术方法的特点，把握各自的规律，必须在满足其使用范围，符合其限定的条件下使用，以获得可靠的质量控制结果。

此外，由于质量控制结果受多方面因素的影响，在进行质量控制时，需要对质量控制的过程、质量检测点、检测技术人员、检测相关人员、测试方法、测试样品、测试类型和数量、评价方法和指标等各方面进行决策，这些决策完成后就构成了一个完整的质量控制系统，只有这样，才能有效地保证方案设计的可靠性。

（2）灵活性原则 由于质量控制方法很多，每种质量控制方法也没有固定不变的操作形式，只有不断符合要求的改进。也没有所谓的先进的质量控制标准方法、标准规程、标准体系，每一种质量控制方法都只有一些原则的方法和其特殊的适用范围、优缺点等，即使世界一流的检测公司适合的质量控制体系和方法未必适合自己。方案的设计既要广泛参考或应用各种各样的质量控制方法，遵循一定的质量控制理念和原则，又必须根据当前的主要目的，结合实验室自身的实际情况来确定。

质量控制过程本身是永不间断地改进过程，在每一项活动中，必须有效地降低成本和提高质量，无论是检测环节，还是后勤供应保障环节，或是领导管理、决策执行、人事更迭、交流培训等相关方面。

此外，在整个质量控制过程中，人始终是最重要的因素，因此，在设计质量控制方案时，必须重点考虑人员这一因素，对人的管理必须基于服务基础上。质量控制需要的不是强制达标，而是柔性地、系统地、顺畅地达到质量最高境界。

（3）关键性原则　关键性原则是进行质量控制方案设计的重要原则。一个检测实验室，进行的检测项目繁多，每一检测项目的检测过程一般包括它是从检测原材料投入到检测数据出具整个检测过程等多个检测步骤，涉及诸多影响质量的要素。

具体来说，影响检测质量的因素，主要来自检测人员（对标准/规程的了解深度，操作的熟练水平，是否经过培训等）、检测设备（检测设备的日常维护保养状态、是否定期校准等）、检测材料（试剂材料的质量情况）、检测方法（标准/规程的采用、作业指导书的制定、方法的确认等）和检验环境（检测场所、能源、照明、采暖、通风等）五个方面。这些因素，每一项要素都影响最终的检验结果，但具体到每一要素，不同检测项目要求也存在较大的差异。这就要求质量控制方案的设计必须全面考虑各要素的影响，然而，对检测过程进行质量控制不可能是像产品检验那样对每个产品进行全过程检验，只能是一种基于风险评估的基础上对检测过程进行一定程度的监督和控制，也即以检测全过程为对象，以对检测结果质量的影响有关因素和质量行为的控制和管理为核心，通过建立有效的关键管理点，制定严格的检测监督、检验和评价制度以及信息反馈制度，进而形成强化的质量保证体系，使整个检测过程中的检测质量处在严格的控制状态。

建立有效的关键管理点是搞好质量管理的关键。关键管理点所管理的特性或对象应尽可能用数据表示。如一个检测试验关键管理点，可以是某类商品的关键质量特性，例如钢板的硬度、拉力强度、屈服强度等，也可以是材料中的某种元素的含量，某类主成分定性；也可以是一批检测任务的关键要素，如检测用的试剂、环境变量或仪器技术参数、检定校准不确定度等。

一般来说，在化学检测中，以下情况都应建立检测关键点。

① 仪器的检测性能，包括：检测灵敏度、精密度、仪器检定给出的不确定度以及对它们有直接影响的零部件的关键质量特性等。

② 试验方法本身有特殊要求，或对下一操作步骤有影响的质量特性，以及影响这些特性的支配性操作要素。

③ 检测人员知识水平和操作技能等。

④ 检测过程使用的标准物质和试剂等。

⑤ 检测质量不稳定，出现不满意结果多的质量特性或其支配性要素。

⑥ 实验室客户反馈来的，或内部审核及外部审核不合格的质量项目等。

⑦ 容易出现干扰的情况。

⑧ 某些关键的样品制备、样品处理步骤和操作等。

（4）经济性原则　过于追求效益的实验室不利于质量控制，但是，质量控制也必须考虑成本。质量控制的成本和效益两者必须达到一种平衡。

"全面质量管理"的思想认为：质量应当是"最经济的水平"与"充分满足顾客要求"的完美统一。因此，在设计质量控制方案时，既要考虑质量控制的成本，更要考虑其效益。离开效益和质量成本谈质量是没有实际意义的。

1.5.2　主要步骤

（1）确定目的　所有质量控制的目的都是确保检测结果准确、可靠。但是由于不同的质量控制方法具体的作用有很大差异，实验室应根据检测项目的特点、检测实验室的情况变化，明确每项质量控制措施的目的。

（2）选择合适的技术方法　综上所述，检测实验室常用的质量控制技术方法归纳如表 1-2 所列。

表 1-2　检测实验室常用的质量控制技术方法

质量控制技术方法	主 要 用 途	特 点
标准物质进行核查	检测方法全程质量控制	可靠性高，但样品少，成本高
实验室内部比对	同一样品不同人员、方法、仪器比对等，特别适合新人员、方法、仪器的评价	形式多样，应用广泛，但结果评价较为复杂
留样再测	实际样品的不同时间结果比对	操作简单，但对样品要求较高
加标回收	评价低含量水平化学物质定量分析方法的准确度和精密度	操作简单，成本低廉，但无法反映某些样品制备及前处理步骤问题
空白实验	监控容器、试剂、水的纯度以及待测物质的污染情况	操作简单，主要用于痕量化学分析
重复测试	监控分析结果的精密度，减少偶然误差	操作简单，但无法发现系统误差
能力验证及测量审核	检查系统误差，识别检测差异	可靠性高，但需要借助外部力量
使用质量控制图	监控仪器或影响结果的各种因素是否处于稳定受控状态	直观反映统计量的变化，但有时中心线、控制限确定困难

实验室负责人及技术人员应定期对所实施的控制方法进行有效性的评审，并研究改进措施，使其不断完善形成一个适合实验室实际的行之有效的控制方案，并使之规范化与制度化。

（3）制定方案　按实现的频率来考虑，质量控制包括日常质量控制和定期质量控制。对于日常质量控制，一般依据作业指导书或具体的专业检测标准规定来进行，无须针对每次质量控制操作制定方案；而对于定期质量控制，实验室一般需要提前做好质量控制的年度计划，年度计划的制定应结合实验室的实际情况来考虑，如：根据新开展项目、新上岗人员、重要的设备、客户的投诉和反馈等关键点来选择确定。年度计划中规定的每一项质量控制应制定相应的具体的质量控制实施方案，每一质量控制方案设计应重点考虑方案的科学性和可操作性，即"为什么要做"和"怎么做"两个问题，具体来说，一般应考虑选取什么样品、检测什么项目、采用什么检测标准方法、检测仪器、安排谁来做、什么时间做、结果采用什么方法来评价、谁来负责组织实施、质量控制结果处理以及其他注意事项等。通常可以设计一些表格来填写上述内容，不同的质量控制方法重点关注的内容有一定差异，但都是围绕其目的，依据方法特点来确定。

（4）执行操作　这个阶段是实施计划阶段所规定的内容，如根据质量控制方案和相关标准进行抽样、制样、测试、提交结果等。作为组织者应提前与实施相关人员做好沟通和准备。作为实施者，在执行操作请应首先仔细阅读掌握实施方案，根据方案确定的要求来进行，确保质量控制的有效性和可靠性。

（5）检查评价　这个阶段主要是在计划执行过程中或执行之后，检查执行情况，结果如何，是否发现什么问题，是否符合计划的预期结果。

在质量控制实施过程中，有时会发现不符合情况，实验室应该及时启动不符合工作和纠正措施控制程序，杜绝类似不合格项的再次发生。如是共性问题，在整改完成后，应重视事后的人员培训及宣贯，做到举一反三，可将其列入日常监督计划，在实施一定期限内，如未发生类似不合格项，则可视为此次纠正行之有效。

（6）质量改进　质量改进就是根据检查评价的结果采取措施、巩固成绩、吸取教训、以利再干。这是总结处理阶段。

实验室应该对质量控制实施的情况及时进行总结，一般至少每年1次对质量控制的有效性进行定期评审，并依据反馈的信息对检测能力的水平做出评估，进而对技术能力控制的有效性及改进的可能性和措施做出决定。

参考文献

[1]　国家认证认可监督管理委员会. 质检机构管理知识. 北京：中国计量出版社，2005.12.
[2]　ISO/IEC17025：2005　检测和校准实验室认可准则.
[3]　李春萍. 理化检测实验室标准物质的控制和管理. 检验检疫科学，2008，18（2）：36-38.
[4]　JJF 1059-1999 测量不确定度评定与表示.

第2章   化学检测数理统计基础

2.1   几种常见的统计分布

2.1.1   正态分布（高斯分布）

正态分布，有时也叫高斯分布，是自然界中最常见的一种分布，如人的高度和体重、测量的误差、产品的质量等都可以认为服从正态分布。另外，许多分布也可用正态分布来近似，除此之外，按照中心极限定理，对于大样本，不管总体分布如何，样本均值服从正态分布，因此正态分布是概率论和数理统计中最重要的分布。

正态分布为具有下列概率密度函数的连续分布：

$$f(x)=\frac{1}{\sigma\sqrt{2\pi}}\mathrm{e}^{\frac{(x-\mu)^2}{2\sigma^2}}, -\infty<x<\infty \tag{2-1}$$

若随机变量 X 服从正态分布，则记作 $X \sim N(\mu,\sigma^2)$。

其中，μ 为是正态总体的均值；σ 为标准偏差，表明总体的分散程度。正态分布的密度曲线是一条关于 μ 对称的钟形曲线，见图 2-1。

当 $\mu=0$，$\sigma=1$ 时称为标准正态分布，记作 $X \sim N(0,1)$。为了计算方便，通常将标准正态分布函数的数值制成表格供查用，以解决标准正态分布的概率计算。

对于一般的正态分布，即 $X \sim N(\mu,\sigma^2)$，由于 μ、σ 取值可以任意变化，如果按标准正态分布的方式将其函数值制成表格，则会有无数多，这是不现实的。但由于正态分布可通过公式被转换成标准正态分布，因此其概率问题可由标准正态分布来解决，大大简化了计算过程。转换公式如下：

$$Y=\frac{X-\mu}{\sigma} \tag{2-2}$$

转换后，Y 服从标准正态分布，即 $Y \sim N(0,1)$。

在能力验证中，如测试数据服从正态分布，则上述转换公式也用来计算 Z 值。假设某次能力验证的数据服从正态分布 $X \sim N(2.0,2.6^2)$，某参加单位的测试数据为 1.5，则 Z 值计算如下：

$$Z=\frac{X-\mu}{\sigma}=\frac{1.5-2.0}{2.6}=-0.19$$

有关能力验证的更详细内容见第 9 章"能力验证与测量审核"。

以下为常用的三个标准偏差区间及其概率：

$\mu \pm \sigma$，68.3%；

$\mu \pm 2\sigma$，95.5%；

$\mu \pm 3\sigma$，99.7%。

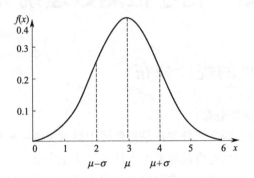

图 2-1　正态分布的密度曲线

2.1.2　χ^2 分布（卡方分布）

具有如下概率密度函数的连续分布：

$$f(x)=\begin{cases}\dfrac{1}{2^{\frac{n}{2}}\Gamma\left(\dfrac{n}{2}\right)}(x)^{\frac{n}{2}-1}\mathrm{e}^{-\frac{1}{2}x} & ,\ x>0 \\[4mm] 0 & ,\ x\leqslant 0\end{cases} \tag{2-3}$$

式中，n 为自由度。

若随机变量 X 服从自由度为 n 的 χ^2 分布，则记作 $X \curvearrowright \chi_n^2$，见图 2-2。

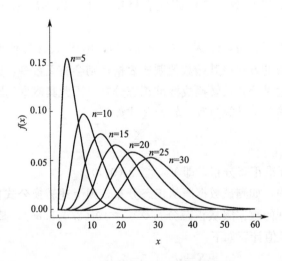

图 2-2　卡方分布密度曲线

χ^2 分布是一个偏态分布，n 数量越小越偏，数量越大越接近正态分布。

χ^2 分布主要用于假设检验中，如适合度检验以及检验样本方差与总体方差的差异是否显著等（见 2.3.5 节正态总体方差 σ^2 的检验）。

2.1.3　学生 t 分布

学生 t 分布为具有下列概率密度函数的连续分布：

$$f(t)=\frac{\Gamma\left(\dfrac{n+1}{2}\right)}{\sqrt{n\pi}\Gamma\left(\dfrac{n}{2}\right)}\left(1+\frac{t^2}{n}\right)^{-\frac{n+1}{2}},\ -\infty<t<\infty \tag{2-4}$$

式中，n 为自由度，t 分布记作 $T\curvearrowright t_n$。

当两个独立随机变量，其中一个服从标准正态分布，另一个服从 χ^2 分布，将服从 χ^2 分布的随机变量除以自由度后再开平方根，然后再将服从标准正态分布的随机变量除以它所得的商，即为 t 分布，见图 2-3。

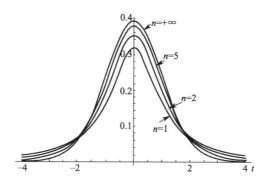

图 2-3　t 分布密度曲线

由于 $f(t)$ 是偶函数，其图形是关于纵坐标对称，其数学期望 $E(T)=0$，当 n 充分大时，其图形类似于标准正态分布密度函数的图形。在实际中，t 分布广泛用于检验样本均值是否与总体均值有显著差异，通过将计算所得的 t 统计量［见 2.3.4 正态总体均值的假设检验（参数检验）］与自由度为 $n-1$ 的 t 分布进行比较。

2.1.4　F 分布

F 检验主要用于检验两个正态总体的方差是否有显著差异。

F 分布具有如下概率密度函数的连续分布：

$$f(x)=\begin{cases}\dfrac{\Gamma\left(\dfrac{m+n}{2}\right)(m/n)^{m/2}x^{\frac{m}{2}-1}}{\Gamma\left(\dfrac{m}{2}\right)\Gamma\left(\dfrac{n}{2}\right)\left(1+\dfrac{m}{n}x\right)^{(m+n)/2}}, & x>0\\[2mm]0, & x\leqslant 0\end{cases} \tag{2-5}$$

式中，m 为第一自由度；n 为第二自由度，Γ 为伽玛（Gamma）函数。

记作：$X\curvearrowright F_{m,n}$。

F 分布是两个分别具有 χ^2 分布（卡方分布）的独立随机变量各自除以自己的

自由度后再相除的分布，见图 2-4。

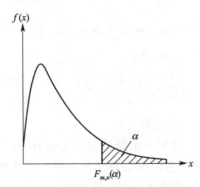

图 2-4　F 分布密度曲线

2.1.5　均匀分布（矩形分布）

均匀分布为如下概率密度函数的连续分布：

$$f(x)=\begin{cases} \dfrac{1}{b-a} &,a\leqslant x\leqslant b \\ 0 &,其他 \end{cases} \tag{2-6}$$

记住 $X \sim U[a,b]$，见图 2-5。

若随机变量 X 服从均匀分布，则落在区间 $[a,b]$ 内的任一子小区间的概率与该子区间的长度成正比，而与该子区间所处的位置无关，即落在区间 $[a,b]$ 中任意等长度的子区间内的可能性相等。

数字式仪器的读数分辨误差、数据计算中的四舍五入的舍入误差等属于均匀分布，认为舍入误差服从区间 $[-0.5,0.5]$ 上的均匀分布。

图 2-5　矩形分布　　　　图 2-6　三角形分布　　　　图 2-7　U 形分布

2.1.6　三角形分布

两个独立相同均匀分布 $U\left[-\dfrac{a}{2},\dfrac{a}{2}\right]$ 之和服从三角形分布 $T[-a,a]$，见图 2-6。

进行数据测量中两次测量过程数据凑整误差、两次调零不准所引起的误差等服从三角形分布。

2.1.7　其他统计分布

其他还有反正弦分布（U 形分布，见图 2-7）、梯形分布等。EMC 测量中经常是 U 形分布。

2.2　数理统计中的基本概念和抽样分布

2.2.1　总体、个体与样本

在统计学中，将所研究对象的全体称为总体，一般用随机变量 X 表示，而把总体中的每个成员称为个体。

如：一批待检的所有产品构成总体，而每件产品为个体。

$X_1, X_2, \cdots, X_n$ 是从总体 X 中随机抽取的个体，如满足：

① 独立性，$X_1, X_2, \cdots, X_n$ 相互独立；

② 同分布性，$X_i, i=1, \cdots, n$ 与总体 X 同分布。

则称为容量为 n 的简单随机样本，简称样本。

2.2.2　统计量

在统计分析中，就是要通过利用样本获得的信息来估计和推断总体的一些信息，如总体的数学特征（均值、方差）等。样本是从总体中抽取的一部分个体，因此它含有总体的有关信息，但直接用不好解决总体的问题，通常是将样本的信息通过统计量的方式来表达。

定义：设样本 $X_1, X_2, \cdots, X_n$ 来自总体 X，$f(X_1, X_2, \cdots, X_n)$ 为样本的一个连续函数，如 f 中不含未知参数，则称 $f(X_1, X_2, \cdots, X_n)$ 为总体 X 的一个统计量。

例如：若 $X \backsim N(\mu, \sigma^2)$，此处 μ 和 σ 均未知，则由 $(X_1 + X_2 + \cdots + X_n)/n$ 构成的式子是一个统计量，而 $[(X_1 + X_2 + \cdots + X_n)/n] - \mu$ 构成的式子就不是一个统计量，因为它含有未知参数 μ。

几个常用的统计量：

① 样本均值 $\bar{X} = \dfrac{1}{n}\sum\limits_{i=1}^{n} X_i$；

② 样本方差 $S^2 = \dfrac{1}{n-1}\sum\limits_{i=1}^{n}(X_i - \bar{X})^2$；

③ 样本 k 阶原点矩 $v_k = \dfrac{1}{n}\sum\limits_{i=1}^{n} X_i^k$；

④ 样本 k 阶中心矩 $\mu_k = \dfrac{1}{n}\sum\limits_{i=1}^{n}(X_i - \bar{X})^k$，其中 $k=1, 2, \cdots$

注：S 为样本标准偏差，它是样本方差的非负平方根，是对随机变量分布离散程度的度量。

统计量的分布称为抽样分布，要确定某一统计量的分布并非容易，但如果总体为正态分布，那么像样本的均值和方差等常见的统计量容易计算出精确分布，这些精确分布为区间估计和假设检验提供了理论基础。

2.2.3　抽样分布

当总体为正态分布时，有下面几个重要的抽样分布定理。

定理 1　设 $X_1, X_2, \cdots, X_n$ 是取自正态总体 $X \sim N(\mu, \sigma^2)$ 的样本，则样本均值 $\bar{X}$ 服从正态分布 $N\left(\mu, \dfrac{\sigma^2}{n}\right)$，即：

$$\bar{X} \sim N\left(\mu, \frac{\sigma^2}{n}\right)$$

推论：设 $X_1, X_2, \cdots, X_n$ 是取自正态总体 $X \sim N(\mu, \sigma^2)$ 的样本，则统计量 $\dfrac{\bar{X} - \mu}{\sigma/\sqrt{n}}$ 服从标准正态分布 $N(0, 1)$，即：

$$\frac{\bar{X} - \mu}{\sigma/\sqrt{n}} \sim N(0, 1)$$

具体的应用见第 2.3.1 节的 ［例 1］。

定理 2　设 $X_1, X_2, \cdots, X_n$ 是取自正态总体 $X \sim N(\mu, \sigma^2)$ 的样本，$\bar{X}$ 和 S^2 分别为样本均值和样本方差，则统计量 $\dfrac{\bar{X} - \mu}{S/\sqrt{n}}$ 服从自由度 $n-1$ 的 t 分布，即

$$\frac{\bar{X} - \mu}{S/\sqrt{n}} \sim t_{n-1}$$

具体的应用见第 2.3.4.1 （2） 节 ［例 2］ 和 ［例 3］。

定理 3　设 $X_1, X_2, \cdots, X_n$ 是取自正态总体 $X \sim N(\mu, \sigma^2)$ 的样本，则 $\dfrac{(n-1)S^2}{\sigma^2}$ 服从自由度为 $n-1$ 的 χ^2 分布，即

$$\frac{(n-1)S^2}{\sigma^2} \sim \chi^2_{n-1}$$

具体的应用见第 2.3.5.1 节 ［例 5］。

定理 4　设 $X \sim N(\mu_1, \sigma^2), Y \sim N(\mu_2, \sigma^2)$，$X$ 与 Y 独立，且 $X_1, X_2, \cdots, X_{n_1}$ 和 $Y_1, Y_2, \cdots, Y_{n_2}$ 分别是来自总体 X 和 Y 的样本，$\bar{X}$ 和 $\bar{Y}$ 分别是这两个样本的均值，S_1^2 和 S_2^2 分别是这两个样本的样本方差，n_1 和 n_2 分别是两样本的容量，则统计量

$$\frac{\bar{X} - \bar{Y} - (\mu_1 - \mu_2)}{\sqrt{\dfrac{(n_1-1)S_1^2 + (n_2-1)S_2^2}{n_1 + n_2 - 2}}\sqrt{\dfrac{1}{n_1} + \dfrac{1}{n_2}}}$$

服从自由度为 $n_1 + n_2 - 2$ 的 t 分布，即

$$\frac{\bar{X} - \bar{Y} - (\mu_1 - \mu_2)}{\sqrt{\dfrac{(n_1-1)S_1^2 + (n_2-1)S_2^2}{n_1 + n_2 - 2}}\sqrt{\dfrac{1}{n_1} + \dfrac{1}{n_2}}} \sim t_{n_1 + n_2 - 2}$$

注：上述公式应用的前提是两个总体的方差相等，即 $\sigma_1^2 = \sigma_2^2$。

具体的应用见第 2.3.5.2 节［例 6］。

定理 5　设 $X \curvearrowright N(\mu_1, \sigma_1^2)$，$Y \curvearrowright N(\mu_2, \sigma_2^2)$，$X$ 与 Y 独立，且 $X_1, X_2, \cdots,$ X_{n_1} 和 $Y_1, Y_2, \cdots, Y_{n_2}$ 分别是来自总体 X 和 Y 的样本，S_1^2 和 S_2^2 分别是这两个样本的样本方差，n_1 和 n_2 分别是两个样本的容量，则统计量为

$$\frac{S_1^2/\sigma_1^2}{S_2^2/\sigma_2^2} \curvearrowright F_{n_1-1, n_2-1}$$

具体的应用见第 2.3.5.2 节［例 6］。

2.3　假设检验

2.3.1　概述

假设检验问题是统计推断的另一类重要内容，它主要是根据样本所提供的信息，来对总体的某些方面，如分布类型、参数的性质等做出判断。

【例 1】　某实验室委托某单位加工浓度为 5.0（单位略）的一批能力验证样品，为了验证这批样品的质量情况，实验室抽取了 10 个样进行检验，结果如下：

5.1，5.0，4.9，4.8，5.1，4.9，4.8，4.9，5.0，4.9

按以往的经验，能力验证样品浓度 X 的分布服从正态分布 $X \curvearrowright N(\mu, \sigma^2)$，其中 $\sigma = 0.05$，如何判断这批样品的浓度是否符合要求？

本题就是要通过样本的信息来判断总体的 μ 是否等于 5.0。

在解决这类问题时，一般先假设能力验证的样品的浓度是正常的，记为：

H_0：$\mu = \mu_0$，其中 $\mu_0 = 5.0$。

即先假定总体的 μ 等于 5.0。

称 H_0 为原假设（null hypothesis）。

提出假设只是第一步，接着要根据样品信息来推断该假设是否成立，后者就是假设检验。

假设检验是统计推断的一项主要内容，它根据样本提供的信息，做出对总体的某些情况如参数、分布类型的判断。

如已知随机变量 X 服从某种分布［如正态分布 $X \curvearrowright N(\mu, \sigma^2)$］，提出涉及随机变量 X 的未知参数或数学特征（如假设 H_0：$\mu = \mu_0$）的统计假设，称为参数假设。对它的统计检验称为参数假设检验。

另一类假设为非参数假设，它是随机变量 X 的分布未知，提出随机变量 X 的分布函数 $F(x)$ 等于某已知分布函数 $F_0(x)$ 的统计假设，即 H_0：$F(x) = F_0(x)$。对它的统计检验称为非参数假设检验。

2.3.2　假设检验的基本思想

要使所抽取的每个样品的浓度均等于 5.0 是不现实，在制作过程中由于受到不

可控制的随机因素的干扰，不同位置的浓度出现一定的波动，关键是这种波动是随机误差引起的还是系统误差引起的。

在实际上，往往规定一个允许差异的数值，如用 k 表示，当 $|\bar{x}-5.0|<k$ 时（$\bar{x}$ 是 μ 的无偏估计，因此可代替 μ），认为是随机误差引起的，而 $|\bar{x}-5.0|\geq k$ 时，认为是系统误差引起的。

解题的思路如下：

(1) 提出原假设　如

H_0：$\mu=\mu_0=5.0$，

这是原假设，有需要时提出备择假设（alternative hypothesis），它是与原假设对立的一种假设，是在原假设被否定时另一种可能成立的结论。备择假设用 H_1 表示，如本例的备择假设选用 H_1：$\mu\neq\mu_0$；或 H_1：$\mu>\mu_0$；或 $\mu<\mu_0$ 三种情况，当 $\mu\neq\mu_0$（相当于 $\mu>\mu_0$ 和 $\mu<\mu_0$）时，H_1 往往忽略不写。

(2) 规定 k 值　k 值由检验前事先设定的显著性水平 α 来定。α 要根据实际情况而定，一般 α 规定很小（$0<\alpha<0.1$），称为小概率，即当为 H_0 成立时，根据样本值判断 H_0 成立不合理，从而否定 H_0 的概率 α，即 $P\{$拒绝 $H_0|H_0$ 真$\}=\alpha$。称 k 值为临界值。

$$\frac{\bar{X}-\mu}{\sigma/\sqrt{n}}\curvearrowright N(0,1)$$

当 $|\bar{x}-\mu_0|<k$ 时，可求得 $\bar{x}$ 的范围，即称为该检验的接收域：

$$\mu_0-k<\bar{x}<\mu_0+k$$

当 $|\bar{x}-\mu_0|\geq k$ 时，所求得的 $\bar{x}$ 的范围，即称为该检验的否定域（拒绝域）：

$$\mu_0+k\leq\bar{x} \text{ 和 } \bar{x}\leq\mu_0-k$$

见图 2-8。

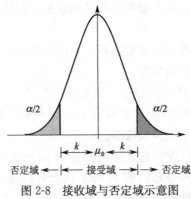

图 2-8　接收域与否定域示意图

因此，k 值由显著性水平 α 决定。

对于［例1］，按照 2.2.3 节的定理 1 的推论，下列统计量服从标准正态分布：

$$\frac{\overline{X}-\mu_0}{\sigma/\sqrt{n}} \frown N(0,1)$$

设 $U=\dfrac{\overline{X}-\mu_0}{\sigma/\sqrt{n}}$，上述由 k 值表述的拒绝域就变成：

$$\overline{X}\geqslant\mu_0+U_{\frac{\alpha}{2}}\sigma/\sqrt{n}\text{和}\overline{X}\leqslant\mu_0-U_{\frac{\alpha}{2}}\sigma/\sqrt{n}$$

可由标准正态分布查得上侧分位点的值 $U_{\frac{\alpha}{2}}$（临界值），这样就可判断总体的 μ 是否等于 5.0 。

2.3.3 单侧检验与双侧检验

假如原假设为 H_0：$\mu=\mu_0$；而备择假设为 H_1：$\mu\neq\mu_0$（H_1 往往忽略不写）时，则称为双侧检验，即 $P\{$拒绝 $H_0\mid H_0$真$\}=\alpha$ 时，拒绝域分布在两侧，各占 $\alpha/2$，见图 2-9 。

假如原假设为 H_0：$\mu=\mu_0$；备择假设为 H_1：$\mu>\mu_0$（或 $\mu<\mu_0$）时，则称为单侧检验，即 $P\{$拒绝 $H_0\mid H_0$真$\}=\alpha$ 时，拒绝域只落在一侧，见图 2-10 和图 2-11 。

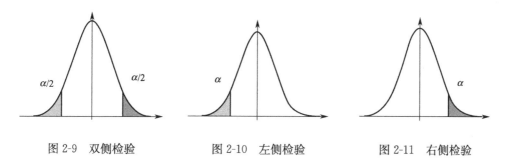

图 2-9　双侧检验　　　　图 2-10　左侧检验　　　　图 2-11　右侧检验

下面以正态分布图为例，上述单、两侧概念适用于各种分布图，如 t 分布、F 分布等。

如果只要求判断 μ 是否等于 μ_0，没有要求判断是否大于或小于 μ_0 的情况，就适用于双侧检验的情况。［例 1］就属于该种情况。

如要求判断 μ 大于或小于 μ_0 的时候，就需要用到单侧检验。如一个生产工艺改进后，要求判断改进后质量是有所提高还是有所降低，则需要使用单侧检验。

2.3.4 正态总体均值的假设检验（参数检验）

2.3.4.1 单个正态总体均值 μ 的检验

设显著性水平为 α，正态总体均值 μ 为已知数 μ_0。

（1）U 检验：总体 $X\frown N(\mu,\sigma^2)$，σ^2 已知的情形　U 检验就是用服从正态分布的统计量来确定拒绝域，从而对正态总体均值进行检验的方法。

设显著水平为 α，如属于双侧检验，则：

假设 H_0：$\mu=\mu_0$；H_1：$\mu\neq\mu_0$。

统计量：

$$U=\frac{\bar{X}-\mu_0}{\sigma/\sqrt{n}}\sim N(0,1)$$

则：

$$P\{|U|\geqslant U_{\frac{\alpha}{2}}\}=\alpha$$

$$P\left\{\left|\frac{\bar{X}-\mu_0}{\sigma/\sqrt{n}}\right|\geqslant U_{\frac{\alpha}{2}}\right\}=\alpha$$

$$P\{|\bar{X}-\mu_0|\geqslant U_{\frac{\alpha}{2}}\sigma/\sqrt{n}\}=\alpha$$

拒绝域：

$$\bar{X}\geqslant\mu_0+U_{\frac{\alpha}{2}}\sigma/\sqrt{n}\text{和}\bar{X}\leqslant\mu_0-U_{\frac{\alpha}{2}}\sigma/\sqrt{n}$$

如属于右侧检验，则

假设 H_0：$\mu=\mu_0$；H_1：$\mu>\mu_0$

统计量：

$$U=\frac{\bar{X}-\mu_0}{\sigma/\sqrt{n}}\sim N(0,1)$$

所以：

$$P\{\bar{X}-\mu_0\geqslant U_\alpha\sigma/\sqrt{n}\}=\alpha$$

拒绝域：

$$\bar{X}\geqslant\mu_0+U_\alpha\sigma/\sqrt{n}$$

对于左侧检验也按类似的方式进行。

对于［例1］，目的是要判断单个正态总体均值 μ 是否等于 5.0，并且 σ^2 已知，故可用 U 检验来进行。

进行假设检验，一般分五个步骤，具体如下：

① 提出原假设及备择假设。H_0：$\bar{X}=\mu_0=0.5$，即先假定平均值等于 0.5。H_1：$\mu\neq\mu_0$（H_1 往往忽略不写）。

② 选定统计量，由于要判断 $\bar{X}$，要选择含有它的统计量，因此选用：

$$U=\frac{\bar{X}-\mu_0}{\sigma/\sqrt{n}}\sim N(0,1)$$

③ 给出显著性水平 α，如 0.05。对于给定的显著性水平 α，查 U 所服从分布的分位值（临界值），确定拒绝域。

④ 按照计算结果，如结果落在拒绝域，则拒绝 H_0，则称 $\bar{X}$ 与 μ_0 的差异是显著的，否则不拒绝 H_0，$\bar{X}$ 与 μ_0 的差异不显著。

结果判断也可用 P 值来判断。目前在许多统计分析软件中，包括 Excel，对显著性的检验，其输出的结果通常是统计量的 P 值。P 值的判断原则如下：

① 如 P 值大于或等于 α，则接受 H_0；

② 如 P 值小于 α，则拒绝 H_0；

P 值的方法与临界值的方法是一致的。

【例 1】　的计算过程如下：

$\bar{x}=4.94$，属于双侧检验，查标准正态表得 $U_{0.025}=1.96$，所以

$$\mu_0 - U_{\frac{\alpha}{2}}\sigma/\sqrt{n}=5-1.96\times0.05/\sqrt{10}=4.97$$

$$\mu_0 + U_{\frac{\alpha}{2}}\sigma/\sqrt{n}=5+1.96\times0.05/\sqrt{10}=5.03$$

由于 $\bar{x}=4.94$，故 $\bar{x}\leqslant\mu_0-U_{\frac{\alpha}{2}}\sigma/\sqrt{n}=4.97$，落在拒绝域中，拒绝 H_0，即样本均值与总体均值有显著性差异。

（2）t 检验：总体 $X\sim N(\mu,\sigma^2)$，σ^2 未知的情形

t 检验就是用服从 t 分布的统计量来确定拒绝域，从而对正态总体均值进行检验的方法。

由于 σ^2 未知，所以来能用上述 U 统计量来计算，但 S^2 是可计算得到的，按照

2.2.3 节的定理 2，由于统计量 $\dfrac{\bar{X}-\mu}{S/\sqrt{n}}$ 服从自由度 $n-1$ 的 t 分布，所以可用 t 检验来进行。

假设 H_0：$\mu=\mu_0$；

统计量：

$$t=\frac{\bar{X}-\mu_0}{s/\sqrt{n}}\sim t_{(n-1)}$$

设显著性水平为 α，如属双侧检验，则：

$$P\{|t|\geqslant t_{\frac{\alpha}{2}}(n-1)\}=\alpha$$

$$P\{|\bar{X}-\mu_0|\geqslant t_{\frac{\alpha}{2}}(n-1)s/\sqrt{n}\}=\alpha$$

拒绝域：

$$\bar{X}\geqslant\mu_0+t_{\frac{\alpha}{2}}(n-1)s/\sqrt{n}\text{或}\ \bar{X}\leqslant\mu_0-t_{\frac{\alpha}{2}}(n-1)s/\sqrt{n}$$

对于 [例 1]，如果总体方差 σ^2 未知（即题中未给出），则可利用 t 检验来进行，具体如下：

① 原假设　H_0：$\mu=\mu_0=0.5$；

② 统计量：

$$t=\frac{\bar{X}-\mu_0}{s/\sqrt{n}}\sim t_{(n-1)}$$

③ 给出显著性水平 α，如 0.05，查得 t 的临界值。

④ 按照计算结果，如结果落在拒绝域，则拒绝 H_0，否则不拒绝 H_0。

计算过程如下：$\bar{x}=4.94$，$S=0.11$，属于双侧检验，查 t 分布表（自由度为 9），得 $t_{0.025}=2.26$，所以

$$\mu_0 + t_{\frac{\alpha}{2}}(n-1)s/\sqrt{n} = 5.0 + 2.26 \times 0.11/\sqrt{10} = 5.07$$

$$\mu_0 - t_{\frac{\alpha}{2}}(n-1)s/\sqrt{n} = 5.0 - 2.26 \times 0.11/\sqrt{10} = 4.92$$

$\bar{x} = 4.94$ 没有落在拒绝域（$\bar{x} \geqslant 5.07$ 或 $\bar{x} \leqslant 4.92$）中，不拒绝 H_0，故样本均值与总体均值没有显著差异。

【例2】 用某方法进行测试时，某实验室利用 Pb 值为 100mg/kg 的 CRM（有证标准物质）进行回收率实验，测试结果如下（单位：mg/kg）：

98，99，97，96，98，96，97，97

通过对回收率结果的分析，请问是否需要对日常测试的结果进行修正？（假设测试结果分布呈正态分布，$\alpha = 0.05$）

说明：本题从 8 次测量结果来判断所有的测量值（作为一个总体）的均值 μ 是否等于 100mg/kg。属于双侧检验。由于没有给出 σ 值，因此可用 t 检验进行。

解：

(1) 原假设　H_0：$\mu = \mu_0 = 100$；

(2) 统计量：

$$t = \frac{\bar{X} - \mu_0}{s/\sqrt{n}} \sim t_{(n-1)}$$

(3) 给出显著性水平 α，如 0.05，查得 t 的临界值。

(4) 按照计算结果，如结果落在拒绝域或 t 绝对值大于临界值 $t_{0.025}$，则拒绝 H_0，否则不拒绝 H_0。

计算过程如下：

$\bar{x} = 97.3$，$s = 1.0$，属于双侧检验，查 t 分布表（自由度为 7）得 $t_{0.025} = 2.36$，所以

$$\mu_0 + t_{\frac{\alpha}{2}}(n-1)s/\sqrt{n} = 100 + 2.36 \times 1.0/\sqrt{8} = 100.8$$

$$\mu_0 - t_{\frac{\alpha}{2}}(n-1)s/\sqrt{n} = 100 - 2.36 \times 1.0/\sqrt{8} = 99.2$$

$\bar{x} = 97.3$ 落在拒绝域（$\bar{x} \leqslant 99.2$）中，所以拒绝 H_0，故样本均值与 CRM 证书上给出的值有显著差异，日常测试结果要进行修正。

用 Excel 计算 t 值：

上述 $t_{0.025}$ 值也可通过 Excel 表中的 TINV 函数求得，具体如下：

在 Excel 的一个单元格中输入 =TINV（，会出现 TINV（probability, deg_freedom）的提示，在 probability 部分输入 α 值，在 deg_freedom 部分输入自由度 7，再补括号的另一半"）"，即上述格子变成：=TINV（0.05,7），按回车，即得 2.364623 。上述函数适用于双侧检验，如用于单侧检验，则 probability 值为：$2 * \alpha$，见［例3］。

【例3】 某工厂生产涂料，含铅量为 50mg/kg，为了将含铅量降下来，工厂改进了生产工艺，为了验证是否降低了铅含量，实验室抽取了 10 个样品进行检验，

结果如下:

48, 49, 48, 49, 47, 48, 49, 49, 49, 48

问新工艺是否真的降低涂料中的铅含量?(假设含量分布呈正态分布,$\alpha=0.05$)

说明:本题从 10 个检验结果来判断该批涂料(作为一个总体)的均值 μ 是否小于 50mg/kg。属于左侧检验。由于没有给出 σ 值,因此可用 t 检验进行。

解: (1) 原假设　$H_0:\mu=\mu_0=50$;$H_1:\mu<50$。

(2) 统计量:

$$t=\frac{\bar{X}-\mu_0}{s/\sqrt{n}}\sim t_{(n-1)}$$

(3) 给出显著性水平 α,如 0.05,查得 t 的临界值。

(4) 按照计算结果,如结果落在拒绝域或 t 值小于临界值 $t_{0.05}$ 的负值(对于 t 分布,由于是对称分布,左侧的临界值等于右侧临界值的负值。查表一般只能得到右边临界值),则拒绝 H_0 接受 H_1,否则接受 H_0 拒绝 H_1。

计算过程如下:

$\bar{x}=48.4$,$s=0.7$,属于单侧(左侧)检验,查 t 分布表(自由度为 9)得 $t_{0.05}=1.8331$,

$$t=\frac{\bar{X}-\mu_0}{s/\sqrt{n}}=\frac{48.4-50}{0.7/\sqrt{10}}=-7.2$$

由于计算所得的 t 值小于查表所得的值的负值,因此拒绝 H_0 而接受 H_1,故含铅量确实有降低。

用 Excel 计算 t 值:

由于 TINV 函数是用于双侧检验的,当用于单侧检验时,如用 Excel 的 TINV 计算 $t_{0.05}$ 值时,需将 0.05 乘以 2,即将 probability 值用 0.1 代入,即 TINV (0.1, 9),得 1.833114。

2.3.4.2　两个正态总体均值是否相等的检验

上面是讲到对单个正态总体 μ 的判断问题,有时会遇到要判断两个正态总体的 μ 之间是否相等的问题,如实验室常用质量控制样对实验室的质量进行控制,当上一批质控样快用完时,往往要制备或新购进一批质控样,但新购或制备的质控制样是否与上一批一样,这时就要进行判断。

设 $X_1,X_2,\cdots,X_m$ 为来自总体 $X\sim N(\mu_1,\sigma_1^2)$ 的样本,而 $Y_1,Y_2,\cdots,Y_n$ 为来自总体 $Y\sim N(\mu_2,\sigma_2^2)$ 的样本,X 与 Y 相互独立。

(1) U 检验:方差 σ_1^2 和 σ_2^2 已知的情况

假设 $H_0:\mu_1=\mu_2$;

构建统计量:

$$U=\frac{(\bar{X}-\bar{Y})-(\mu_1-\mu_2)}{\sqrt{\dfrac{\sigma_1^2}{m}+\dfrac{\sigma_2^2}{n}}}\sim N(0,1)$$

由于假设 $\mu_1 = \mu_2$，所以

$$U = \frac{(\bar{X} - \bar{Y})}{\sqrt{\dfrac{\sigma_1^2}{m} + \dfrac{\sigma_2^2}{n}}} \sim N(0,1)$$

设显著水平为 α，所以：

$$P\{|U| \geqslant U_{\frac{\alpha}{2}}\} = \alpha$$

$$P\left\{\left|\frac{\bar{X} - \bar{Y}}{\sqrt{\dfrac{\sigma_1^2}{m} + \dfrac{\sigma_2^2}{n}}}\right| \geqslant U_{\frac{\alpha}{2}}\right\} = \alpha$$

拒绝域：

$$\bar{X} - \bar{Y} \leqslant -U_{\frac{\alpha}{2}}\sqrt{\frac{\sigma_1^2}{m} + \frac{\sigma_2^2}{n}} \text{ 或 } \bar{X} - \bar{Y} \geqslant U_{\frac{\alpha}{2}}\sqrt{\frac{\sigma_1^2}{m} + \frac{\sigma_2^2}{n}}$$

（2）t 检验：方差 $\sigma_1^2 = \sigma_2^2 = \sigma^2$，但 σ^2 未知的情况

假设 H_0：$\mu_1 = \mu_2$；

根据定理 4，统计量：

$$t = \frac{\bar{X} - \bar{Y}}{S_w \sqrt{1/m + 1/n}} \sim t_{(m+n-2)}$$

其中，

$$S_w^2 = \frac{(m-1)S_1^2 + (n-1)S_2^2}{m+n-2}$$

设显著水平为 α，所以：

$$P\{|t| \geqslant t_{\frac{\alpha}{2}}(m+n-2)\} = \alpha$$

拒绝域：　　　$\bar{X} - \bar{Y} \geqslant t_{\frac{\alpha}{2}}(m+n-2)S_w \sqrt{1/m + 1/n}$

或

$$\bar{X} - \bar{Y} \leqslant -t_{\frac{\alpha}{2}}(m+n-2)S_w \sqrt{1/m + 1/n}$$

【例 4】　某实验室分别用美国 CPSC 制定的方法和中国国家标准方法分别测定同一批塑料中的增塑剂 DEHP，测量结果如下（单位为 mg/kg）：

CPSC 方法：135，138，140，145，134，136，132，147；

国家标准方法：150，145，155，156，143，158，155，150。

请问两个平均值间是否有显著差异？（假设测量结果分布呈正态分布，$\alpha = 0.05$）

说明：CPSC 方法所得的测试结果与国家标准方法所得的测试结果可看作是不同的总体，因此可用上面的公式来检验。由于没有给出 σ^2 值，因此可用 t 检验进行。

解：在进行均值检验前，要先检验两者的方差是否相等，相等后才能应用上述 t 检验。

经 F 检验（见本章 2.3.5.2 节 ［例 6］）可知，两者的方差相等，故可以建立以下的假设检验：

（1） H_0： $\mu_1 = \mu_2$；

（2）统计量：

$$t = \frac{\bar{X} - \bar{Y}}{S_w \sqrt{1/m + 1/n}} \sim t_{(m+n-2)}$$

（3）给出显著性水平 α，如 0.05，查得 t 的临界值。

（4）按照计算结果，如结果落在拒绝域或 t 的绝对值大于临界值 $t_{0.025}$（属于双侧检验），则拒绝 H_0 接受 H_1，否则接受 H_0 拒绝 H_1。

计算过程如下：

$\bar{x} = 138.4$， $\bar{y} = 151.5$， $S_1 = 5.3$， $S_2 = 5.4$，按下式计算 S_w：

$$S_w^2 = \frac{(m-1)S_1^2 + (n-1)S_2^2}{m+n-2} = \frac{(8-1) \times 5.3^2 + (8-1) \times 5.4^2}{8+8-2} = 28.6$$

$$t = \frac{\bar{X} - \bar{Y}}{S_w \sqrt{1/m + 1/n}} = \frac{138.4 - 151.5}{5.3 \times \sqrt{1/8 + 1/8}} = -4.9$$

查 t 分布表（自由度为 14）得 $t_{0.025} = 2.1$，由于计算所得的 t 值的绝对值大于查表所得的值，因此拒绝 H_0，故两者的平均值有显著差异。

用 Excel 工具计算：

Excel 提供了一些非常有用的统计分析工具，像本例就可以利用其提供的"t 检验：双样本等方差假设"工具进行检验，具体如下：

第一步：将 Excel 打开，并将上例的数据输入，按列分组；

第二步：选择"工具"下拉菜单；

第三步：选择"数据分析"选项；第一次使用时没有"数据分析"一项，此时在"工具"下拉菜单中选择"加载宏"，在出现的界面（见图 2-12）上选择"分析

图 2-12 加载宏窗口

工具库"，按确定。

此时，重新选择"工具"，在下拉菜单时就会见到"数据分析"一项。

第四步：选择"数据分析"进入下列界面（见图 2-13）。

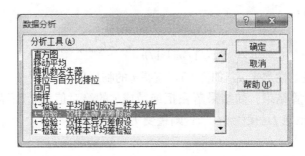

图 2-13　数据分析窗口

第五步：选择"t-检验：双样本等方差假设"并按确定，进入以下界面（见图 2-14）。

在"变量 1 的区域"输入第一组数据在 Excel 表上的区域，同样在"变量 2 的区域"输入第二组数据的区域，在"α（A）"中输入 0.05，在"输出区域"给出起始单元格（本例为 $ Q $ 31），按确定，见图 2-15。

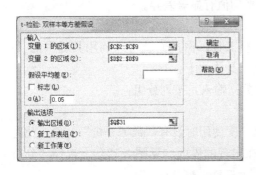

t-检验：双样本等方差假设

项　　目	变量 1	变量 2
平均	138. 375	151.5
方差	28. 26785714	29. 42857143
观测值	8	8
合并方差	28. 84821429	
假设平均差	0	
df	14	
t Stat	−4. 887309472	
P（T<=t）单尾	0. 000119958	
t 单尾临界	1. 76130925	
P（T<=t）双尾	0. 000239916	
t 双尾临界	2. 144788596	

图 2-14　t-检验：双样本等方差假设窗口　　　图 2-15　t-检验的计算结果

从图 2-15 可看出，除了计算过程中由于有效数字取舍所引起的不一致外，其他计算结果均一致。在图 2-15 中还给出了 P 值，因此可用 P 值来判断［见 2.3.4.1 (1)］。由于 $P(T<=t)$ 双尾（双侧）<0.05，所以拒绝 H_0，与前面的判断一致。

在本例中，如已给出方差值，假设 $\sigma_1^2 = 25$ 和 $\sigma_2^2 = 30$，则可按 U 检验进行。对于 U 检验，Excel 提供了"z-检验：双样本均值分析"工具，具体如下。

即在图 2-16"变量 1 的方差（已知）"中输入 25；"变量 2 的方差（已知）"中输入 30，在"假设平均差"中输入 0（原假设为两均值是相等）。其他空格中按要求填入相关的数据，按确定后，得图 2-17。

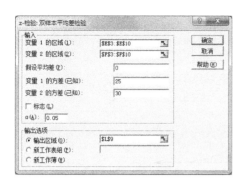

z-检验：双样本均值分析		
项　　目	变量1	变量2
平均	138.375	151.5
已知协方差	25	30
观测值	8	8
假设平均差	0	
z	−5.005678594	
P (Z<=z) 单尾	2.78771E−07	
z 单尾临界	1.644853476	
P (Z<=z) 双尾	5.57541E−07	
z 双尾临界	1.959962787	

图 2-16　z-检验：双样本均值差检验窗口　　　　图 2-17　z-检验的计算结果

由于属于双侧检验，可用双侧的 P 值来判断。由于"$P(Z<=z)$ 双尾"小于 0.05，因此拒绝 H_0，两者结果均值之间有显著差异。用 Z 值与临界值对比判断，结论也是一样的。

2.3.5　正态总体方差 σ^2 的检验

2.3.5.1　单个正态总体方差 σ^2 的假设检验——χ^2 检验

设总体 $X \sim N(\mu, \sigma^2)$，总体方差 σ^2 为已知常数。

假设 $H_0: \sigma^2 = \sigma_0^2$。

根据定理 3，统计量：

$$\chi^2 = \frac{(n-1)S^2}{\sigma^2} \sim \chi_{n-1}^2$$

由于假设 $\sigma^2 = \sigma_0^2$，所以：

$$\chi^2 = \frac{(n-1)S^2}{\sigma_0^2} \sim \chi_{n-1}^2$$

设显著水平为 α，所以：

$$P\{\chi^2 \geqslant \chi_{\frac{\alpha}{2}}^2(n-1)\} = \frac{\alpha}{2}$$

以及：

$$P\{\chi^2 \leqslant \chi_{1-\frac{\alpha}{2}}^2(n-1)\} = \frac{\alpha}{2}$$

拒绝域：

$$\frac{(n-1)S^2}{\sigma_0^2} \leqslant \chi_{1-\frac{\alpha}{2}}^2(n-1) \text{ 或 } \frac{(n-1)S^2}{\sigma_0^2} \geqslant \chi_{\frac{\alpha}{2}}^2(n-1)$$

因此：$S^2 \leqslant \frac{\sigma_0^2}{(n-1)}\chi_{1-\frac{\alpha}{2}}^2(n-1)$ 或 $S^2 \geqslant \frac{\sigma_0^2}{(n-1)}\chi_{\frac{\alpha}{2}}^2(n-1)$，见图 2-18。

【例5】　实验室为了开展按 EN 1122 标准方法对塑料中的总镉含量进行测试，对同一 CRM（有证标准物质）进行多次测试，得到下列数据（单位为mg/kg）：

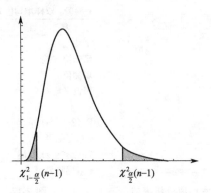

图 2-18　卡方分布的双侧检验

85，90，91，86，92，84，90，88，90

标准组织公布该方法在浓度为 100mg/kg 时的重复性标准偏差为 10mg/kg，请问实验室的标准偏差是否已达到标准的要求？（假设测量结果分布呈正态分布，$\alpha=0.05$）。

说明：按题意，将按该标准方法测试所得的结果作为一个总体，其标准偏差应为 10mg/kg，现从 9 个检验结果来判断其 σ 小于该值。

解：

（1）H_0：$\sigma^2 \geqslant \sigma_0^2 = 100$；$H_1$：$\sigma^2 < \sigma_0^2 = 100$。

（2）统计量：

$$\chi^2 = \frac{(n-1)S^2}{\sigma^2} \sim \chi_{n-1}^2$$

用 σ_0^2 代入 σ^2，所以：

$$\chi^2 = \frac{(n-1)S^2}{\sigma_0^2} \sim \chi_{n-1}^2$$

（3）给出显著性水平 α，如 0.05；由于拒绝域为：

$\frac{(n-1)S^2}{\sigma_0^2} \leqslant \chi_{1-\frac{\alpha}{2}}^2 (n-1)$，因此要查 $\chi_{1-\frac{\alpha}{2}}^2 (n-1)$ 的值，注意，由于 χ^2 分布不是对称的，因此 $\chi_{1-\frac{\alpha}{2}}^2 (n-1)$ 值与 $\chi_{\frac{\alpha}{2}}^2 (n-1)$ 是不一样的，这是与 t 分布和正态分布不同的地方，见［例 2］。

（4）当计算结果显示 $\chi^2 = \frac{(n-1)S^2}{\sigma_0^2} \leqslant \chi_{1-\frac{\alpha}{2}}^2 (n-1)$ 时，接受 H_1，拒绝 H_0，反之亦然。

计算过程如下：

$$\chi^2 = \frac{(n-1)S^2}{\sigma_0^2} = \frac{8 \times 8.03}{100} = 0.64$$

由于属于单侧（左侧）检验，查 χ^2 分布表（自由度为 8）得 $\chi_{0.95}^2 = 2.73$，由

于计算所得的 χ^2 值小于查表所得的值，因此拒绝 H_0 而接受 H_1，故实验室的标准偏差已达到标准的要求。

用 Excel 计算 χ^2 值：

$\chi^2_{0.95}$ 值可通过 Excel 表中的 CHIINV 函数求得，具体如下：

在 Excel 的一个单元格中输入＝CHIINV（，会出现 CHIINV（probability，deg_freedom）的提示，在 probability 部分输入显著性水平 0.95 值，在 deg_freedom 部分输入自由度 8，再补括号的另一半")"，即＝CHIINV(0.95,8)＝2.72。

2.3.5.2　两个正态总体方差是否相等的假设检验——F 检验

在［例 4］中，对按两个标准方法所进行的测试结果的均值是否一致进行了检验，在进行该项检验前，要求对两个总体的方差是否相等进行检验，下面介绍有关的检验方法。

设 $X_1,X_2,\cdots,X_m$ 为来自总体 $X \sim N(\mu_1,\sigma_1^2)$ 的样本，而 $Y_1,Y_2,\cdots,Y_n$ 为来自总体 $Y \sim N(\mu_2,\sigma_2^2)$ 的样本，X 与 Y 相互独立。

假设 $H_0: \sigma_1^2＝\sigma_2^2$。

根据定理 5，统计量：

$$F=\frac{S_1^2/\sigma_1^2}{S_2^2/\sigma_2^2} \sim F_{m-1,n-1}$$

由于假设 $\sigma_1^2＝\sigma_2^2$，所以：

$$F=\frac{S_1^2}{S_2^2} \sim F_{m-1,n-1}$$

设显著水平为 α，所以：

$$P\{F\leqslant F_{1-\frac{\alpha}{2}}(m-1,n-1)\}=\frac{\alpha}{2}$$

以及：

$$P\{F\geqslant F_{\frac{\alpha}{2}}(m-1,n-1)\}=\frac{\alpha}{2}$$

拒绝域：

$$\frac{S_1^2}{S_2^2}\leqslant F_{1-\frac{\alpha}{2}}(m-1,n-1)或\frac{S_1^2}{S_2^2}\geqslant F_{\frac{\alpha}{2}}(m-1,n-1)$$

见图 2-19。

在 F 分布表中，一般只列出 $F_{\frac{\alpha}{2}}(m-1,n-1)$，而不列出 $F_{1-\frac{\alpha}{2}}(m-1,n-1)$ 值，但后者可通过下列转换得到：

$$F_{\frac{\alpha}{2}}(n-1,m-1)=\frac{1}{F_{1-\frac{\alpha}{2}}(m-1,n-1)} \tag{2-7}$$

例如：$\alpha＝0.05$，$m＝10$，$n＝8$ 时，如属于双侧检验，查 F 分布表得：$F_{0.025}(9,7)＝4.82$，而 $F_{0.975}(9,7)$ 是查不到的，但可查得 $F_{0.025}(7,9)＝4.20$，通过式(2-7)可得 $F_{0.975}(9,7)$：

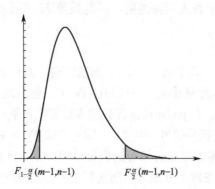

图 2-19　F 分布的双侧检验

$$F_{0.975}(9,7)=\frac{1}{F_{0.025}(7,9)}=\frac{1}{4.20}=0.24$$

用 Excel 求 F 值：

$F_{0.025}(9,7)=4.82$ 也可通过 Excel 表中的函数 FINV 求得。

具体如下：

在 Excel 的一个单元格中输入＝FINV（，会出现 FINV（probability，deg_freedom1，deg_freedom2）的提示，在 probability 部分输入显著性水平 0.025 值，在 deg_freedom1 部分输入自由度 9，在 deg_freedom2 部分输入自由度 7，再补括号的另一半")"，即＝FINV(0.025,9,7)=4.82。同样可算得 $F_{0.975(9,7)}=2.38$。

【例 6】　用 F 检验来说明上述［例 4］的方差是否相等？

解：

(1) H_0：$\sigma_1^2=\sigma_2^2$；H_1：$\sigma_1^2\neq\sigma_2^2$。

(2) 统计量：

$$F=\frac{S_1^2}{S_2^2}\sim F_{m-1,n-1}$$

(3) 给出显著性水平 α，如 0.05，属于双侧检验，由于 F 分布是不对称的，要先查出 $F_{0.025}(7,7)$ 的值，然后再转换成 $F_{0.975}(7,7)$；

(4) 当计算结果显示：

$$\frac{S_1^2}{S_2^2}\geqslant F_{\frac{\alpha}{2}}(m-1,n-1)\text{或}\frac{S_1^2}{S_2^2}\leqslant F_{1-\frac{\alpha}{2}}(m-1,n-1)$$

则接受 H_1，拒绝 H_0，反之亦然。

计算过程如下：

通过计算得 $S_1^2=28.1$，$S_2^2=29.2$，F 值等于 0.96，查表得 $F_{0.025}(7,7)=4.99$，按式(2-7) 得 $F_{0.975}(7,7)$：

$$F_{0.975}(7,7)=\frac{1}{F_{0.025}(7,7)}=\frac{1}{4.99}=0.20$$

由于 F 值小于 4.99 并且大于 0.20，因此接受 H_0，即两个方差间没有显著差异。

用 Excel 工具计算：

本例可以利用 Excel 提供的"F-检验：双样本方差"工具进行检验，具体如下：

第一步：打开 Excel，将上例的数据输入，按列分组；

第二步：选择"工具"下拉菜单；

第三步：选择"数据分析"；

第四步：选择"F-检验：双样本方差"并按确定，在出现的界面按要求输入相关的内容并按确定，得图 2-20。

F-检验　双样本方差分析

项　　目	变量 1	变量 2
平均	138.375	151.5
方差	28.26785714	29.42857143
观测值	8	8
df	7	7
F	0.960558252	
P(F<=f) 单尾	0.47951528	
F 单尾临界	0.264058109	

图 2-20　F-检验　双样本方差分析

从图 2-20 可看出，除了计算过程中由于有效数字取舍所引起的不一致外，其他计算结果均一致。但表中没有给出 $F_{0.025}$ 和 $F_{0.975}$ 的值，只给出了单侧检验的 F 值（为 $F_{0.95}$ 的值）。本例为双侧检验，因此要使用 FINV 函数得出 $F_{0.025}$ 和 $F_{0.975}$ 的值，然后与 F 值，显然结论是一样的，接受 H_0。

2.4　单因素方差分析

方差分析就是采用数理统计方法对数据进行分析，以鉴别各种因素对研究对象的某些特征值影响大小的一种有效方法。

各种因素，通常用 A、B、C 等大写英文字母表示，而把每个因素的不同状态或等级叫做不同的水平或位级，如 A 因素的不同水平分别用 A_1、A_2、A_3、…，其他因素的不同水平也用类似的方法表达。在试验中如只研究其中一个因素（如温度）对结果的影响，这种试验称为单因素试验，相应的方差分析就称为单因素方差分析。

若一个试验中同时研究两个因素对结果的影响，则相应的试验称为双因素试验，这时所做的方差分析称为双因素方差分析。

在多因素试验中要研究多种因素对结果的影响，相应的方差分析称为多因素方差分析。

鉴于单因素方差分析的重要性，本书仅介绍单因素的方差分析。

如果研究的因素记为 A，假定它有 m 个水平，它们对应的总体 $X_1, X_2, \cdots, X_m$ 相互独立，且 $X_i \backsim N(\mu_i, \sigma^2)$，在水平 A_i 下进行了 n_i 次独立试验，第 i 水平的第 j 次试验值为 x_{ij}，这样可得试验资料，见表 2-1。

表 2-1　试验设计表

因　　素	A_1	A_2	...	A_i	...	A_m
1	x_{11}	x_{21}	...	x_{i1}	...	x_{m1}
2	x_{12}	x_{22}	...	x_{i2}	...	x_{m2}
⋮	⋮	⋮	⋮	⋮	⋮	⋮
j	x_{1j}	x_{2j}	...	x_{ij}	...	x_{mj}
⋮	⋮	⋮	⋮	⋮	⋮	⋮
n_i	x_{1n_1}	x_{2n_2}	...	x_{in_i}	...	x_{mn_m}

2.4.1　数学模型

令 $x_{ij} = \mu_i + \varepsilon_{ij}$，$i = 1, 2, \cdots, m$；$j = 1, 2, \cdots, n_i$；其中，$\mu_i$ 是第 i 个总体的均值，ε_{ij} 是随机误差，$\varepsilon_{ij} \backsim N(0, \sigma^2)$。

再令 $a_i = \mu_i - \mu$，其中 $\mu = \dfrac{1}{n}\sum\limits_{i=1}^{m} n_i \mu_i$，$n = \sum\limits_{i=1}^{m} n_i$，$\mu$ 为所有总体的总平均值；

则 a_i 称为第 i 个水平的效应，说明了偏离总平均值的程度，是反应因素 A 各水平"纯"作用大小的量。

代入 a_i 上式可变成：

$$x_{ij} = \mu + a_i + \varepsilon_{ij}, \quad i = 1, 2, \cdots, m; \quad j = 1, 2, \cdots, n_i; \tag{2-8}$$

其中 $\varepsilon_{ij} \backsim N(0, \sigma^2)$，各 ε_{ij} 相互独立；

$$\sum_{i=1}^{m} n_i a_i = 0。$$

这就是单因素方差分析的数学模型。

2.4.2　统计分析

总的实验次数 　　　　　　　$n = \sum\limits_{i=1}^{m} n_i$

组内平均值，即第 i 水平下的样本平均 $\bar{x}_i. = \dfrac{1}{n_i}\sum\limits_{j=1}^{n_i} x_{ij}$

总的平均值： 　　　　　　$\bar{x} = \dfrac{1}{n}\sum\limits_{i=1}^{m}\sum\limits_{j=1}^{n_i} x_{ij}$

$$SS_T = \sum_{i=1}^{m}\sum_{j=1}^{n_i}(x_{ij} - \bar{x})^2 = \sum_{i=1}^{m}\sum_{j=1}^{n_i}(x_{ij} - \bar{x}_i.)^2 + \sum_{i=1}^{m}\sum_{j=1}^{n_i}(\bar{x}_i. - \bar{x})^2 = SS_E + SS_A$$

其中
$$SS_E = \sum_{i=1}^{m} \sum_{j=1}^{n_i} (x_{ij} - \bar{x}_{i\cdot})^2$$

$$SS_A = \sum_{i=1}^{m} \sum_{j=1}^{n_i} (\bar{x}_{i\cdot} - \bar{x})^2$$

SS_T 称为总变差平方和，简称**总变差**，它反映全部数据与总平均值之差的平方和，说明了这次试验数据中总的波动情况；

SS_E 称为误差平方和或组内平方和，反映了随机误差的影响；

SS_A 称为组间平方和或因素 A 的变动平方和，反映了各组的样本平均值之间的差异，在一定程度上反映了 μ_i 间的差异程度。

2.4.3　显著性检验

若因素 A 的各水平对试验结果影响不显著，则 A 的各水平的效应相等，即：
$$a_1 = a_2 = \cdots = a_m = 0$$

即假设 H_0：$a_1 = a_2 = \cdots = a_m = 0$，则可用下列统计量进行检验：
$$F = \frac{SS_A/(m-1)}{SS_E/(n-m)} \sim F_{m-1, n-m}$$

即服从自由度为 $m-1$，$n-m$ 的 F 分布。

对于给定显著水平 α，若 $F > F_{m-1, n-m}(\alpha)$，则拒绝原假设 H_0，认为因素 A 的 m 个水平效应之间有显著性差异。反之，则认为没有显著性差异。见表 2-2。

表 2-2　单因素试验方差分析表

方差来源	平方和	自由度	均方和	F 值
因素 A	SS_A	$m-1$	$MSS_A = SS_A/(m-1)$	
误差	SS_E	$n-m$	$MSS_E = SS_E/(n-m)$	$F = MSS_A/MSS_E$
总和	SS_T	$n-1$		

2.4.4　用 Excel 表进行方差分析计算

【例 7】　为了研究温度对某化学反应结果的影响，设计了下列实验（见表2-3）。

表 2-3　试验数据

试验次数 ＼ 温度	50℃	60℃	70℃	80℃
1	45	50	55	56
2	46	49	54	55
3	44	48	56	56
4	45	51	56	54
5	46	50	55	55
6	45	49		
7	43			

求温度是否对试验结果有显著影响？（$\alpha=0.05$）。

解：用 Excel 工具计算

由于方差计算比较麻烦，可以借助 Excel 的统计分析工具"方差分析：单因素方差分析"，具体如下。

第一步：将上例的数据按以下方式输入，即按列分组，见图 2-21。

	1	2	3	4
1	45	50	55	56
2	46	49	54	55
3	44	48	56	56
4	45	51	56	54
5	46	50	55	55
6	45	49		
7	43			

图 2-21　实验数据

第二步：选择"工具"下拉菜单。

第三步：选择"数据分析"选项。

第四步：选择"数据分析"进入下列界面，见图 2-22。

图 2-22　分析工具

第五步：选择"方差分析：单因素方差分析"并按确定，进入以下界面（见图 2-23）。

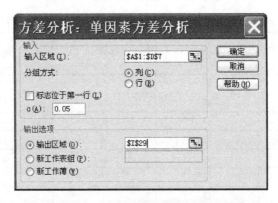

图 2-23　方差分析：单因素方差分析

第六步：输入原始数据的位置及排列信息。

由于数据是按列分组的，所以在分组方式中选择"列"，在"输入区域"中输入上述数据所在的区间，在"输出区域"中输入任何想用来输出结果的区域或起始单元格，确认无误后按确定，得图 2-24。

方差分析：单因素方差分析

SUMMARY

组	观测数	求和	平均	方差
列 1	7	314	44.85714	1.142857
列 2	6	297	49.5	1.1
列 3	5	276	55.2	0.7
列 4	5	276	55.2	0.7

方差分析

差异源	SS	df	MS	F	P-value	F crit
组间	449.695	3	149.8983	158.6037	1.26E-13	3.12735
组内	17.95714	19	0.945113			
总计	467.6522	22				

图 2-24　单因素方差分析的计算结果

第七步：结果判断。

用 P 值来判断：由于 $P=1.26E-13 \ll 0.05$，所以拒绝 H_0，即认为不同的温度对结果的影响是显著的。

或用与 F 值的比较来判断，由图 2-24 得

$F_{3,19}(0.05)=3.127$，由于 $F=158.6 > F_{3,19}(0.05)$，所以拒绝 H_0。

第 3 章　化学检测测量不确定度评估及其应用

3.1　概述

　　1999 年 12 月 15 日，ISO 和 IEC 两个国际组织正式发布为 ISO/IEC17025：1999（现为 2005 版），即《检测和校准实验室能力的通用要求》，首次要求测试试验室要建立并实施测量不确定度评定程序。

　　目前测量不确定度的评估主要基于 ISO 的"测量不确定度表达指南"（"The Guide to the Expression of Uncertainty in Measurement"），即通常所称的 GUM，它给出了测量不确定度评估的基本原理和方法。但它主要适用于物理量的测量不确定度评估。对于化学测试，由于影响分析测试过程的因素比较多，当使用该 GUM 进行分析测试的测量不确定度评估时往往显得力不从心，为此 EURACHEM 与 CITAC 联合制定了指南文件《分析测量中不确定度的量化》（Quantifying Uncertainty in Analytical Measurement）。它在 GUM 的基础上，针对分析化学的特点引入了方法确认、方法性能研究及溯源性在测量不确定度评估方面的说明，并通过由浅入深的方式介绍了分析化学中常见的标准溶液制备、标准溶液滴定及校准曲线制作的测量不确定度的评定，特别是在分析各种影响因素时引入因果图（有时称作 Ishikawa 或"鱼骨"图），对分析人员分析各种影响因素非常有帮助，可防止有关因素漏写或重写。

　　为了便于实验室使用，中国合格评定国家认可委员会在《分析测量中不确定度的量化》（Quantifying Uncertainty in Analytical Measurement）的基础上，出版了 CNAS-GL06《化学领域不确定度指南》。

　　由于 GUM 是评估测量不确定度必须掌握的基础知识，在使用《分析测量中不确定度的量化》前必须掌握 GUM 的评估方法，包括标准不确定度的 A 类评定和 B 类评定、标准不确定度、合成标准不确定度、扩展不确定度、置信区间、包含因子等。限于篇幅，本文就不再介绍 GUM，仅介绍《分析测量中不确定度的量化》中的有关评估方法。

　　对于化学测试，对测试结果进行测量不确定度评估，关键就是要找出影响测试结果的各种因素并评估其测量不确定度，然后通过数学模型按照上述 GUM 介绍的方法合成标准不确定度，并最后算得扩展不确定度。一般的评估步骤如下。

　　（1）描述测试步骤　测试过程比较复杂，大致可分成前处理、定容和上机测试等，但不同的测试方法,其测试过程完全不一样,因此首先要对测试过程进行详细的描述。只有这样才能很好地分析各种影响因素,进而更好地进行测量不确定度的评估。

(2) 数学模型　按照测试过程给出最终结果的数学模型,一般是最终结果的计算公式。

(3) 确定测量不确定度的来源　应优先考虑影响数学模型中各参数的影响因素。分析测试中常见的影响因素有:取样、存储条件、仪器的影响、试剂纯度、假定的化学反应定量关系、测量条件、样品的影响、计算影响、空白修正、操作人员的影响以及随机影响等。

为了清晰地表述各种影响因素及其相互间的关系,分析测试人员可通过因果图将所有影响因素列出来。

(4) 测量不确定度分量的计算　确定了各种不确定度影响因素后,然后通过下列方法之一来求最终测试结果的测量不确定度。

①评估上述各影响因素的测量不确定度,然后通过数学模型按照上述 GUM 介绍的方法合成标准不确定度,并最后算得扩展不确定度。或②通过利用方法参数数据来作为一个测量不确定度分量,如利用重复性数据作为总的重复性影响因素的测量不确定度,而不考虑测试过程中与重复性相关的其他影响因素,再与其他余下因素的测量不确定度一起按 GUM 方法合成,并最终算得扩展不确定度。由于该方法充分体现了分析测试的特点,在分析化学测试中得到广泛使用。

此外,也可以利用能力验证结果以及实验室的质量控制数据来进行测量不确定度的评估。

(5) 合成标准测量不确定度的计算　将各个标准不确定度通过数学模型按GUM 的方法计算合成标准不确定度。

(6) 扩展不确定度　按 GUM 介绍的方法计算扩展不确定度。

(7) 结果报告　测量结果应用下式来表述:

$\overline{X} \pm U$,并说明 P,K,ν 的数值;

其中,$\overline{X}$ 为测试结果;U 为扩展不确定度;P 为置信概率;K 为包含因子;ν 为自由度。

3.2　化学检测测量不确定度的评估实例

为了统一分析测试人员在评估化学测试中测量不确定度分量时的做法,《分析测量中不确定度的量化》(Quantifying Uncertainty in Analytical Measurement)对测试过程中常见的称量、定容、滴定、制作校准溶液曲线等过程的测量不确定度评估进行了详细的讲解。

下面精选了《分析测量中不确定度的量化》的两个典型例子,第一个阐述了如何进行称量、定容和滴定的测量不确定度评估,包括如何利用重复性数据;第二个阐述了校准曲线有关的测量不确定度。

3.2.1　氢氧化钠标准溶液标定的测量不确定度评估

【例1】　用邻苯二甲酸氢钾（KHP）基准标定氢氧化钠溶液。约配制 0.1mol/L 的 NaOH 溶液 1L，为标定 NaOH 溶液大约需称取 388mg KHP。

解：测量不确定度的评估过程如下：

1. 测量步骤说明

干燥并称取滴定基准物邻苯二甲酸。配制 NaOH 溶液后，将滴定基准物（KHP）溶解并用 NaOH 溶液滴定。其具体的测定步骤见流程图 3-1。

图 3-1　标定 NaOH 的步骤

2. 数学模型

$$c_{NaOH} = \frac{1000 m_{KHP} P_{KHP}}{M_{KHP} V_T}$$

式中　c_{NaOH}——NaOH 溶液的浓度，mol/L；

　　　1000——由 mL 转化为 L 的换算系数；

　　　m_{KHP}——滴定基准物 KHP 的质量，g；

　　　P_{KHP}——滴定基准物的纯度以质量分数表示；

　　　M_{KHP}——KHP 的摩尔质量，g/mol；

　　　V_T——NaOH 溶液的滴定体积，mL。

3. 各不确定度分量来源的分析

本步骤确定了各主要不确定度来源，弄清了各不确定度来源对被测量及其不确定度的影响。本步骤对于分析测定的不确定度评定来说是最困难的，因为一方面有可能有部分不确定度来源被忽视，另一方面有些不确定度来源可能会被重复计算。制作因果图是防止这类问题发生的一个可行的方法。

（1）建立因果图的雏形　制作因果图的第一个步骤就是先将被测量计算公式中的 4 个参数作为主要支干，建立因果图的雏形，见图 3-2。

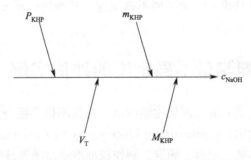

图 3-2　因果图的雏形

（2）进一步补充完善因果图　然后，分析测定方法的每一步骤，从上述四个主要影响因素外考虑其他影响量，并将影响量作为一个因素标在因果图上。对每一个分支干均进行同样的分析，直到影响因素变得微不足道为止，将所有不可忽略的影响均标注在每一个支干上。

① 质量 m_{KHP} 主支干　大约需要称取 388mg KHP 以标定 NaOH 溶液。称量的过程是一个递减的过程。因此，因果图上必须同时加上称取空盘质量（m_{tare}）的支干和称取毛重（m_{gross}）的支干。每一次称重都面对天平校准带来的不确定度和称量过程的随机效应。天平校准本身有两个可能的不确定度来源：灵敏度和校准函数的线性。上述因素均作为分支干补充到因果图中，见图 3-3。如果称量是在同一台天平且量程范围很小内进行，则可忽略不计灵敏度带来的不确定度。

② 纯度 P_{KHP} 主支干　供应商标注的 KHP 的纯度介于 99.95％～100.05％之间。因此 P_{KHP} 等于 1.0000 ± 0.0005。如果干燥过程完全按供应商指引进行，则无其他任何不确定度来源。因此没有其他分支干，见图 3-3。

③ 摩尔质量 M_{KHP} 主支干　邻苯二甲酸氢钾（KHP）的传统分子式为 $C_8H_5O_4K$。该分子的摩尔质量的不确定度可以通过合成各组成元素原子量的不确定度得到。IUPAC 每两年在纯粹和应用化学杂志上发表一次包括原子量及其不确定度的数据表。摩尔质量可以直接由该表计算得到。也没有其他分支干可考虑，见图 3-3。

④ 体积 V_T 主支干

滴定过程借助于 20mL 的活塞滴管。NaOH 溶液从活塞滴管滴定的体积包含了 3 个不确定度来源。这三个来源包括滴定体积的重现性，该体积校准时的不确定度，以及由实验室温度与活塞滴管校准时温度不一致而带来的不确定度。此外，终点测定过程也有影响，这包含了两个不确定来源。

a. 终点测定的重现性，它独立于滴定体积的重现性；

b. 由于滴定过程中吸入二氧化碳及由滴定曲线计算终点的不准确，滴定终点与化学计量点之间可能存在的系统误差。见图 3-3。

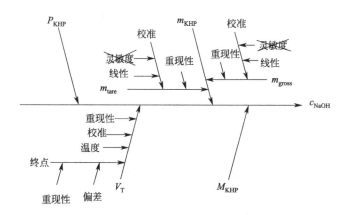

图 3-3　因果图（含有所有来源）

4. 各不确定度分量的定量

步骤 3 确定了各种不确定度的来源，本步骤要将它们进行定量并转化为标准不确定度。通常，各类试验都至少包含了活塞滴管滴定体积的重现性和称量的重现性。因此，将各重现性分量合并为总试验的一个分量并且利用方法确认的数据作为其定量的数据，见图 3-4。

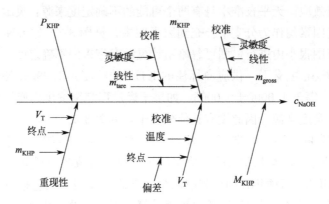

图 3-4　因果图（重复性合并在一起）

（1）重复性　方法确认表明滴定实验的重现性为 0.05%。该数值可以直接用于合成不确定度的计算。

（2）质量 m_{KHP}　KHP 加上称量容器的质量：60.5450g；

称量容器（无 KHP）的质量：60.1562g；

因此，KHP 的质量为：0.3888g。

由于前面已经确定将重现性合在一起，因此没有必要考虑称量的重现性。天平量程范围内的系统偏移将被省略。因此，不确定度仅限于天平的线性不确定度。

线性：天平校准证书标明其线性为 ±0.15mg。这数值是托盘上的实际质量与天平读数的最大差值。天平制造商建议天平的不确定度采用矩形分布，将线性分量转化为标准不确定度。

因此，天平的线性分量为 $\dfrac{0.15mg}{\sqrt{3}}=0.09mg$。

上述分量必须计算两次，一次作为空盘，另一次为毛重，因为每一次称量均为独立的观测结果，两者间的线性影响不相关。

由此得到质量 m_{KHP} 的标准不确定度 $u(m_{KHP})$ 为 $u(m_{KHP})=\sqrt{2\times(0.09^2)}\,mg=0.13mg$。

注 1. 由于所有所引用的测量结果按惯例是在空气中称量获得的，因此无须对浮力进行修正。其他不确定度分量太小，一并略去。

2. 称取滴定基准时还存在其他问题。待称取的基准的温度与天平的温度即使只有 1℃ 的差别，也会产生与重现性分量数量级相当的漂移。滴定基准已完全干燥，但称量的环境湿度却介乎于 50％左右，因此肯定会吸收一些湿气。

（3）纯度 P_{KHP}　P_{KHP} 为 1.0000±0.0005。供应商没有给出不确定度的进一步信息。因此可视为矩形分布，因此标准不确定度 $u(P_{KHP})=0.0005/\sqrt{3}=0.00029$。

（4）摩尔质量 M_{KHP}　表 3-1 是从 IUPAC 最新版的表格中查得的 KHP（$C_8H_5O_4K$）中各元素的相对原子质量和不确定度。

表 3-1　元素不确定度

元　素	原 子 量	不 确 定 度	标准不确定度
C	12.0107	0.0008	0.00046
H	1.00794	0.00007	0.000040
O	15.9994	0.0003	0.00017
K	39.0983	0.0001	0.000058

对于每一个元素来说，标准不确定度是 IUPAC 所列不确定度作为矩形分布的极差计算得到的。因此标准不确定度等于查得数值除以$\sqrt{3}$。

各元素对摩尔质量的影响及其不确定度分量见表 3-2。

表 3-2　元素不确定度分量

项　目	计 算 式	结　果	标准不确定度
C_8	8×12.0107	96.0856	0.0037
H_5	5×1.00794	5.0397	0.00020
O_4	4×15.9994	63.9976	0.00068
K	1×39.0983	39.0983	0.000058

表 3-2 各数值是由前表各元素的标准不确定度数值乘以原子数计算得到的。

KHP 的摩尔质量为：

$M_{KHP}=(96.0856+5.0397+63.9976+39.0986)g/mol=204.2212g/mol$

上式为各独立数值之和，因此标准不确定度 $u(M_{KHP})$ 就等于各不确定度分量平方和的平方根：

$u(M_{KHP})=\sqrt{0.0037^2+0.0002^2+0.00068^2+0.000058^2}g/mol=0.0038g/mol$

注：由于 M_{KHP} 的各元素不确定度分量来说只是各原子分量的总和，因此按照合成不确定度分量的总规则可以预见各元素分量的合成不确定度等于单个原子不确定度的平方和的开根号，对于碳元素，即 $u(M_c)=\sqrt{8\times0.00046^2}=0.0013$。然而，请记住该规则只适用于独立的分量，也就是该数值的不同测定值的分量。对于本例，总量是通过单一值乘 8 得到的。注意各元素的不确定度分量是独立的，因此可以用常规方式合并，即 $u(M_c)=0.00046\times8=0.0037$。

（5）体积 V_T

① 滴定体积的重现性：如前所述，通过实验合成重现性代替对个别重现性的

考虑。

② 校准：制造商已给定了滴定体积的准确性范围±数值。对于 20mL 活塞滴管，该数值为±0.03mL。假定三角形分布，标准不确定度为$\frac{0.03}{\sqrt{6}}$mL＝0.012mL。

注：如果出现在中心区的概率大于极值附近时，ISO 导则 GUM（F.2.3.3）建议采用三角形分布。

③ 温度：假定温度的波动范围为±3℃（置信水平为 95％）。该温度变化引起的不确度可通过估算体积膨胀系数来进行计算。该液体的体积膨胀远远大于量瓶的体积膨胀，因此只考虑前者即可。水的膨胀系数为 $2.1 \times 10^{-4}℃^{-1}$，按正态分布得到

$$\frac{19 \times 2.1 \times 10^{-4} \times 3}{1.96}\text{mL}＝0.006\text{mL}$$

因此因温度控制不全面而产生的标准不确定度为 0.006mL。

④ 终点测定误差：滴定是在氩气层下进行的，以避免滴定液吸收 CO_2 带来的误差。这样的做法符合事先防止引入误差而不是事后去纠正误差的原则。由于是强酸滴定强碱，因此没有迹象表明由 pH 曲线判定的终点会与化学计量点不一致。所以终点判定误差及其不确定度可以忽略。

求得 V_T 为 18.64mL，合并各不确定度分量得到体积 V_T 的不确定度 $u(V_T)$

$$u(V_T)＝\sqrt{0.012^2＋0.006^2}\text{mL}＝0.013\text{mL}$$

表 3-3　滴定中的数值与不确定度

项　目	名　　称	数值 x	标准不确定度 $u(x)$	相对标准不确定度 $u(x)/x$
rep	重现性	1.0	0.0005	0.0005
m_{KHP}	KHP 的质量	0.3888g	0.00013g	0.00033
P_{KHP}	KHP 的纯度	1.0	0.00029	0.00029
M_{KHP}	KHP 的摩尔质量	204.2212g/mol	0.0038g/mol	0.000019
V_T	滴定 KHP 用去 NaOH 的体积	18.64mL	0.013mL	0.0007

5. 合成标准不确定度的计算

c_{NaOH} 由下式计算获得

$$c_{NaOH}＝\frac{1000 m_{KHP} P_{KHP}}{M_{KHP} V_T}$$

表 3-3 列出了上述各参数的数值、标准不确定度和相对标准不确定度。

代入上述数值后，得到：

$$c_{NaOH}＝\frac{1000 \times 0.3888 \times 1.0}{204.2212 \times 18.64}\text{mol/L}＝0.10214\text{mol/L}$$

对于乘法算式（如上式），标准不确定度可表述为：

$$\frac{u_c(c_{NaOH})}{c_{NaOH}} = \sqrt{\left[\frac{u(rep)}{rep}\right]^2 + \left[\frac{u(m_{KHP})}{m_{KHP}}\right]^2 + \left[\frac{u(P_{KHP})}{P_{KHP}}\right]^2 + \left[\frac{u(M_{KHP})}{M_{KHP}}\right]^2 + \left[\frac{u(V_T)}{V_T}\right]^2}$$

$$= 0.00097$$

$$u(c_{NaOH}) = c_{NaOH} \times 0.00097 = 0.00010 \text{mol/L}$$

6. 扩展不确定度的计算

扩展不确定度 $U(c_{NaOH})$ 可由合成标准不确定度乘以包含因子 2 后得到。

$$U(c_{NaOH}) = 0.00010 \times 2 \text{mol/L} = 0.0002 \text{mol/L}$$

所以，NaOH 溶液的浓度为 (0.1021 ± 0.0002)mol/L。

3.2.2　原子吸收测量陶瓷铅镉溶出量的测量不确定度评估

【例 2】 按照经验方法 BS6748 测量从陶瓷、玻璃、玻璃-陶瓷和搪瓷器皿中释出的金属含量。该方法通过使用原子吸收光谱仪（AA）测定用 4%（体积分数）醋酸溶液从陶瓷表面浸出的铅或镉含量。

解： 测量不确定度的评估过程如下。

1. 测量步骤说明

英国标准 BS6748：1986 "陶瓷、玻璃、玻璃-陶瓷和搪瓷器皿中释出的金属限量" 给出了完整的测试程序，并形成被测量的技术规范。下面给出的仅仅是总体的大概描述。

（1）**仪器和试剂的要求**　影响不确定度的试剂规格：

新配制的 4%（体积分数）冰醋酸溶液，用水将 40mL 冰醋酸稀释至 1L。

4%（体积分数）醋酸溶液中铅标液的浓度为 (1000 ± 1)mg/L。

4%（体积分数）醋酸溶液中镉标液的浓度为 (500 ± 0.5)mg/L。

实验用玻璃仪器要求至少是 B 级，并且在测试过程中在 4% 醋酸溶液中不会检测到含有铅和镉。原子吸收光谱仪要求其检测限为：铅 0.2mg/L，镉 0.02mg/L。

（2）**程序**　图 3-5 大概图示说明了整个测试程序。影响不确定度评估的技术规范如下：

① 样品在 (22 ± 2)℃ 的条件下处理，适合时（'类别 1' 的产品），测量样品的表面积。如在本例中表面积是 2.37dm² （表 3-4 和表 3-7 包含了本例的实验数据）。

② 将 (22 ± 2)℃ 的 4%（体积分数）醋酸溶液倒入经预处理的样品中，使溶液填充的高度为距离样品溢出处 1mm，可从样品上端边缘处测量，或者距离样品的平端或斜边的最尽头的边缘处 6mm。

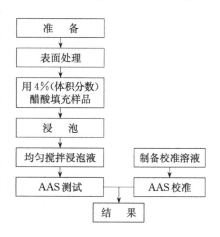

图 3-5　萃取金属程序

表 3-4　可萃取镉含量测试的不确定度

项目	描　述	值 x	标准不确定度 $u(x)$	相对标准不确定度 $u(x)/x$
c_0	萃取溶液中镉含量	0.26mg/L	0.018mg/L	0.069
d	稀释系数(如需使用时)	1.0①	0①	0①
V_L	浸出液体积	0.332L	0.0018L	0.0054
a_V	容器的表面积	2.37dm²	0.06dm²	0.025
f_{acid}	酸浓度的影响	1.0	0.0008	0.0008
f_{time}	浸泡时间的影响	1.0	0.001	0.001
f_{temp}	温度的影响	1.0	0.06	0.06
r	每单位面积浸出的镉质量	0.036mg/dm²	0.0033mg/dm²	0.09

① 在当前例子中没有用到稀释。因此 d 正好为 1.0。

③ 记录使用 4%（体积分数）醋酸溶液的量，精确至±2%（本范例使用了332mL 醋酸）。

④ 样品在（22±2）℃的条件下放置 24h（测镉时要放置在黑暗中），并采取适当的措施防止挥发损失。

⑤ 放置后，搅拌溶液使其足够均匀，取一部分测试样，如果需要时进行稀释（稀释系数为 d），选用合适的波长在原子吸收光谱仪器上进行分析测试，在本例中用最小二乘法校正曲线。

⑥ 计算结果，报告在总萃取溶液中铅和/或镉的含量，对于类别 1 的产品，用每平方分米表面积含多少毫克铅或镉的方式表示，对于类别 2 和 3 的产品，用每升体积含多少毫克铅或镉的方式表示。

2. 识别分析不确定度来源

步骤 1 描述了"经验方法"。如果这个方法在指定范围内使用，方法的偏差被定义为零。因此偏差的评估与实验室的操作有关，而与方法的固有的偏差无关。因为还没有一个有证标准物质用于这个标准方法，偏差的整体控制与影响结果的方法参数的控制有关。这些影响量是时间、温度、质量和体积等。

稀释后醋酸溶液中铅或镉的浓度 c_0 用原子吸收光谱仪测定，计算公式如下：

$$c_0 = \frac{(A_0 - B_0)}{B_1}$$

式中　c_0——在萃取液中铅或镉的浓度，mg/L；

　　　A_0——萃取液中金属的吸光度；

　　　B_0——校准曲线的截距；

　　　B_1——校准曲线的斜率。

对于本例所考虑的类别 1 的产品，经验方法要求结果用每单位面积浸出的铅或镉的质量 r 来表示，r 的计算式如下：

$$r = \frac{c_0 V_L}{a_V} d = \frac{V_L (A_0 - B_0)}{a_V B_1} d$$

式中　r——每单位面积浸出的铅或镉的质量，mg/dm^2；

　　　V_L——浸出的体积，L；

　　　a_V——容器的表面积，dm^2；

　　　d——样品稀释的系数。

（1）建立因果图的雏形　利用上述测量公式的前面部分来建立因果关系图的雏形，即以公式中出现的参数作为因果图的主支干（见图 3-6）。

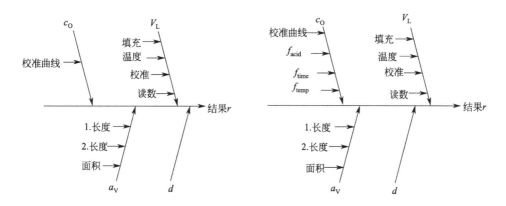

图 3-6　因果图的雏形　　　　　图 3-7　因果图（增加了校正因素）

（2）进一步补充完善因果图　对于本经验方法，目前尚没有证标准物质用于评估实验室的操作。因此所有可能的影响量都要考虑，如温度、浸泡时间和酸度。为了考虑附加的影响量，公式中需加入各自的校正因子，因此扩大为：

$$r = \frac{c_0 V_L}{a_V} d f_{acid} f_{time} f_{temp}$$

这些校正因子被包括在已修正的因果关系图中（见图 3-7）。图中显示为影响 c_0 的因素。

备注：该标准所允许的温度范围，是由于被测量技术规范不完善而产生的一个测量不确定度例子。在符合经验方法以及实际可行时，基于温度影响的考虑，允许对被报告的结果范围进行估计。尤其要注意对于那些由温度范围内的不同操作温度所引起的结果变动，不能合理地认为是偏差，因为这是在按照规范要求测试而得到的结果。

3. 量化不确定度来源

这个步骤的目的是对先前识别的产生不确定度的每一个来源进行量化。可以用实验数据或基于很好的假定来进行量化。

（1）稀释系数 d　对于目前这个例子，无需稀释浸出溶液，因此不用考虑其对不确定的影响。

(2) 体积 V_L

① 填充体积：经验方法要求容器被溶液填充至"距离边缘 1mm 以内"。对于典型的饮用和厨房用具，1mm 将代表器皿高度的 1%。因此容器被填充的体积为 99.5%±0.5%（即大约是容器体积的 0.995±0.005）。

② 温度：醋酸的温度必须在 22℃±2℃，由于与容器相比液体具有更大的值得考虑的体积膨胀，这样温度范围导致体积测量的不确定度。假定矩形温度分布，则 332mL 体积的标准不确定度是：

$$\frac{2.1\times10^{-4}\times332\times2}{\sqrt{3}}\text{mL}=0.08\text{mL}$$

③ 读数：记录体积 V_L 在 2% 范围内，实际上使用量筒时允许约 1% 的不准确性（即 $0.01V_L$）。计算标准不确定度时假定是三角形分布。

④ 校准：体积根据制造商的技术指标 500mL 量筒有 ±2.5mL 范围偏差进行校准。求标准不确定度时假设为三角形分布。

本例中体积为 332mL，四个不确定度分量按下式合成：

$$u(V_L)=\sqrt{\left(\frac{0.005\times332}{\sqrt{6}}\right)^2+0.08^2+\left(\frac{0.01\times332}{\sqrt{6}}\right)^2+\left(\frac{2.5}{\sqrt{6}}\right)^2}\text{mL}=1.83\text{mL}$$

(3) 镉浓度 c_0　　使用手工操作的校准曲线计算浸出的镉含量。从 (500±0.5)mg/L 镉标准溶液中配制五个标准溶液，其浓度分别为 0.1mg/L、0.3mg/L、0.5mg/L、0.7mg/L、0.9mg/L。使用线性最小二乘法拟合曲线程序的前提是假定横坐标的量的不确定度远小于纵坐标的量的不确定度，因此通常的 c_0 不确定度计算程序仅仅与吸光度不确定度有关，而与校准溶液不确定度无关，也与从同一标准储备溶液中逐次稀释产生的无可避免的关联无关。然而在本例中，校准标准溶液的不确定度足够小，以致可以忽略。

五个校准标准溶液分别被测量三次，结果见表 3-5。

表 3-5　校准结果

浓度/(mg/L)	1	2	3
0.1	0.028	0.029	0.029
0.3	0.084	0.083	0.081
0.5	0.135	0.131	0.133
0.7	0.180	0.181	0.183
0.9	0.215	0.230	0.216

校准曲线为：

$$A_j=c_iB_1+B_0$$

式中　A_j——第 i 个校准标准溶液的第 j 次吸光值；

　　　c_i——第 i 个校准标准溶液的浓度；

　　　B_1——斜率；

　　　B_0——截距。

线性最小二乘法拟合曲线的结果见表 3-6，其相关系数 r 为 0.997。拟合曲线见图 3-8。残差标准偏差 S 是 0.005486。

表 3-6　线性最小二乘法拟合曲线的结果

项　目	值	标 准 偏 差
B_1	0.2410	0.0050
B_0	0.0087	0.0029

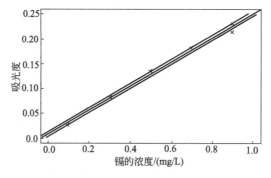

图 3-8　平行测量的线性最小二乘法拟合和不确定度区间

实际测量浸出溶液两次，浓度 c_0 为 0.26mg/L，计算步骤如下：

$$u(c_0) = \frac{S}{B}\sqrt{\frac{1}{P} + \frac{1}{n} + \frac{(c_0 - \bar{c})^2}{S_{xx}}}$$

$$= \frac{0.005486}{0.241}\sqrt{\frac{1}{2} + \frac{1}{15} + \frac{(0.26 - 0.5)^2}{1.2}}\,\text{mg/L}$$

$$\Rightarrow u(c_0) = 0.018\,\text{mg/L}$$

残差标准偏差 S 为：

$$S = \sqrt{\frac{\displaystyle\sum_{j=1}^{n}[A_j - (B_0 + B_1 c_j)]^2}{n-2}} = 0.005486 \text{ 以及}$$

$$S_{xx} = \sum_{j=1}^{n}(c_j - \bar{c}) = 1.2$$

式中　P——测试 c_0 的次数；

　　　n——校准的次数；

　　　c_0——浸出液中镉的浓度；

　　　$\bar{c}$——不同校准标准溶液的平均值（n 次）；

　　　i——下标，指校准溶液的数量；

　　　j——下标，指获得校准曲线的测量次数。

（4）面积 a_V

① 长度测量：测量样品容器的尺寸，计算其总的表面积为 2.37dm²，因为样

品近似于圆筒但不完全规则，在 95％置信水平中测量偏差估计在 2mm 范围内。典型的尺寸介于 1.0～2.0dm 之间，其估计的尺寸测量不确定度为 1mm（除以 95％的数值 1.96 后）。典型的面积测量需要高和宽两个长度尺寸（即 1.45dm 和 1.64dm）。

② 面积：由于样品没有完整的几何形状，因此面积计算也有不确定度，在本范例中，在 95％置信水平时估计有另外 5％的分量。

长度测量和面积测量的不确定度分量按以下公式合成：

$$u(a_V) = \sqrt{0.01^2 + 0.01^2 + \left(\frac{0.05 \times 2.37}{1.96}\right)^2} \, dm^2$$

$$\Rightarrow u(a_V) = 0.06 dm^2$$

（5）温度影响因素 f_{temp}　已进行了温度对陶瓷器皿释出金属产生影响的一些研究。一般来说，温度影响是相当大的，并且随着温度变化，释出金属呈指数级上升趋势，直至达到极限值。只有一个研究给出 20～25℃温度范围的影响。从研究在 25℃附近释出的金属与温度变化的图形资料看是接近于线性，其斜率约为 5％/℃。经验方法允许±2℃的范围导致温度系数 f_{temp} 为 1±0.1。假定为矩形分布，将其转换为标准不确定度分量：

$$u(f_{temp}) = \frac{0.1}{\sqrt{3}} = 0.06$$

（6）时间影响因素 f_{time}　对于相对较慢的过程，如浸泡过程，浸出量将大约与时间的微小变化成正比。Krinitz 和 Farnco 发现在浸泡过程的最后 6h 中浓度的平均变化在 86mg/L 时大约是 1.8mg/L，即约占 0.3％/h，因此对于 (24±0.5)h 的浸泡时间，c_0 需要用系数 f_{time} 进行修正：1±(0.5×0.003)＝1±0.0015。这是矩形分布，产生的标准不确定度为：

$$u(f_{time}) = \frac{0.0015}{\sqrt{3}} \approx 0.001$$

（7）酸浓度 f_{acid}　有一个研究酸浓度对铅释出影响的结果显示，当浓度从 4％改变为 5％（体积分数）时，某一特定陶瓷批的铅释出量从 92.9mg/L 变为 101.9mg/L，f_{acid} 变为 $\frac{101.9 - 92.9}{92.9} = 0.097$ 或近似 0.1。而另一个研究使用热浸泡方法，结果显示类似的变化（浓度从 2％（体积分数）变为 6％（体积分数）时，铅含量有 50％的改变）。假定这个影响近似于与酸浓度成线性，估计酸浓度的每一个％（体积分数）改变，f_{acid} 大约有 0.1 的变化。在其他实验中，使用标准 NaOH 滴定的滴定法建立了该酸浓度和它的标准不确定度 [3.996％（体积分数），$u = 0.008$（体积比）]。采用该酸浓度的不确定度为 0.008％（体积分数），建议 f_{acid} 的不确定度为 0.008×0.1＝0.0008，因为该酸浓度的不确定度已被表示为标准不确定度，这个值可被直接作为与 f_{acid} 有关的不确定度。

备注：原则上，不确定度值需要对上述单个研究是足够代表所有陶瓷情况的假定进行修正，当然，目前的数据已给出了对不确定度数量的合理评估。

4. 计算合成标准不确定度

假定没有稀释。则每单位面积浸出镉含量为：

$$r = \frac{c_0 V_L}{a_V} d f_{acid} f_{time} f_{temp} \, mg/dm^2$$

中间值和标准不确定度被收集于表 3-7，将这些数据代入：

$$r = \frac{0.26 \times 0.332}{2.37} \times 1.0 \times 1.0 \times 1.0 \, mg/dm^2 = 0.036 \, mg/dm^2$$

表 3-7   浸出镉含量分析的中间值和不确定度

项 目	描 述	数 值	标准不确定度 $u(x)$	相对标准不确定度 $u(x)/x$
c_0	萃取溶液中的镉含量	0.26mg/L	0.018mg/L	0.069
V_L	浸出体积	0.332L	0.0018L	0.0054
a_V	器具的表面积	2.37dm²	0.06 dm²	0.025
f_{acid}	酸浓度的影响	1.0	0.0008	0.0008
f_{time}	浸泡时间的影响	1.0	0.001	0.001
f_{temp}	温度的影响	1.0	0.06	0.06

为了计算相乘表示（见上）的合成标准不确定度，将标准不确定度的每个分量代入下式：

$$\frac{u_c(r)}{r} = \sqrt{\left[\frac{u(c_0)}{c_0}\right]^2 + \left[\frac{u(V_L)}{V_L}\right]^2 + \left[\frac{u(a_V)}{a_V}\right]^2 + \left[\frac{u(f_{acid})}{f_{acid}}\right]^2 + \left[\frac{u(f_{time})}{f_{time}}\right]^2 + \left[\frac{u(f_{temp})}{f_{temp}}\right]^2}$$

$$= \sqrt{0.069^2 + 0.0054^2 + 0.025^2 + 0.0008^2 + 0.001^2 + 0.06^2} = 0.095$$

$$\Rightarrow u_c(r) = 0.095r = 0.0034 \, mg/dm^2$$

图 3-9 则图示了测量不确定度的不同参数和影响量的分量，将每个分量的大小与合成不确定度进行了比较。

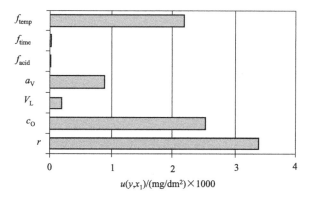

图 3-9   浸出镉含量的不确定度

扩展不确定度 $U_{(r)}$ 通过使用包含因子 2 计算得到：

$$U_{(r)} = 0.0034 \times 2 \text{mg/dm}^2 = 0.007 \text{mg/dm}^2$$

因此按照 BS 6748：1986 标准测量浸出镉含量为：

$$(0.036 \pm 0.07) \text{mg/dm}^2$$

在这里指出计算不确定度使用了包含因子 2。

3.3　测量不确定度的应用

当利用化学分析结果来做决策依据时，如决定是否超出限值要求等，必须要知道结果的质量，即该结果是否可靠，可靠性有多大。而确定测量结果质量的一种有用的方式就是测量不确定度。因此，测量结果必须包括测量不确定度，这样结果才有意义。对测量结果进行测量不确定度评估是检测理论研究的最新成果，是客户和国际贸易的要求，有了测量不确定度，在世界贸易中测量结果才可进行相互比较，才可避免大量的重复测试。测量结果包含测量不确定度，是测量结果最科学的一种表达方式，现在已得到广泛的使用和接受，那测量不确定度到底有哪些用途？其主要用途包括两方面在合格评定中的应用及在质量控制中的应用。

3.3.1　在合格评定中的应用

这可能是测量不确定度的最主要用途。本文中的合格评定是指判定所检验的产品的性能指标是否符合规定的技术指标要求。传统上，当判定测量结果是否符合规定的要求时，只要将测量结果的有关指标与规定的技术指标进行比较即可，当处于技术指标的允许范围内时，就判定为合格，否则为不合格。当引入测量不确定度概念后，大家都知道，测量值是以一定的概率分布在一定的区域内，所以上述判定是不合理的，这也进一步说明在测量结果中引入测量不确定度是非常科学和非常有意义的。

下面给出在考虑测量结果不确定度后，测量结果与规范要求或技术指标要求之间的四种位置关系，见图 3-10。一般规定扩展不确定度的置信水平为 95%，如有其他规定，则要在测试报告中说明。

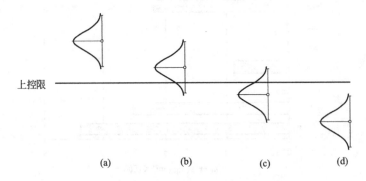

图 3-10　与上控限的合格评定

① 结果超出规范限值或技术指标的要求，超出的数值大于一个扩展不确定度；

② 结果超出规范限值或技术指标的要求，但超出的数值不足一个扩展不确定度；

③ 测量结果低于规范限值或技术指标的要求，但低于的数值不超过一个扩展不确定度；

④ 测量结果低于规范限值或技术指标的要求，但低于的数量超过一个扩展不确定度。

对于情况①，由于考虑测量不确定度后全部数值均超出限量，因此可判定为不合格；对于情况④，与上述情况正好相反，因此判定为合格。而对于情况②和情况③，由于考虑测量不确定度后，数值跨在限值的两边，无法做出是否合格的判定。可以按照下列方式的任何一种来处理。

按 CNAS-CL01：2006（等同采用 ISO/IEC 17025：2005）中 5.10.3.1(c) 条款的规定，当不确定度影响到对规范限值的符合性时，检测报告中还需要包括有关不确定度的信息。因此，当遇到上述情况②和情况③，要在报告中给出测量结果的不确定度，但不下结论。如欧盟规定，玩具中的 DEHP 增塑剂含量不能超过 1000mg/kg，某实验室测试某玩具样品的 DEHP 含量时，给出下列结果：980mg/kg±50mg/kg，置信为 95%。这就是属于情况③，这种情况如出报告时，应说明 DEHP 的含量为：980mg/kg±50mg/kg，置信度为 95%，但不给出是否合格的结论。如可能的话，再多进行几次重复测试，再将新的测量结果与限值进行比较。或与客户进行协商，看是否可接受部分错判的风险。属情况③时，如何判定为合格，就要告诉客户错判的风险可能有 5%（假设），是否可接受。像这种情况，在合同评审时就与客户要协商好。更详细的内容可参见 EURACHEM 的 "Use of uncertainty information in compliance assessment"。

对于与下控限的合格评定，上述类似的论点适用。

3.3.2　在质量控制中的应用

3.3.2.1　在外部质量控制——测量审核中的应用

在参加测量审核的外部质量控制中，可以利用指定值的扩展不确定度 U_{ref} 和参加者的扩展不确定度 U_{lab}，按式(9-12)计算出其 E_n 值，然后按它是否小于等于或大于来判断结果的满意情况。具体应用见第 9 章 "能力验证与测量审核"。

3.3.2.2　在内部质量控制中的应用

E_n 统计量值也可以对下列内部质量控制的活动结果进行判断：

① 使用有证标准物质开展内部质量控制；

② 使用相同或不同方法进行重复检测或校准。

具体应用见第 6 章 "实验室内部比对"。

3.3.2.3　在方法验证中的作用

在方法验证中，往往要求测量结果的测量不确定度，通过分析测量不确定各分量的比例图表（见图 3-9），就可以看出什么分量占有最大的比重，然后对该分量的影响因素进行调查，看是否有改进的机会，以此降低测量结果的测量不确定度，提高测量结果的质量。

■ 参考文献

[1]　ISO/IEC 17025：2005 General requirements for the competence of testing and calibration laboratories.

[2]　ISO/IEC Guide 98-3：2008，Uncertainty of Measurement-Part 3：Guide to the Expression of Uncertainty in Measurement（GUM：1995）.

[3]　CNAS-GL06 化学分析中不确定度的评估指南.

[4]　Eurachem/CITAC Guide QUAM：2000.P1. Quantifying Uncertainty in Analytical Measurement，2nd Edition（2000）.

[5]　EURACHEM/CITAC Guide，Use of uncertainty information in compliance assessment，2007.

[6]　CNAS-GL27 声明检测或校准结果及与规范符合性的指南.

[7]　CNAS-GL02 能力验证结果的统计处理和能力评价指南.

第4章 质量控制图

4.1 概述

4.1.1 质量控制图的定义

实验室质量管理是一项以贯彻预防原则为主的工作，经常需要采用过程方法来进行质量控制。过程控制一般是指"使过程处于受控制状态所采取的控制技术和活动"。过程控制方法有多种，其中主要运用统计技术的方法来进行过程控制的方法称为统计过程控制（statistical process control，SPC）。它是应用统计技术对过程中的各个阶段进行评估和监控，建立并保持过程处于可接受的且稳定的水平，从而保证产品与服务符合规定的要求，进而达到保证与改进质量目的的一种质量管理技术。

质量控制图简称控制图，是 SPC 技术的重要手段，由美国贝尔电话实验室的休哈特（Walter Shewhart）博士于 1924 年首先提出。也是 SPC 常用的 7 个统计技术工具（因果图、流程图、直方图、检查单、散点图、排列图、控制图）中，最常用和最核心的工具。

控制图通常以代表按时间或顺序抽取的样本号为横坐标，以代表质量特征值水平为纵坐标而绘制的反映和控制质量特征值分布状态随时间而发生变动情况的图形。它的构成要素一般包含一个中心线（CL）、一个上控制限（UCL）、一个下控制限（LCL）和由多个质量特征值在图上对应的点连成的折线。只画了一条趋势线，没有中心线和控制限的图不是控制图。

按照通俗的理解，在 GB/T 4901 常规控制图中的每一个子组对应控制图上一个点，子组数就是试验的次数，如共收集到 25 组数据，子组数就是 25；子组大小就是每个子组中所观测的质量特征值的个数。在化学检测中，即每次试验时的平行样个数，如每次试验时分析 2 个平行样，则子组大小就是 2。

图 4-1 为一典型的控制图。

4.1.2 质量控制图的作用

在检测实验室，控制图的作用是区分检测过程中质量的异常，发现检测过程中所出现的系统性变异，以便及时"报警"，使实验室采取纠正或预防措施，使过程恢复稳定，维持并不断改善现有工序的质量水平。图 4-2 为过程控制由非稳定→稳定→过程改善的动态示意图。

图 4-2 更直观地说明了控制图的作用，主要包括以下几个方面：

均值图

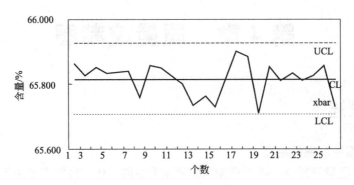

图 4-1　控制图

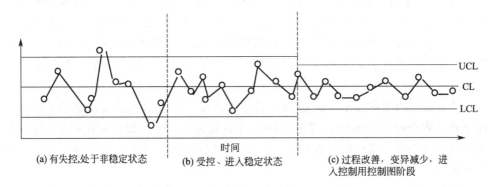

图 4-2　过程控制过程改善动态示意图

① 发现检测过程中出现的系统性变异（失控）；

② 确定检测过程是否处于受控状态；

③ 维持检测过程处于一个相对稳定的受控状态；

④ 确定检测过程质量水平是否得以改进；

⑤ 维持并不断改善现有检测过程的质量水平。

通过以上分析判断，可以帮助检测人员更清楚地了解检测过程的变化，提高检测技术水平和检测结果质量，降低检验质量成本。

4.1.3　质量控制图的适用范围

质量控制图适用于如下范围：

① 当希望对过程输出的变化范围进行预测时；

② 当判断一个过程是否稳定（处于统计受控状态）时；

③ 当分析过程变异来源是随机性还是非随机性时；

④ 当决定怎样完成一个质量改进项目时——防止特殊问题的出现，或对过程进行基础性的改变；

⑤ 当希望控制当前过程，问题出现时能觉察并对其采取补救措施时。

4.2　原理和分类

4.2.1　质量控制图的原理

控制图理论认为存在两种变异（在化学检测实验室，变异即结果数据的波动），即随机变异和系统变异。

随机变异，由"偶然原因"（或一般原因）造成的。这种变异是由种种始终存在的、且不易识别的原因造成的，其中每一种原因的影响只构成总变异的一个很小的分量，而且无一构成显著的分量。然而，所有这些不可识别的偶然原因的影响总和是可度量的，并假定为过程所固有。消除或纠正这些偶然原因，减少随机变异，需要管理决策来配置资源，以改进过程和系统。

系统变异表征过程中实际的改变。这种改变可归因为某些可识别的、非过程所固有的、并且至少在理论上可加以消除的原因。这些可识别的原因称为"可查明原因"或"特殊原因"，它们可以归结为原材料不均匀、工具破损、工艺或操作的问题、制造或检测设备的性能不稳定等。

控制图是对过程质量特征值进行测定、记录与评估，从而观察过程是否处于控制状态的一种用统计方法设计的图。当过程仅由偶然原因造成，过程处于统计控制状态时，这种变异确定后，超出此水平的变异都可假定为可查明原因造成，发现这些问题，并对这些可查明原因进行调查和分析，进而进行消除。

具体来说，当控制图上按时间顺序抽取的样本统计量数值的描点序列落在上、下控制限外或在上、下控制限内不随机分布，则表明过程异常（具体判异准则有 8 个，见 4.3.2）。异常的意义有两个，一是这个结果异于重复测量的大多数结果；二是造成这个结果的原因是异因。这就要求质量控制者找到这个原因，并加以纠正或预防。

通过控制图及时发现异常，起到预防的作用，这可以由以下两点看出。

① 应用控制图对过程不断监控，当异常因素刚一露出苗头，甚至在未造成不合格结果之前就能及时被发现，在这种趋势造成不合格结果之前就采取措施加以消除，起到预防的作用。

② 更多的情况是控制图显示异常，表明异常原因已经发生，这时一定要贯彻"查出异因，采取措施，保证消除，不再出现。"否则，控制图就形同虚设。因此，每贯彻一次（即经过一次这样的循环），就消除一个异常因素，使它不再出现，从而起到预防的作用。

4.2.2　控制图的分类

4.2.2.1　按照数据类型来分

按照数据类型来分，控制图有两大类，计量型数据控制图和计数型数据控制图。

（1）计量型控制图　如果取自于过程的数据是连续型的（例如直径、长度、化学成分含量等有具体数值的），则属于计量型数据控制图。化学检测实验室测量的数据一般都属于此类。本章主要介绍计量型控制图。

对于计量型数据，质量特征值在受控状态时应服从正态分布，反映正态分布特征的参数有两个：μ 和 σ，即表征分布中心的位置 μ 和表征数据的离散程度 σ（详见第 2 章）。因而控制过程的波动就经常需要同时监测 μ 和 σ 的变化，因此，计量型控制图经常两图联用，分别表示数据的分布中心和散布情况，可更全面地掌握过程质量特性分布变动的状态。

常用的休哈特计量型数据控制图如表 4-1 所示。

表 4-1　休哈特计量型数据控制图

数据	分布	常用控制图	简称	化学检测实验室使用频率	使用条件（子组大小 n）
计量型	正态分布	均值-极差控制图	$\overline{X}$-R 控制图	最常用	$1 < n \leqslant 10$
		均值-标准差控制图	$\overline{X}$-s 控制图	最常用	$n > 10$
		中位值-极差控制图	M_e-R 控制图	常用	n 为奇数，现场使用
		单值-移动极差控制图	X-R_s 控制图	常用	$n = 1$

每种类型的常规控制图又分为标准值给定和标准值未给定两种情形（标准值即为规定的要求或目标值，如有证标准物质证书上的值等）。

① $\overline{X}$-R 控制图是化学实验室最常用的控制图。因为化学实验室常选择子组大小介于 1～10 之间。$\overline{X}$ 为子组的平均值，子组极差 R 为子组观测值中最大值和最小值之差。$\overline{X}$-R 控制图实际上是包含极差 R 控制图和均值 $\overline{X}$ 控制图两张图，其中极差 R 控制图用于同一子组多次观察数据的分散情况，即质量特性值测量的短期精密度情况；均值 $\overline{X}$ 控制图用于观察均值的变化，判断过程变异的稳定性。GB/T 4091—2001 规定要先画极差 R 控制图。

② $\overline{X}$-s 控制图用于当子组大小 $n > 10$ 时。s 为子组的标准差。标准差控制图也是用来表征数据的分散情况。

③ M_e-R 控制图多用于现场操作直接控制，M_e 为子组中位数，对于一组升序或降序排列的 n 个子组观测值，当子组大小 n 为奇数时，中位数等于该组数中间的那个数，当 n 为偶数时，中位数等于该组数中间两个数的平均值。为了方便取中位数，一般 n 取奇数。

④ X-R_s 控制图用于检测费用较高且样品均匀的场合，子组大小为 1，由于不便得到较多的子组信息，对过程检测的灵敏度不如前 3 种控制图。单值控制图，每个子组只有 1 个观测值，无法以子组内的多个数据来估计子组内的变异。其控制限是基于两个相邻观测值的移动极差来计算的。单值情况下，极差 R 就变成移动极

差 R_s，即两个相邻观测值的差值的绝对值。

（2）计数型数据控制图　如果取自于过程的数据是离散型的（如通过/不通过，可接受/不可接受），则使用计数型数据控制图。化学检测实验室一般不涉及，因此本书不详细讲解。常见的计数型数据控制图有不合格品率控制图、不合格品数控制图、单位不合格数控制图、不合格数控制图等。

4.2.2.2　按照用途来分

控制图按照用途来分，可分为分析用的控制图和控制用的控制图。

（1）分析用的控制图　分析用的控制图是汇总数据后绘制的控制图，主要用于判断过程是否受控（处于统计控制状态）。

（2）控制用的控制图　只有在分析用的控制图表明过程处于受控状态或将过程调整到受控状态，并且经过过程能力评估后发现该过程能力指数也满足要求才能使用。在分析用的控制图满足上述条件后，即当过程达到了所确定的状态后，才能将这时的控制图的控制线延长作为控制用控制图，继续将日常测定数据描点上去，判断趋势，若发现有异常趋势。则采取预防措施进行控制。控制用的控制图主要用于预警。

4.3　质量控制图的建立及使用

4.3.1　准备工作

4.3.1.1　确定监控的检测项目

质量控制图建立前首先要确定需要监控的质量特性的值，在化学检测中即具体的检测项目中，实验室确定需要监控的检测项目时一般应考虑以下因素：在日常检测工作中出问题概率较高的项目；产品的关键项目，若该项目不合格，在使用中有可能导致人身和财产安全事故；实验室检测批量大的常规项目；检测方法不完善，容易出现不稳定的项目；检测过程的输入中易波动的项目，如设备波动性强、检测环境不易控制和人员熟练程度不够等。

4.3.1.2　选择质量控制样品

化学检测过程质量控制用样品（以下简称质控样），可以是有证标准物质（可使用证书上提供的标准值和标准差等值来绘制控制图），也可以是留存的检验样品。当要监控项目的检测为破坏性试验时，要求样品数量充足，质量特性稳定、均匀；若无特性稳定均匀的留用样品，可采用有证标准物质。当要监控项目的检测为非破坏性试验时，可采用留存的检验样品进行重复检测，要求样品的质量特性稳定，不随时间和外部条件的变化而产生变化。

根据不同的控制目的选择不同的质控样，如为了控制精密度，不一定选用定值质控样，用非定值质控样即可，但如果考虑到实验室间结果的可比性，则可采用定值质控样。质控样的选择应考虑其基质、定值方法、批间差及被测成分稳定性等指标，还应考虑在不同检测系统上定值的不同。至于质控样浓度的选择，建议选用高、中、低值三个浓度，至少用两个浓度。另外在一些定性试验中，至少有一个质控样的浓度在临界值附近，这样可监控其敏感度的改变，如仅用高浓度的质控样，则很难达到这个目的。

4.3.1.3　检测数据的采集

在对影响检测质量的所有输入进行有效确认的情况下，由检测人员对质量控制用样品按子组设计的间隔连续进行多组检测，获得连续的检测数据。

试验设计进行分组时要遵循合理分组的原则：组内差异仅由偶然因素造成；组间差异主要由异常因素造成。检测的子组数和子组大小，要使控制图能判断过程是否处于稳态并结合检测费用和质量控制用样品能供检测的次数来综合考虑。

4.3.2　质量控制图（控制用）的制作步骤

（1）确定数学模型　计量型数据符合连续性函数分布，所以一般使用正态分布。

（2）确定统计量　统计量是统计理论中用来对数据进行分析、检验的变量。常用的统计量有均值、中位值、单值、极差、标准差、移动极差等。具体可根据检测项目的特点和实际情况，按照表 4-1 所列不同控制图特点选择，不同的统计量可绘制成不同的控制图。如果选择平均值和极差两个统计量，最后画的控制图就是均值控制图和极差控制图，如果选择平均值和标准差作为统计量，最后画的控制图就是均值控制图和标准差控制图。

（3）确定中心线（CL）、上、下控制限（UCL、LCL）　中心线为统计量的基准值，对于标准值给定的情况，一般中心线对应于所给定相应的标准值。

控制限是区分合格测量与不合格测量的界限。控制限表征统计量的数据离散程度的参数（标准偏差、极差等）的倍数，具体的倍数（也叫控制线系数）取决于统计量的种类及子组大小，常规控制图的控制限分别位于中心线两侧的 3σ 距离处，即 $\pm 3\sigma$ 控制限。常规计量控制图控制限公式如表 4-2 所示。

表 4-2　常规计量控制图控制限公式

统计量	标准值未给定		标准值给定	
	中心线	UCL、LCL	中心线	UCL、LCL
平均值 $\overline{X}$	$\overline{\overline{X}}$	$\overline{\overline{X}} \pm A_2\overline{R}$ 或 $\overline{\overline{X}} \pm A_3\overline{s}$	X_0 或 μ	$X_0 \pm A\sigma_0$
极差 R	$\overline{R}$	$D_3\overline{R}, D_4\overline{R}$	R_0 或 $d_2\sigma_0$	$D_1\sigma_0, D_2\sigma_0$
标准差 s	$\overline{s}$	$B_3\overline{s}, B_4\overline{s}$	s_0 或 $c_4\sigma_0$	$B_5\sigma_0, B_6\sigma_0$
单值 X	$\overline{X}$	$\overline{X} \pm E_2\overline{R_s}$	X_0 或 μ	$X_0 \pm 3\sigma_0$
移动极差 R_s	$\overline{R_s}$	$D_3\overline{R_s}, D_4\overline{R_s}$	R_0 或 $d_2\sigma_0$	$D_1\sigma_0, D_2\sigma_0$

注：X_0、R_0、s_0、μ（过程均值的真值）和 σ_0 为给定的标准值。$A, A_2, A_3, B_3, B_4, B_5, B_6, D_1, D_2, D_3,$ D_4, d_2, c_4 为常数，见 GB/T 4091—2001 表 2。单值和移动极差行的常数均由 GB/T 4091—2001 表 2 中 $n=2$ 查得。$E_2 = 3/d_2$。

为方便查找使用，表4-3 将子组大小从 2～5 的计量型控制图计算控制线的系数表列出。

表 4-3　计量型控制图计算控制线的系数表（$n=2～5$）

子组中观测值个数 n	控制限系数											中心线系数			
	A	A_2	A_3	B_3	B_4	B_5	B_6	D_1	D_2	D_3	D_4	C_4	$1/C_4$	d_2	$1/d_2$
2	2.121	1.880	2.659	0.000	3.267	0.000	2.606	0.000	3.686	0.000	3.267	0.7979	1.2533	1.128	0.8865
3	1.732	1.023	1.954	0.000	2.568	0.000	2.276	0.000	4.358	0.000	2.574	0.8862	1.1284	1.693	0.5907
4	1.500	0.729	1.628	0.000	2.266	0.000	2.088	0.000	4.698	0.000	2.282	0.9213	1.0854	2.059	0.4857
5	1.342	0.577	1.427	0.000	2.089	0.000	1.964	0.000	4.918	0.000	2.114	0.9400	1.0638	2.326	0.4299
⋮	⋮	⋮	⋮	⋮	⋮	⋮	⋮	⋮	⋮	⋮	⋮	⋮	⋮	⋮	⋮

3σ 控制限有时也称"行动限"，即有一个点超出控制限时，应该采取行动。在许多场合，控制图加上 2σ 控制限比较有用，任何落在 2σ 控制限以外的子组值都可作为失控状态即将来临的一个警示，因此，2σ 控制限有时也称作"警戒限"。为应用检验，将控制图等分为 6 个区，每个区宽 1σ，这 6 个区的标号分别为 A、B、C、C、B、A，两个 A 区、B 区及 C 区都关于中心线对称。C 区最靠近中心线。

（4）绘制分析用控制图　控制图由 CL、UCL、LCL 及统计量的描点组成。一般，CL 为实线，UCL、LCL 为虚线。控制图中有几个统计量就有几个图，如 $\bar{X}$-R 控制图中含有 $\bar{X}$ 图和 R 图。

由于 CL 和 LCL 间或者 CL 和 UCL 间都相差 3σ，因此可用式（4-1）计算得到 σ：

$$\sigma=\frac{CL-LCL}{3};\sigma=\frac{UCL-CL}{3} \tag{4-1}$$

由此可计算得到警戒限 2σ。

（5）使用分析控制图判断测量过程是否处于稳定状态或者说统计控制状态　即在检测过程中，只有偶然因素产生的变异，也就是参与测量的 5M1E（Man 人、Machine 机、Marterial 料、Method 法、Measurement 测、Environments 环）都处于正常状态，测量过程中没有任何异常情况（异因）发生。这里说的偶因产生的变异中包括系统误差和一部分随机误差，在确定了控制限时这部分随机误差是允许的。

判断的标准是休哈特控制图的判稳准则和判异准则。准则中的"二界"指的是"上、下控制限"。

判稳准则是：连续 25 个点，界外点数 $d=0$，连续 35 个点，$d\leq1$，连续 100 个点，$d\leq2$。

判异准则是：点出界就判异，界内点排列不随机也判异。具体有 8 项判异标准：

① 一点落在 A 区（3σ）以外，即点出界就判异。

② 连续 9 点落在中心线同一侧。

③ 连续 6 点递增或递减。

④ 连续 14 点中相邻点上下交替。

⑤ 连续 3 点中有 2 点落在中心线同一侧的 B 区（2σ）以外。

⑥ 连续 5 点中有 4 点落在中心线同一侧的 C 区（σ）以外。

⑦ 连续 15 点在 C 区中心线上下。

⑧ 连续 8 点在中心线两侧，但无一在 C 区中。

为方便记忆，判异准则总结如下：

a. 1 界外（1 点落在 A 区以外）；

b. 9 单侧（连续 9 点落在中心线同一侧）；

c. 6 连串（连续 6 点递增或递减，即连成一串）；

d. 14 交替（连续 14 点相邻点上下交替）；

e. 2/3A（连续 3 点中有 2 点在中心线同一侧的 B 区外＜即 A 区内＞）；

f. 4/5C（连续 5 点中有 4 点在中心线同一侧的 C 区以外）；

g. 15 全 C（连续 15 点在 C 区中心线上下，即全部在 C 区内）；

h. 8 缺 C（连续 8 点在中心线两侧，但没有一点在 C 区中）。

具体见图 4-3。

若判断过程状态不稳定，应查明原因，消除不稳定因素，重新收集预备数据，直至得到稳定状态下分析用控制图。

一旦过程在受控状态下运行，过程的性能就可预测，并且过程满足规范的能力就能够加以评估。

（6）评定过程能力　即过程满足规范的能力或测量质量满足技术要求的能力。

在评估过程能力之前，首先必须将过程调整到统计控制状态。过程能力一般由过程能力指数 C_P 来衡量，计算公式见下：

$$C_P = \frac{\text{UTL} - \text{LTL}}{6\hat{\sigma}} \qquad (4\text{-}2)$$

式中，C_P 为过程能力指数；UTL、LTL 为方法的上、下允许偏差（规范限，不是控制图中上、下控制限）；$\hat{\sigma}$ 为通过平均组内偏差来估计，由 $\bar{s}/c_4$ 或者 $\bar{R}/d_2$ 得到，c_4、d_2 可查表 4-3 得到。为了过程的分析和控制，规范限不应该用来代替控制限。

过程能力反映了当过程处于统计控制状态时所表现出来的过程自身的性能，反映的是测量质量满足方法或客户技术要求的程度，C_P 越大，测量质量越高。GB/T 4091—2001 中第 8 章规定，$C_P < 1$ 表示过程不满足规范要求，过程能力不足；$C_P = 1$ 意味着过程刚好满足规范要求，能力刚刚够。实际工作中，一般取 $C_P = 1.33$ 为最小可接受值，因为总存在一些抽样误差，而且不可能有永远完全处于统

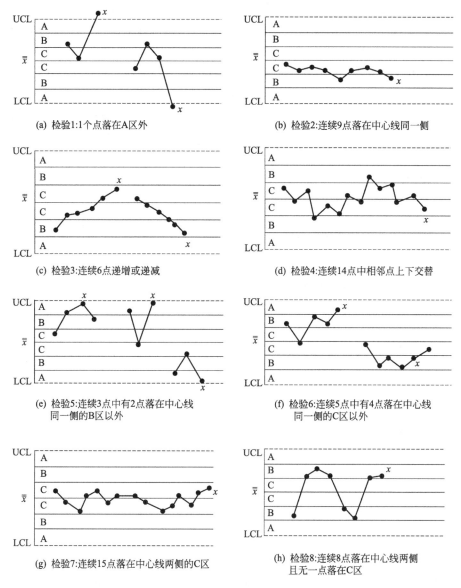

(a) 检验1:1个点落在A区外

(b) 检验2:连续9点落在中心线同一侧

(c) 检验3:连续6点递增或递减

(d) 检验4:连续14点中相邻点上下交替

(e) 检验5:连续3点中有2点落在中心线
同一侧的B区以外

(f) 检验6:连续5点中有4点落在中心线
同一侧的C区以外

(g) 检验7:连续15点落在中心线两侧的C区

(h) 检验8:连续8点落在中心线两侧
且无一点落在C区

图 4-3 判异准则图

计控制状态的过程。

若经过分析，过程虽处于受控状态，但过程能力不满足要求，应改进检测过程。直至过程能力满足要求后，方可将分析用控制图转换为控制用控制图。控制用控制图使用一段时间后，应根据实际情况，对 CL、UCL、LCL 进行修改。如果过程能力指数为 2.3，说明可以适当放宽要求，如果过程能力指数为 1.23，说明需要提高要求，质量控制人员需要从 5M1E 各方面深入分析，加强质量控制。

（7）将分析用控制图转换为控制用控制图 只有分析用控制图得知过程处于稳

定状态后，并且相应的过程能力满足检测方法要求。此时，称过程进入正常状态可将分析用控制图的控制线作为控制用控制图的控制线，并继续将日常测定数据描点上去，判断是否存在系统变异或趋势。

控制用控制图的功能就是当可查明原因的异常变差出现时发出统计信号，体现在控制图上，就是当符合判异准则中的情况出现时，表明过程中出现了系统异常，这个异常是可以查明原因的。通过分析，找到原因，纠正或采取纠正措施。通过持续的努力，系统地消除可查明原因的异常变差，最终使过程恢复进入统计控制状态。

4.3.3　注意事项

① 控制图并不直接用于控制测量数据，而是通过控制参照物的测量质量来推测样品的测量质量。

② 对于过程而言，控制图中，点出界就好比报警铃响，告诉使用者现在是进行查找原因、采取措施、防止再犯的时刻了。一般来说，控制图只起报警铃的作用，而不能告诉使用者这种报警究竟是由什么异常因素造成的。要找出造成异常的原因，要依靠技术与经验，认真分析查找 5M1E 中的问题。

③ 控制图是根据稳定状态下的 5M1E 条件来制定的。如果上述条件变化，如操作人员更换或通过学习操作水平显著提高，设备更新，检测方法有变化等，控制图需重新加以制定。

④ 控制图的数据具有时间先后顺序，不得混乱颠倒，应依取得的先后顺序排列并绘成图形，亦即一连串的数据为含有时间序列的特性。

4.3.4　绘制控制图的工具

4.3.4.1　Excel

Excel 是大众办公软件，无需软件投资，利用它绘制质控图是可行的。但是相对来说步骤很复杂，需要大量的中间过程计算数据，用户还要对照判异准则或者记住判异准则才可以判断是否处于受控状态。

4.3.4.2　SPSS

SPSS(statistical product and service solutions)，即"统计产品与服务解决方案"软件，是世界上最早的统计分析软件，用户只要掌握一定的 Windows 操作技能，粗通统计分析原理，就可以使用。SPSS 采用类似 Excel 表格的方式输入管理数据，数据接口较为通用，能方便地从其他数据库中读入数据。SPSS 可以有效地处理质量数据信息，这些功能集中在 Graph 菜单中，可以点击下拉菜单中的选项，选择所要绘制控制图的类型，通过设置，就可以比较迅速地绘制出需要的控制图（如"均值-极差控制图"和"单值-移动极差控制图"）。但是它没有根据判异准则提示是否异常，很难与一般办公软件如 Office 直接兼容。

4.3.4.3　Matlab

Matlab 的应用范围非常广，包括信号和图像处理、通讯、控制系统设计、测试和测量、财务建模和分析以及计算生物学等众多应用领域。Matlab 软件提供了大量的图形绘制函数，可在直角坐标系或极坐标系中绘制直线图、柱状图、饼状图和表面网格图等，能很方便地将数据转化成图形。可以用 Matlab 软件提供的 Subplot 函数在 Figure 界面中同时绘制两个子图，并分别设定中心线和上、下控制界限。确定横坐标为样本组号，纵坐标为样本统计量。从整个统计量在控制图中的曲线走势，就可以判断出产品质量的变化和趋势。利用 Matlab 的绘图命令，可以很方便地完成各种质控图的制作。但是要求用户会计算机编程，编程对于大部分用户来说比较难于掌握，也没有根据判异准则提示是否异常。

4.3.4.4　Minitab

Minitab 软件是现代质量管理统计的领先者，以无可比拟的强大功能和简易的可视化操作深受广大质量学者和统计工作者的青睐。Minitab 涵盖了统计技术的所有内容，功能强大，用户只需输入数据，系统就可以自动对数据进行处理，大大简化了统计计算，让复杂的统计技术在企业中广泛应用成为可能，全球推行 6sigma（6σ）的企业有 90％以上应用 Minitab。可以直接从分析仪器及 Excel 导入数据，设置相应参数，可根据用户需要选择控制图类型，直接绘制各种质量控制图。用户只要了解所用窗口的功能，输入数据，选择窗口命令，即可绘制控制图，并可根据判异准则给出是否异常及哪里异常的提示，不用用户自己判断，简单方便。

4.4　应用实例

4.4.1　铁矿石中总铁含量的测定

（1）简介　本实例以某铁矿检测实验室采用"ISO 2597-2：2008 铁矿石 总铁含量的测定 第 2 部分：三氯化钛还原后的滴定方法"标准方法（标准规定 $r=0.20\%$，$R=0.37\%$），测定铁矿石中总铁含量，采用测定铁矿石留存样品中总铁含量为例，分别用 Excel 和 Minitab 软件绘制 $\overline{X}$-R 质量控制图，分析处理数据的离散程度和受控状态，并评估过程能力的具体步骤和方法。

（2）准备工作　铁矿石检测中，铁为计价元素，因此全铁含量非常重要，选择作为监控的检测项目。

铁矿石比较稳定，可以选择有证标准物质来进行质量控制，也可以采用留存样品。如果标准物质的小数点有两位，那么统计的数据应该多一位，即保留三位。本例采用某留存的均匀样品。

根据标准物质的价格及工作量综合考虑，选择同一个人在同一间实验室，采用同一块电热板和同一根滴定管，采用同一个方法，可以选择每周测定一次，每次测定两个平行值来监控。本例自 2009 年 1 月起测定，至少测定 25 次后进行数据统计。

采用最常用的 $\bar{X}$-R 控制图,计算中心线,上、下控制限,绘图。根据用途同时对分析用和控制用控制图进行讨论。

(3)采集数据　按上述检测方案,2009 年 1 月至 12 月每个月测定 2 次,每次测定 2 个平行样,数据保留三位小数,统计数据如表 4-4 所示。

表 4-4　统计数据

测量次数	日期	结果序号	测定值/%	测量次数	日期	结果序号	测定值/%
1	1 月 1 日	1	65.881	14	7 月 14 日	27	65.783
		2	65.846			28	65.674
2	1 月 15 日	3	65.868	15	7 月 28 日	29	65.852
		4	65.782			30	65.771
3	1 月 29 日	5	65.801	16	8 月 14 日	31	65.932
		6	65.903			32	65.875
4	2 月 14 日	7	65.905	17	8 月 28 日	33	65.841
		8	65.761			34	65.933
5	2 月 28 日	9	65.762	18	9 月 14 日	35	65.707
		10	65.913			36	65.722
6	3 月 14 日	11	65.867	19	9 月 28 日	37	65.823
		12	65.812			38	65.887
7	3 月 28 日	13	65.765	20	10 月 14 日	39	65.842
		14	65.757			40	65.778
8	4 月 14 日	15	65.852	21	10 月 28 日	41	65.834
		16	65.864			42	65.839
9	4 月 28 日	17	65.827	22	11 月 14 日	43	65.842
		18	65.881			44	65.776
10	5 月 14 日	19	65.823	23	11 月 28 日	45	65.862
		20	65.837			46	65.788
11	5 月 28 日	21	65.831	24	12 月 14 日	47	65.843
		22	65.782			48	65.877
12	6 月 14 日	23	65.734	25	12 月 28 日	49	65.742
		24	65.739			50	65.719
13	6 月 28 日	25	65.735				
		26	65.791				

(4)数据处理　这些数据属于计量值,这个属于标准值未给定和允许偏差未知的情形。一共有 50 个数据,有 25 个子组,子组大小为 2。分析这些数据的离散程

度和受控状态，也就是用于分析的控制图。

（5）采用 Excel 绘制控制图的方法与步骤　以下介绍采用 Excel 绘制均值-极差控制图的方法与步骤。

① 采用实验采集的数据首先计算子组平均值和极差等，结果如表 4-5 所示。

表 4-5　子组平均值、极差等计算结果

测量次数	结果序号	测定值/%	子组平均值 $\bar{X}$	子组平均值的平均值 $\bar{\bar{X}}$	子组极差 $R/\%$	子组极差的平均值 $\bar{R}/\%$
1	1	65.881	65.864		0.035	
	2	65.846				
2	3	65.868	65.825		0.086	
	4	65.782		65.817		0.0582
⋮	⋮	⋮	⋮		⋮	
	⋮	⋮			⋮	
25	49	65.742	65.731		0.023	
	50	65.719				

② 然后查 GB/T 4091—2001 中表 2（或表 4-3），$n=2$，故 $A_2=1.880$，$D_3=0.000$，$D_4=3.267$。根据表 4-2 中公式计算得到平均值图和极差图的上、下控制限，如表 4-6 所示。

表 4-6　子组均值和极差的上、下控制限

测量次数	结果序号	测定值/%	$\bar{X}/\%$	$\bar{\bar{X}}/\%$	$\bar{\bar{X}}+A_2\bar{R}$ (UCL)	$\bar{\bar{X}}-A_2\bar{R}$ (LCL)	$R/\%$	$\bar{R}/\%$	$D_3\bar{R}$ (LCL)	$D_4\bar{R}$ (UCL)
1	1	65.881	65.864				0.04			
	2	65.846								
2	3	65.868	65.825				0.08			
	4	65.782		65.817	65.926	65.708		0.0583	0	0.190
⋮	⋮	⋮	⋮				⋮			
	⋮	⋮								
25	49	65.742	65.731				0.03			
	50	65.719								

根据式（4-1），计算得到均值的 $\sigma_{\text{上},X}=\dfrac{65.926-65.817}{3}=0.0363$，$\sigma_{\text{下},X}=\dfrac{65.817-65.708}{3}=0.0363$，极差的 $\sigma_{\text{上},R}=\dfrac{0.190-0.0582}{3}=0.0439$，$\sigma_{\text{下},R}=\dfrac{0.0582-0}{3}=0.0194$。计算得到表 4-7 和表 4-8。

表 4-7　绘制均值图需要的数据

序号	中心线 CL($\overline{X}$)	上控制限 UCL	下控制限 LCL	子组平均值 x_{bar}	$A_下$	$A_上$	上警戒限 $B_上$	下警戒限 $B_下$
1	65.817	65.926	65.708	65.8635	65.781	65.853	65.890	65.744
2	65.817	65.926	65.708	65.8250	65.781	65.853	65.890	65.744
⋮	⋮	⋮	⋮	⋮	⋮	⋮	⋮	⋮
25	65.817	65.926	65.708	65.7305	65.781	65.853	65.890	65.744

表 4-8　绘制极差图需要的数据

序号	中心线 CL(R_{bar})	上控制限 UCL	下控制限 LCL	子组极差 R	$A_下$ ($\sigma_{下,R}$)	$A_上$ ($\sigma_{上,R}$)	上警戒限 $B_上$	下警戒限 $B_下$
1	0.0582	0.190	0.0000	0.035	0.0388	0.1021	0.146	0.0194
2	0.0582	0.190	0.0000	0.086	0.0388	0.1021	0.146	0.0194
⋮	⋮	⋮	⋮	⋮	⋮	⋮	⋮	⋮
25	0.0582	0.190	0.0000	0.023	0.0388	0.1021	0.146	0.0194

③ 绘制分析用质控图　据表 4-7 和表 4-8 画图 4-4 和图 4-5。

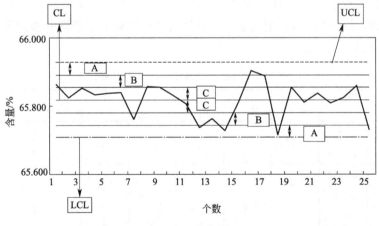

图 4-4　均值图

④ 使用分析控制图判断测量过程是否处于稳定状态　根据 8 项判异准则，查看图 4-4 和图 4-5 上是否有异常点。由图 4-4 看出，点 13、14、15 符合判异规则 5：连续三个点中有两个点落在中心线下方 B 区外。点 14 属于异常点。去掉点 14，重新计算中间数据，继续采用此方法画均值图和极差图，由于涉及表格太多，本书省略，读者可以自己去画。在去除异常点 17（原数据点 18），又去除异常点 16（原数据点 17）后画图，没有异常出现。因此需要对点 13 至点 18 发生的时间段的 5M1E 进行查找，分析、记录产生异常的原因，并提醒检测人员注意。

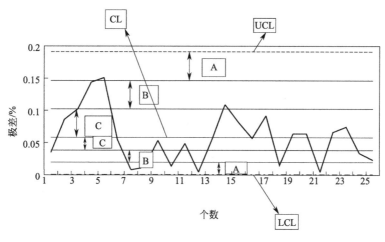

图 4-5　极差图

（6）采用 Minitab 绘制控制图的方法与步骤

① 输入数据　打开 Minitab 软件，输入子组名称和数据。可以有两种方式输入，见表 4-9 和表 4-10。

表 4-9　输入子组数据方式一

序　　号	$x_1 x_2$	序号	$x_1 x_2$
1	65.881	3	65.903
1	65.846	4	65.905
2	65.868	4	65.761
2	65.782	⋮	⋮
3	65.801		

表 4-10　输入子组数据方式二

序　　号	x_1	x_2	序号	x_1	x_2
1	65.881	65.846	4	65.905	65.761
2	65.868	65.782	⋮	⋮	⋮
3	65.801	65.903			

② 绘制分析用质控图　在工具栏中选择"stat"—"control charts"—"variables charts for subgroups"—"xbar-R"，得到图 4-6。

并给出提示：

Test Results for Xbar Chart of x1x2

TEST 5. 2 out of 3 points more than 2 standard deviations from center line (on one side of CL).

Test Failed at points：14

根据判异规则连续 3 点中有 2 点落在中心线同一侧的 B 区（2σ）以外。即点

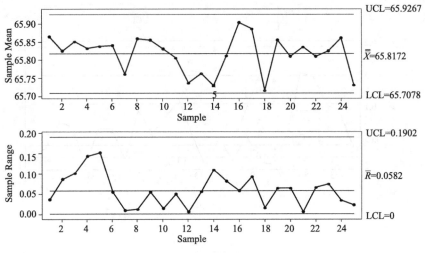

图 4-6　$x_1 x_2$ 列数据的 X_{bar}-R 图

14 处于非受控状态。

③ 重新绘制分析用质控图　去掉点 14，再画 X_{bar}-R 图，得到提示去掉点 17（原数据点 18）。再画 X_{bar}-R 图，得到提示去掉点 16（原数据点 17），画图得到图 4-7。

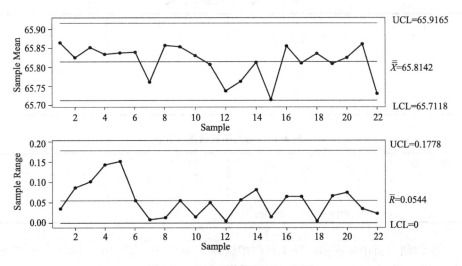

图 4-7　$x7 x8$ 列数据的 X_{bar}-R 图

没有解释出现，就表示所有点均处在受控状态。

由均值-极差控制图可知，14、17、18 点离散程度高，数据波动比较大，需要对点 13～18 发生的时间段的 5M1E 进行查找，分析、记录产生异常的原因，并提醒检测人员注意。

（7）Excel 与 Minitab 绘制控制图比较　比较 Excel 与 Minitab 绘制控制图，可看出，用 Excel 作的图 4-4、图 4-5 和用 Minitab 作的图 4-6 是一样的。但是，

Excel 作图需要从 GB/T 4091—2001 查找常数，并计算大量的数据，而且还要求质量控制人员记住 8 项判异准则并能够分析应用，耗费时间长，对人员要求高；而用 Minitab 画控制图，只要输入数据，会使用软件，就可以自己得到是否异常的提示，对于人员要求不高，也不用背判异准则，简单方便，速度快。

（8）评价过程能力　将点 14、点 16（原 17）、点 17（原 18）去除后，可以评价过程能力。实验室间允许差为 0.37%，统计得到数据均值为 65.817%。因此上、下允许差（规范限）为：UTL=（65.817+0.37)%=66.187%，LTL=（65.817−0.37)%=65.447%。

应用 Minitab，依次单击 Stat—Quality Tools—Capability Analysis—Normal，选择⊙Subgroups across rows of，把（x7x8）选入下侧矩形框内，Lower spec、Upper spec 框内分别填入 65.447、66.187，得到图 4-8。

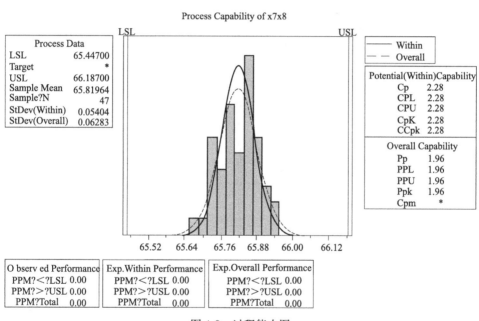

图 4-8　过程能力图

图 4-8 中，C_p 为过程能力指数；P_p 为短期过程能力（本书不讨论）。

过程能力指数 C_p=2.28>1.33[见 4.3.2(7) 节]，可知能力足够。因此，图 4-7 可用做控制用控制图，即同样的 5M1E 条件下，再测了这样得到的数据，可以继续在图 4-7 基础上描点并看趋势，如果发现有判异准则中描述的趋势（比如判异准则中有一条为"连续 14 点相邻点上、下交替"，如果描点发现统计的 10 个相邻点上、下交替)，则采取预防措施，消除可能会出现的异常。

4.4.2　皮革中偶氮染料的检测

（1）简介　采用"ISO 17234-2：2011 皮革染色某些偶氮着色剂的化学试验 第 2 部分：对氨基偶氮苯的测定"进行纺织品样品中的偶氮染料（AZO）测试，测定对氨基偶氮苯的样品空白加标回收率数据如表 4-11 所示，加标回收率一般控制在 80%～120%，试进行质量控制分析。

表 4-11　对氨基偶氮苯的加标回收率数据

序号	回收率/%	序号	回收率/%	序号	回收率/%	序号	回收率/%
1	84.9	31	94.3	61	93.4	91	85
2	89.1	32	85.1	62	95.2	92	96.4
3	94.7	33	85	63	101.7	93	70.4
4	93.8	34	74.4	64	88.8	94	102.1
5	106.6	35	89	65	89.2	95	114.5
6	113.6	36	93.3	66	89.2	96	103
7	107.2	37	82.6	67	78.5	97	98.2
8	102.3	38	105.3	68	89.2	98	88.1
9	109.2	39	93.3	69	96.6	99	113.9
10	75	40	98.6	70	96.4	100	101.7
11	87.2	41	100.5	71	94.8	101	99.5
12	89.4	42	100.7	72	106.4	102	96.4
13	87.9	43	82	73	104.6	103	88.3
14	100.35	44	82.5	74	97.5	104	101.6
15	97.6	45	105.3	75	84.4	105	103.5
16	93.4	46	100.72	76	94.8	106	93.5
17	98.1	47	95.6	77	99.9	107	102.7
18	104.5	48	81.5	78	98.4	108	111.2
19	112.4	49	80.4	79	100.8	109	96.1
20	94.5	50	78	80	111.1	110	110.9
21	102.5	51	84.3	81	118.6	111	105.3
22	94.1	52	75.5	82	104.2	112	96.5
23	100.3	53	104.7	83	88.8	113	86.3
24	95.9	54	100.5	84	85.6	114	96.1
25	118.5	55	86.3	85	98.6	115	90.5
26	95.2	56	86.6	86	100.4	116	97.8
27	92.8	57	86.2	87	87.8	117	105.5
28	90.4	58	102.2	88	88.4	118	92.8
29	104.6	59	96.7	89	85	119	108.8
30	82.6	60	128.1	90	84.6	120	102.6

　　(2) **分析**　由于此例只有单个数值，因此采用单值-移动极差控制图。先筛选数据，剔除要求外的点，如点 10、34、50、52、60、67、93。即画图时只有 113 个数据。

　　(3) **绘制单值-移动极差图**　打开 Minitab 画图，选择工具栏里"stat"—"control charts"—"variables charts for individuals"—"I—MR"得到提示，去除点 75 和点 24 后，画图得到提示，去除点 90 后，画图 4-9。

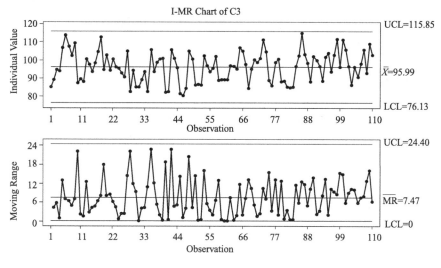

图 4-9　单值-移动极差图

没有提示了，说明图 4-12 中的数据已经全部处于受控状态。但是从图 4-14 上部的均值图可以看出：下控制限为 76.13％，说明尽管处于受控状态，但是过程仍需改进，要查找原因。这点可以从评价得到的过程能力系数得到验证。

（4）绘制过程能力图　应用 Minitab，Lower spec、Upper spec 框内分别填入 80、120，得到图 4-10。

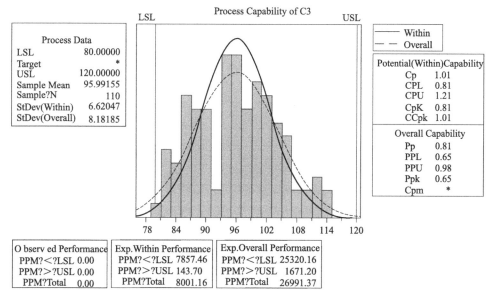

图 4-10　纺织品中对氨基偶氮苯加标回收的过程能力图

由图 4-10 知，过程能力系数为 1.01，低于 1.33，说明需要改进过程，分析回收率低的原因，是否前处理过程损失太多等，找到原因后重新进行数据统计，画控制图，进行质量控制分析。

参考文献

[1]　GB/T 4091—2001. 常规控制图.
[2]　聂微，卢椿盛. SPC 参考手册与软件应用指南. 北京：中国标准出版社，1989：86.
[3]　张公绪，孙静. 质量工程师手册. 北京：企业管理出版社，2002：333-338.

第5章　标准物质和室内标样的应用

5.1　概述

5.1.1　标准物质的基础知识

5.1.1.1　标准物质的定义

标准物质也称标准样品，诞生很早，公认的第一批现代意义上的标准样品诞生于1906年的美国，但真正严格意义上的标准物质定义是在1978年，即国际标准组织（ISO）所属的标准样品委员会（REMCO）发布了ISO导则6文件中提出了标准物质的定义。1981年，REMCO发布了ISO导则30《标准样品常用术语及定义》，提出了标准物质的新定义。1992年，REMCO修订了ISO导则30，提出了更为完整的定义。然而随着对分析质量保证（QA）要求的提高以及相关标准化、认可工作的不断增加，1992年版的术语和定义也已经不能满足需要。经过ISO/REMCO内部以及与标准物质制作和使用方的讨论，REMCO在2009年年会上批准了下列有关标准物质的新定义。

标准物质（reference material，RM）：具有一种或多种足够均匀且稳定规定特性的材料，已被确定其符合测量过程的预期用途。其中，特性可以是定量的或定性的。

有证标准物质（certified reference material，CRM）：标准物质，用计量学上有效程序对一种或多种特性定值，附有提供了特性量值、量值不确定度和计量学溯源性描述的证书。

从这个定义可以看到标准物质应被理解为一大类物质，包括有证标准物质和无证标准物质。也说明了用于定量或者定性试验的都可以有标准物质。但是，在上述定义中规定的均匀性和稳定性要求是对于所有标准物质的基本条件，无论是有证的还是无证的。

我国GB/T 15000.2—94《标准样品工作导则（2）标准样品常用术语及定义》参照ISO导则30也定义了标准样品，定义为：标准样品是具有足够均匀的一种或多种化学的、物理的、生物学的、工程技术的或感官的等性能特征，经过技术鉴定，并附有说明有关性能数据证书的一批样品。

我国在国家计量技术规范JJF 1005—2005《标准物质常用术语和定义》也采用ISO导则30：1992中的标准物质定义，并增加了对基准标准物质的定义。

标准物质：具有一种或多种足够均匀和很好地确定了的特性，用于校准测量装置、评价测量方法或给材料赋值的一种材料或物质。

有证标准物质：附有认定证书的标准物质，其一种或多种特性量值用建立了溯源性的程序确定，使之可溯源到准确复现的表示该特性的测量单位，每一种认定的特性量值都附有给定置信水平的不确定度。

基准标准物质：具有最高计量学特性，用基准方法确定特性量值的标准物质，简称基准物质。

这些定义表明，国内的定义也基本上是等同采用 ISO REMCO 的相关解释，所以从基本的定义上来看，国内外都比较一致，并无本质不同。但根据标准从新的原则以及近年文献的称谓，本书采用 ISO 指南 34 中"RM"这一定义。

5.1.1.2　标准物质的分类

标准物质目前还没有统一的分类方法。根据国际惯例并考虑国内实际情况，我国标准物质按照不同的材料产品类别，大致可分为 13 大类：（01）钢铁类；（02）有色金属类；（03）建材类；（04）核材料类；（05）高分子材料类；（06）化工产品类；（07）地质类；（08）环境类；（09）临床化学与药品类；（10）食品类；（11）煤炭、石油类；（12）工程技术特性类；（13）物理学与物理化学特性测量类。

如果按照标准物质是否附有证书，包括无证标准物质和有证标准物质。

如果按照标准物质的形态来分类，可分为气体、固体和液体三类。

在化学检测实验室，常见的有固体和液体形式存在的标准物质，气体标准物质只是在相关检测实验室才有。

按照标准物质的基质和被分析物的匹配情况，以及考虑到化学检测实验室对标准物质的使用情况，一般可以分成如下三类标准物质：

① 纯标准物质：纯的标准品，只含有痕量的其他物质，如99％以上的农药标准品；

② 标准溶液：已经制备好的溶液，其中被测成分含量已知，而且溶液基质也已知，且简单，通常直接或稀释后用于校准，如1g/L的铅标准溶液等；

③ 复杂基质标准物质，即为日常所说的实物标样，被测物存在于复杂基质中，通常和被测样品基本一致或近似，用于校准或质量控制。

5.1.1.3　标准物质的等级

ISO 导则 30 没有明确标准物质的分级。我国根据标准物质量值溯源的级别，以及溯源过程中的计量学控制水平，即计量学有效性的高低，将标准物质划为二级：一级标准物质和二级标准物质。二者是采用多种定值方法，准确度分别达到国内最高水平和满足实际测量需要的标准物质，均为有证标准物质。对于基准物质目前并没有单独的分级，而是列入一级标准物质中进行管理。

根据 1987 年国家计量局颁布的《标准物质管理办法》，一级和二级标准物质定义如下。

（1）一级标准物质

① 用绝对测量法或两种以上不同原理的准确可靠的方法定值。在只有一种定

值方法的情况下，用多个实验室以同种准确可靠的方法定值；

②　准确度具有国内最高水平，均匀性在准确度范围之内；

③　稳定性在一年以上或达到国际上同类标准物质的先进水平；

④　包装形式符合标准物质技术规范的要求。

（2）　二级标准物质

①　用与一级标准物质进行比较测量的方法或一级标准物质的定值方法定值；

②　准确度和均匀性未达到一级标准物质的水平，但能满足一般测量的需要；

③　稳定性在半年以上，或能满足实际测量的需要；

④　包装形式符合标准物质技术规范的要求。

由上面的定义可以知道，一级标准物质是指用权威方法或用两种以上不同原理的标准方法以及其他准确可靠的方法定值，不确定度具有国内最高水平，均匀性、稳定性良好，它在溯源链中起着承上启下的作用，许多二级标准物质是通过一级标准物质溯源至国家基准的。

二级标准物质是用与一级标准物质进行比较测量的方法或一级标准物质的定值方法定值，其不确定度和均匀性未达到一级标准物质水平，能满足一般测量的需要。

5.1.1.4　标准物质的编号

一级标准物质的编号由国家质量监督检验检疫总局统一指定、颁发。以国家级标准物质的汉语拼音"Guo Jia Ji Biao Zhun Wu Zhi"中"Guo""Biao""Wu"三个字的字头作为国家级标准物质的代号"GBW"。

一级标准物质代号"GBW"冠于编号前部，编号的前两位是标准物质的大类号（其顺序与标准物质目录编辑顺序一致）。第三位数是标准物质的小类号，每大类标准物质分为1～9个小类。

二级标准物质的代号以"GBW"加上二级的汉语拼音中"Er"字的字头"E"并以小括号括起来，即用GBW（E）表示。编号的前两位数是标准物质的大类号，后四位数为顺序号，生产批号用英文小写字母表示，排于编号的最后一位。

以上是国家标准物质的编号规则，而国内行业标准物质编号规则并不统一。

此外，按照《国家实物标准暂行管理办法》的规定，国家实物标准样品的编号为国家实物标准的汉语拼音"Guo Jia Shi Wu Biao Zhun"中"Guo""Shi""Biao"三个字的字头，作为国家实物标准的代号"GSB"表示。具体的编号方法为国家实物标准代号"GSB"加《标准文献分类法》的一级类目、二级类目的代号与二级类目范围内的顺序号、年代号相结合的办法。

5.1.2　标准物质的作用

一般化学检测实验室用到的是有证标准物质（CRM）。标准物质在化学检测实验室起到了关键的、不可替代的作用。其使用原理在 GB/T 15000.8—2003《标准样品工作导则（8）有证标准样品的使用》和 GB/T 15000.9—2004《标准样品工作导则（9）分析化学中的校准和有证标准样品的使用》中已有详细说明。

根据定义，有证标准物质具备了测量标准的全部特性，即可以在测量科学中起到如下作用：

① 有证标准物质能够起到储存和传递量值的作用；

② 有证标准物质能够起到确认测量结果的溯源性作用。

具体到化学检测实验室，有证标准物质在以下三个方面有着极其重要的应用。

（1）建立化学测量量值的传递和溯源　有证标准物质的相关信息，如标准值、不确定度等，储存在该有证标准物质之中。在规定的时间、运输和储存条件下，这些信息能够通过空间和时间的转移得到传递。于是有证标准物质所具有的量值就得到了传递。这时在实验室里，有证标准物质起着测量标准的作用。最多的情况是，有证标准物质被制成标准溶液对仪器进行校准。

一个测量过程包含了测量方法、测量器具、测量条件、测试人员、测量程序等多方面因素。一般而言，量值溯源占主导因素的是测量器具，因此可以通过保证测量器具的溯源性来满足溯源要求。但对于其他条件，特别是一些复杂的测量过程，其他因素也很重要时，只保证器具的溯源性显然是不够的。如果对所有的参数都进行校准，来保证所有参数的溯源性是非常困难的，实际上很有可能做不到。这时可以通过有证标准物质来验证测量过程的有效性，从而间接证明该测量过程获得的结果具有溯源性。

这一类最多的应用就是，采用一个测量过程对有证标准物质进行分析，只要这个有证标准物质在性质上和被分析物相似，分析结果也符合准确度要求时，实验人员可以认为该测量过程得到的结果具备了溯源性。

（2）保证测量的可比性　测量结果的可比性是测量结果互认的基础。在不同实验室、不同检验方法、不同仪器设备、不同人员、不同时间的情况下，对于同一样品进行测试，都能得到无显著差异的结果，是现代测量的一个重要要求。保证结果的可比性有很多方法，有证标准物质的使用是最常用的一种，也是最有力的一种。

在化学检测实验室，可比性的保证就体现在实验室内部和外部的质量保证过程中。具体方式也很多，如使用不同的方法、或者不同人员、或者不同仪器对有证标准物质进行分析，以鉴别不同的测量条件带来的影响；也可以在不同时间对有证标准物质进行测量，来衡量测量过程的稳定性；也可以作为考核样，作为人员监督和能力认可的判定等。

（3）测量过程的评价　随着检测技术的飞速发展和检测项目的不断增多，新的测量过程（即通常所说的检验方法）被不断地开发出来。目前，国内外对于新检验方法的准确度和精密度的评价普遍采用标准物质，特别是有证标准物质。因为这种评价技术是最可靠，也是最方便的。

研制方法时，需要确定一些检验方法的指标，如在实验室内，检验方法的线性、室内精密度和灵敏度等性能指标的确定；实验室间的指标，如室间结果一致性和室间精密度的确定等，采用有证标准物质来完成这些指标是最理想和最有说服力的。因为有证标准物质有着已经确认的标准值和不确定度，以及已经确认过的稳定性和均匀性，在检验方法的室内和室间指标测试过程中使用有证标准物质，可以大大简化实验过程，而且可以排除其他一些意想不到的干扰，如样品不均匀和不稳定带来的数据变动性等。

5.1.3　室内标准物质

有证标准物质按照基质匹配程度有两类：一类是简单基质；一类是基质匹配或近似。后一种通常称为实物标样。简单基质的有证标准物质通常用作测量器具的校准，一般价格也不贵，也较易得到。而实物标样通常用于实验室的质量控制。虽然，实物标样在检测实验室有着很重要的应用，但存在着如下缺陷：

① 通常比较贵；

② 有可能不能连续供应，使得质量控制的连续性无法保证；

③ 实际样品的种类繁多，实物标样很难提供所有需要的基质类型；

④ 实物标样不能提供所有需要的被测项目；

⑤ 实物标样能提供被测物含量值和实际需要的控制范围相去甚远，很难起到质量控制的目的。

所以，除了标准物质和有证标准物质，国内外还把室内标准物质（in-house reference material，in-house RM）作为一种标准物质使用，以弥补有证标准物质的不足。

在美国食品药品管理局（FDA）的元素分析手册 3.5 章节中，将室内标准物质作为一类标准物质，提出了相关定义：

室内标准物质：由实验室制备的，内部使用的标准物质。有证标准物质和室内标准物质都是标准物质的一种。

在国标 GB/T 15000.9—2004《标准样品工作导则（9）分析化学中的校准和有证标准样品的使用》第 7 节"内部标准样品的使用"中，也对实验室内部开发标准物质提出了指南。

该标准提出室内标准物质应满足下列条件：

① 几年内可连续获得；

② 具有已确认的均匀性和稳定性；

③ 内部定值分析已确认的溯源性；

④ 其不确定度数值应满足校准要求的不确定度。

同时对室内标准物质开发也提出了一些建议。

但是，由于室内标准物质的制作没有专门的设备和相关的经验，也没有经过广泛和权威的测试，所以在定值的准确性、溯源性以及基质的均匀性和稳定性等方面都不如有证标准物质，应用也受到限制，只可以在实验室内部部分替代有证标准物质的作用。其级别是低于有证标准物质的。

通常情况下，室内标准物质特性值不确定度较大，在某些对不确定度要求较为严格的情况下慎用，如：

① 方法开发中的准确性验证；

② 测量过程中的校准；

③ 其他涉及量值溯源和传递的工作。

5.2　标准物质的使用方法

5.2.1　使用原则和过程

5.2.1.1　使用原则

简单基质的有证标准物质主要用于测量器具的校准，最常见的是将固体标准品配成溶液，稀释成标准工作溶液；或者直接将购入标准溶液配成标准工作溶液使用。这部分有证标准物质的使用不再介绍。本章主要讨论的是基质匹配的有证标准物质，即实物标样在质量控制中的使用。

实物标样的使用一般要遵循以下原则。

① 标准物质的基体组成应与被测样品的基体相同或近似，这样可以有效地消除由基体组织和干扰元素引入的系统误差。

② 标准物质的浓度水平应与被测样品浓度相近。若用于评价分析方法时，应选择尝试水平接近分析方法测量的上限或者下限的标准物质。

③ 标准物质的准确度应比被测样品预期的准确度高。实验室要根据使用目的和不确定度水平的要求采用不同级别的标准物质。通常为了评定日常分析操作的测量不确定度，可选用二级标准物质。这样既可以降低成本，又可以满足要求。

④ 超过有效期或经过验证性质已发生变化的标准物质应不得使用，可以重新评价后降级使用。

5.2.1.2　实物标样的管理

根据 ISO/IEC 17025《检测和校准实验室能力的通用要求》中的 5.6.3 节有关标准物质的规定：如实验室需有参考标准的校准计划和程序；须有参考标准和标准物质的安全处置、运输、储存和使用程序，以防止污染或损坏，并保护其完整性等。这些内容可以作为实物标样的管理要求和指南。但针对化学检测实验室，经过多年实践，笔者尝试总结出对于整个实物标样有针对性的管理过程，详述如下。

(1) 购买　首先应明确实验室需求。一般根据实验室需要，从以下几个方面来确认：

① 被分析物及其含量；

② 基质；

③ 不确定度要求；

④ 样品量及取用量；

⑤ 保存及使用时间；

⑥ 标准物质生产单位或批准部门；

⑦ 价格等。

根据上述条件选择合适的标准物质，并进行购买。值得指出的是，标准物质购买应优先选择国产，价格和溯源均有优势。当国产标准物质无法满足要求时，再考虑进口标准物质。在笔者的实验室曾发生进口标准物质不纯导致数据系统误差变大的事例，换回国产的，才得到了准确的结果。

标准物质生产者应作为重要供应商予以评价，评价要求应符合 ISO 17025 相关要求。

（2）验收　标准物质到货后，应进行验收工作。验收的内容包括：数量、重量是否与购买要求一致；包装、标识是否完好；有无证书；证书信息是否和标准物质包装标示一致；有效期是否符合要求等。验收完成后，需要按证书上所述保存条件进行保存。

（3）标准物质的使用与保存　应建立标准物质的数据库，数据库项目包括：名称、规格、标准值、不确定度、证书号（或标准号）、生产单位、有效期、数量等。标准物质需要有专门的存放地点，并且明确标识，并有专人负责保管。应根据证书或说明书上的存放要求进行保存，标准物质一旦超过有效期必须立即清理，并予以适当标识，不得继续使用。

标准物质的使用需要有相关记录，领用人和每次消耗的数量均要明确，使用后立即归还保存。

标准物质使用时，需要严格按照证书上描述的过程进行使用。比如，某些生物样品，需要在使用前烘去水分；一般需要称量的标准物质都会规定一个最小称样量，以保证取用样品的均匀性。

标准物质如果用完，最好也保存包装，以备追查。

（4）标准物质的期间核查　期间核查是标准物质制备日期至有效期期间内进行的核查，验证标准物质是否处于校准状态，确保分析结果的质量。

由于标准物质提供了溯源信息，所以标准物质是否受控是实验室出具数据质量保证的首要条件。由此，ISO/IEC17025：2005《检测和校准实验室认可要求》中5.6.3.3 节的规定，实验室应根据规定的程序对参考标准和标准物质进行期间核查，以保持其校准状态的置信度。

因此，标准物质在实验室中使用，必须进行期间核查，这是实验室认可的要求，更是实验室质量保证的要求。期间核查的方法目前并没有统一的做法和规定。一般做法有保存条件、保质期的检查，不同来源标准物质的比对等。

（5）标准物质的过期和失效处理　标准物质一般都有规定使用有效期，一般有效期为一年或更长。有的标准物质保存期较长，但开封后保存期就会变短，在使用中需要注意。

标准物质过期后，不可再按标准物质使用，可直接废弃或重新评估。也有可能在使用中，由于使用和保存不当，造成标准物质失效。经过确认，失效的标准物质也不能再用于检验工作中。

过期或者失效的标准物质可以进行重新评估。评估合格后，可降级作为室内标准物质使用。无论是废弃还是降级，均需做好记录。

5.2.2 使用方法

如上文所言，标准物质在检测实验室中有着极其重要的应用，如校准测量器具、提供量值溯源、质量保证应用等。诸如校准测量器具等重要作用，不在本书范围，本章节将详细叙述有证标准物质，特别是实物标样，在化学检测实验室质量保证中的具体应用。

质量保证技术有很多，大部分都可以用到实物标样。由于实物标样提供了可靠的量值、不确定度以及稳定性和均匀性，所以采用实物标样会简化实验过程和结果判断，质量保证的效果也好。以下对常见的质量保证技术中实物标样在评价新方法正确度、检测过程控制、人员监督和考核、实验室比对等几个主要方面的应用进行详细说明。

5.2.2.1 建立新方法时的正确度评价

对于一个实验室来说，新方法有两种情况，一种是实验室新建方法；另一种是标准方法的新开验。无论哪一种都面临方法验证的问题。按方法对实物标样进行检验，并将结果和证书值比较，是室内验证方法正确度和量值溯源的最佳方法。具体步骤如下：

① 按检测方法对实物标样进行检测，平行次数为 n，一般 $n \geqslant 11$，至少 $n \geqslant 6$；

② 首先对平行测定结果进行异常值检验，一般采用 Grubb's 检验。确认无异常值或排除异常值后，按式(5-1) 和式(5-2) 计算平行试验的平均值 $\bar{x}$ 和平均值标准偏差 S_a：

$$\bar{x} = \sum x_i / n \tag{5-1}$$

$$S_a = \sqrt{\frac{\sum\limits_{i}^{n} (x_i - \bar{x})^2}{n(n-1)}} \tag{5-2}$$

结果比较：假设实物标样中被分析物含量为 μ，标准不确定度为 u_r，并认为测量结果的标准不确定度 $u_1 = S_a$，则可按式(5-3) 进行方法准确性的判断：

$$|\bar{x} - \mu| \leqslant k \sqrt{u_1^2 + u_r^2} \tag{5-3}$$

式中，k 通常取 2。

如果式(5-3) 成立，就说明在实验室中实行该方法无显著偏离；如式(5-3) 不成立，则说明结果存在着显著偏离，需要全面评估该方法的过程和执行，仔细寻找产生系统误差的原因，纠偏后重新进行验证。

5.2.2.2　检测的过程控制

过程控制是检测实验室质量控制中最重要的内容之一。过程控制的手段也很多，本节主要介绍以下两种，一种是使用标准溶液作为仪器状态的控制；另一种是使用实物标样对检测过程的控制。

使用标准溶液进行过程控制的主要步骤如下：

单独配制一个控制标准溶液，通常在标准曲线最高点的一半左右。在仪器测量过程中，在 N 次进样后，测量控制标准溶液。通常 N 为 $10\sim20$ 次，视仪器稳定性而定。测量控制标准溶液结果如果在控制范围之内，说明整个仪器状态和做标准曲线的时候没有显著差异，可以继续测量样品；但如果不在控制范围，则说明仪器状态可能不稳定，需要进行检查，寻找并排除原因。

这个过程基本上可以通过仪器控制软件设置程序来自动进行。

使用实物标样对检测过程控制的主要步骤如下：

① 在每一批样品检测时，同时跟做实物标样，并且保证整个测量过程一致，包括样品处理和仪器测量；

② 对测量器具进行校准；

③ 将样品连同实物标样的处理样在测量器具上进行测量；

④ 在测量样品之前，先测量实物标样；

⑤ 对实物标样的结果进行分析，分析过程如下：假设实物标样的测量结果为 x，测量标准不确定度为 u_1，实物标样中被分析物含量为 μ，标准不确定度为 u_r，可按式(5-4)进行判断：

$$|x-\mu|\leqslant k\sqrt{u_1^2+u_r^2} \tag{5-4}$$

式中，k 通常取 2。

如果满足式(5-4)，就说明整个测量过程，包括前处理和仪器测量，均无显著偏离，可以继续检测样品；如式(5-4)不成立，则说明测量过程存在着显著偏离，需要对整个过程，包括前处理和仪器校准等方面进行核查，直到寻找出结果发生偏离的原因。消除偏离原因后，重新测量实物标样，满足式(5-4)后，才能继续样品检测。如果偏离原因无法纠正，比如前处理发生问题，那可能这批测量任务只能重新进行。

还有以下几点需要说明：

① 在过程控制中，校准仪器的标准物质和过程监控用的实物标样尽可能采用不同来源的标准物质，否则监控效果不好。

② 每次实物标样的测量结果可以进行记录统计，绘制成 x 值质控图。质控图可以监控测量过程的准确度是否处于控制状态，而且能显示长期的变化状态。如果每次对实物标样测量次数超过 1 次，还可以绘制 $\bar{x}$-R 质控图，增加对测量过程精密度的监控。关于质控图的原理和步骤，本书有专门章节进行详细说明。

5.2.2.3　人员监督和考核

按照规定的测量过程完成检验，是每个检验人员的基本要求。但由于实验室检验过程由检验员完成，不同检验项目过程可能不一样，很难通过统一的监督来完成对人员的控制，所以需要针对实验室的具体情况采取有针对性的手段。另外，实验室对新培训或者是上岗一段时间的实验人员，需要做一个阶段性的评价。这一评价，通常由一次考核完成。ISO/IEC 17025 非常重视对实验人员的监督和培训人员的考核。所以，人员监督和考核是实验室重要的质量控制手段。

人员监督和考核有很多方法。使用实物标样作为"盲样"进行监督和考核，是一种很好的方法，能提供全面的信息。

具体实施步骤很简单，将实物标样作为"盲样"发到检验员，指定按某个测量过程进行检测。

如果是监督，可以按普通样品进行检测，甚至可以将实物标样作为日常检测样品，而不让被监督人员知道这是个特殊的样品。

如果是考核，并且想了解检验员检测结果的室内重复性，可以让考核人员多做几个平行结果（一般平行数 $n \geqslant 6$），以计算实验结果的标准偏差。

结果评定过程如下：

① 如果检测人员得到的为单个结果并已知实物标样测量结果不确定度，按式(5-4)进行判断；

② 如果检测人员得到的结果为多个平行结果的平均值，则按式(5-3)进行判断；如已知实物标样测量结果不确定度，也可按式(5-4)进行判断；

③ 如果平行结果数 $n \geqslant 6$，可以进行结果精密度是否可靠的判断，过程如下：

首先对平行测定结果进行异常值检验，一般采用 Grubb's 检验。确认无异常值或排除异常值后，计算平行试验的单次测量标准偏差 S。计算统计量 χ_c^2，计算公式见式(5-5)：

$$\chi_c^2 = \left(\frac{S}{u_r}\right)^2 \tag{5-5}$$

式中，u_r 为实物标样的标准不确定度。

另外，按式(5-6)计算 χ_{table}^2：

$$\chi_{table}^2 = \frac{\chi_{(n-1),0.95}^2}{n-1} \tag{5-6}$$

式中，n 为平行数，$\chi_{(n-1),0.95}^2$ 按相关统计表查阅得到。

当 $\chi_c^2 \leqslant \chi_{table}^2$，说明该人员检测得到的数据精密度水平可靠有效；

当 $\chi_c^2 > \chi_{table}^2$，说明该人员检测得到的数据精密度水平不可靠。

该过程注意事项如下：

首先人员监督和考核采用的测量过程应该经过确认，和实物标样提供的标准值是一致的，另外，该测量过程的精密度和实物标样提供的不确定度在一个水平上，否则按照上述的评判过程得到的结论是不适用的。

由于实验结果不仅和人员有关，而且和实验方法、仪器设备、环境等各种因素有关。在实验之前，需要检查除人员外其他实验条件是否正常，以防止其他因素干扰监督和考核结果。当结果满意时，可以认为人员通过监督和考核。但如果结果不满意时，需要认真分析产生不满意的原因，排除其他因素，确定人员的实验情况，这样才能达到人员监督和考核的效果。

5.2.2.4　室内仪器、人员、方法比对和室间比对

实验室的各种比对是质量控制的常用手段。常见的比对在实验室内开展的有不同仪器、人员和方法的比对。室间比对也有不同类型，可以只比对结果，也可以限定实验条件，比如用哪个分析方法或者使用某一种仪器设备。比对试验只需要对被测样品的均匀性和稳定性有要求，被测样品的公认值和不确定度并不是必需的。但如果有这些信息的话，不但可以对不同仪器、人员、方法得到的结果一致性进行考察，更可以对结果的准确度和精密度进行判定。

具体方法可采用 t 检验的统计方法，以不同人员比对为例：

请实验员 A 随机取实物标样样品，按照规定的测量过程进行平行测试，测试次数 $n \geqslant 6$，得到平均值 $\overline{x_1}$、单次测量标准偏差 S_1 和测试次数 n_1。

请实验员 B 也按上述条件进行平行测试，测试次数 $n \geqslant 6$，得到平均值 $\overline{x_2}$、单次测量标准偏差 S_2 和测试次数 n_2。

上述平行数据应经过异常值检验，无异常值后再进行 t 检验统计。平均值 t 检验统计量计算方法见式(5-7)：

$$t = \frac{|\overline{x_2} - \overline{x_1}|}{\sqrt{\dfrac{(n_1-1)s_1^2 + (n_2-1)s_2^2}{n_1+n_2-2} \times \dfrac{(n_1+n_2)}{n_1 \times n_2}}} \tag{5-7}$$

上述试验的自由度为 n_1+n_2-2，设显著性水平 α(通常 $\alpha=0.05$)，根据 t 表查得临界值 $t_{\alpha,(n_1+n_2-2)}$，如 t 值 $< t_{\alpha,(n_1+n_2-2)}$，则两个平均值之间无显著差异，说明两位实验员的结果是一致的，也可认为两位实验员的操作过程是一致的，无明显偏差。

不同人员之间的比对具体如何进行和判断，将在 5.3 节中详细解释。而对结果准确度和精密度进行判断的方法同 5.2.2.3 节描述的是一致的，这里不再赘述了。

5.3　室内标准物质的使用方法

由于有证标准物质的一些局限性，有必要在实验室内制作室内标准物质（in-house RM）作为必要的补充。室内标准物质有很多形式，最常见和最常用的是制作基质匹配的室内标准物质，即室内实物标样。

5.3.1　管理和计划

室内实物标样必须纳入实验室的质量管理体系中。相关的管理内容包括对整个

制作计划的查核批准，对制作过程的监督，对样品储存取用方法的确认，对均匀性试验、稳定性试验和定值试验的数据进行核实，对最后制成样进行评价等。所以制作的要求和过程应该制定质量文件予以规定，相关步骤和结果必须作为实验室记录保存备查。

制作室内实物标样首先要制定制作计划，要确定为什么制作室内实物标样，室内实物标样要满足什么样的条件。一般以下情况要予以考虑确认：

① 室内实物标样的具体用途；

② 被分析物以及含量；

③ 基质和实际需要的一致程度；

④ 制作的数质量；

⑤ 均匀程度以及能保证均匀要求下的最小取样量；

⑥ 稳定程度，具体就是能使用的期限；

⑦ 保存条件、保存的器皿和环境要求等。

确定上述条件后，才能有针对性地进行室内实物标样的制作。

5.3.2 室内标样的制作与定值

室内实物标样的计划制定通过后，实验室就可以开始制作。通常有以下几个步骤。

5.3.2.1 选样

选样首先要考虑的是基质种类，然后看该样品的被测物含量是否满足要求。如果上述两点都能满足要求，则应该关心样品的状态是否为均匀样或者是否较容易制成均匀样，同时还要考虑最后得到的样品是否具有要求的稳定性，样品量是否足够等。有一点需要特别指出，样品应尽量选取实际含有被测物的阳性样品，而不是在无检出样品中添加。因为被测物在样品中的存在方式和添加的标准物不尽相同，在无检出样品中添加的标样在实验室质量控制中可能有过分乐观的结果。

室内实物标样制作材料可以重新选取。但可能的话，从实验室的检验样品，特别是有一定水平的阳性留样中选取，是值得推荐的做法。另外，如果数量足够，把能力验证、室间比对样品的余样作为室内实物标样，也是很好的选择。

5.3.2.2 制样

对于食品样品，制样的目的主要是达到所要求的均匀性和稳定性。通常使用的手段有粉碎、匀浆、烘干、筛分、混匀等。对于易腐变食品，可以考虑增加灭菌防腐等措施。制样结束后，应针对样品的状态和特性决定样品的储存条件和取用方法。在制样过程中，样品中被测物的含量可能会发生较大的变化，如果这个变化不能被允许，则需要重新考虑制样方法。

5.3.2.3 均匀性试验

制样结束后，根据制样结果，需要决定取样方法。比如估计最小取样量为多少，是否在取样前要校正水分的变化等。取样方法决定后，按此方法取样，并采用准确性和精密度高的测试方法进行均匀性试验。均匀性试验可按下面描述的方差分析 F 检验法来进行。因为采用此法，可以分别计算偶然误差带来的偏差和样品不均匀带来的偏差，对样品的均匀性有着更直观的了解。

具体步骤如下：

从样品总体中随机抽取 10 个或 10 个以上的样品用于均匀性检验。

对抽取的每个样品，在重复性条件下至少测试两次。重复测试的样品应分别单独取样。为了减小测量中定向变化的影响，样品的所有重复测试应按随机次序进行。

均匀性检验中应采用精密度和正确度高的测试方法。

样品均匀性与取样量有关。测试时，取样量应符合实际使用要求。

对检验数据进行异常值检验，根据统计结果，剔除异常数据，重新统计至通过异常值检验，必要时增加数据。

可采用单因子方差分析法对检验中的结果进行统计处理。若样品之间无显著性差异，则表明样品是均匀的。

也可以采用 0.3σ 准则来判断。如果 σ 是该实物标样标准偏差的目标值，S_s 为样品之间不均匀性的标准偏差。若 $S_s \leqslant 0.3\sigma$，则使用的样品可认为在该实物标样中是均匀的。

统计计算过程为：抽取 i 个样品（$i=1,2,\cdots,m$），每个样在重复条件下测试 j 次（$j=1,2,\cdots,n$）。通常 i 需要 $\geqslant 10$，j 取两次或三次即可。

每个样品的测试平均值为

$$\overline{x_i} = \sum_{j=1}^{n} x_{ij}/n_i \tag{5-8}$$

全部样品测试的总平均值为

$$\overline{\overline{x}} = \sum_{i=1}^{m} \overline{x_i}/m \tag{5-9}$$

测试总次数为

$$N = \sum_{i=1}^{m} n_i \tag{5-10}$$

自由度

$$f_1 = m-1 \tag{5-11}$$
$$f_2 = N-m \tag{5-12}$$

样品间平方和

$$SS_1 = \sum_{i=1}^{m} n_i (\overline{x_i} - \overline{\overline{x}})^2 \tag{5-13}$$

样品间均方

$$MS_1 = \frac{SS_1}{f_1} \tag{5-14}$$

样品内平方和

$$SS_2 = \sum_{i=1}^{m} \sum_{j=1}^{n_i} (x_{ij} - \overline{x_i})^2 \tag{5-15}$$

样品内均方

$$MS_2 = \frac{SS_2}{f_2} \tag{5-16}$$

F 统计量

$$F = \frac{MS_1}{MS_2} \tag{5-17}$$

若 $F<$ 自由度为（f_1，f_2）及给定显著性水平 α（通常 $\alpha=0.05$）的临界值 F_α（f_1，f_2），则表明样品内和样品间无显著性差异，样品是均匀的。

如果按此法检验结果为样品间存在明显差异，即样品不均匀，并不一定要重新制样。如果样品不均匀带来的偏差远小于期望的最大偏差（一般不大于 30%），也可以认为该样品的均匀性符合要求。具体可按照 $S_s \leqslant 0.3\sigma$ 准则执行。测试和统计过程同上，根据上述统计数据计算 S_s 值：

$$S_s = \sqrt{(MS_1 - MS_2)/n} \tag{5-18}$$

若 $S_s \leqslant 0.3\sigma$，则使用的样品可认为在本实验室相应的检测中是均匀的。式中 σ 是满足测试实物标样含量值标准偏差的目标值。

5.3.2.4　稳定性

稳定性试验的周期比较长，通常需要几个月。在这段期间内，将样品按规定的条件储存，每隔一段时间将样品取出进行试验，时间间隔可先密后疏。试验结果的评价方法可按照下面所述的平均值 t 检验方法或者 0.3σ 准则法进行。同时还可以绘制时间-含量曲线图，可以直观地了解含量随时间变化的规律。

稳定性试验测试方法的要求同均匀性试验。步骤如下：在样品制备好后，随机取样品进行平行测试，测试次数 $n \geqslant 6$，得到平均值 $\overline{x_1}$、标准偏差 S_1 和测试次数 n_1。

将样品按设计的保存条件进行保存，经过一段时间后，重新取样进行平行测试，测试次数 $n \geqslant 6$，得到平均值 $\overline{x_2}$、标准偏差 S_2 和测试次数 n_2。

检测结果统计方法见下：

采用平均值 t 检验，统计量按式(5-19) 计算：

$$t = \frac{|\overline{x_2} - \overline{x_1}|}{\sqrt{\dfrac{(n_1-1)s_1^2 + (n_2-1)s_2^2}{n_1+n_2-2} \times \dfrac{(n_1+n_2)}{n_1 \times n_2}}} \tag{5-19}$$

如 t 值$<t_{\alpha,(n_1+n_2-2)}$，则两个平均值之间无显著差异。$t_{\alpha,(n_1+n_2-2)}$ 为临界值，通过查表获得。其中 α 为显著性水平，通常设 $\alpha=0.05$，n_1+n_2-2 为自由度。

也可用 0.3σ 准则进行统计和判断，见式(5-20)：

$$|\overline{x}-\overline{y}|\leqslant 0.3\sigma \qquad (5\text{-}20)$$

式中　$\overline{x}$——均匀性检验的总平均值；

　　　$\overline{y}$——稳定性检验时，随机抽取样品的检测总平均值，抽样数≥3。平行测试次数≥2；

　　　σ——满足测试实物标样含量值标准偏差的目标值。

若式成立，则说明实物标样是稳定的。

稳定性试验结束后，可以根据评价结果确定样品的有效期限。当然，在有效期限内，样品的储存和取用都是在按规定的条件下进行。

5.3.2.5　定值

定值就是确定室内实物标样中被测物的含量数值和相应的不确定度。含量值和不确定度的确定通常可以和均匀性试验和稳定性试验一起完成。在确定过程中，需要采用准确度和精密度高的方法，同时采用较严格的质控程序，以保证最后值的准确度。如果能采用多个测试方法或多个实验室协同试验的话，能大大提高最后结果的准确性。

在室内定值的具体计算时可利用均匀性的数据，方法如下：

$$N = \sum_{i=1}^{m} n_i \qquad (5\text{-}21)$$

$$\overline{\overline{x}} = \sum_{i=1}^{m}\sum_{j=1}^{n} x_{ij}/N \qquad (5\text{-}22)$$

$$S_{\mathrm{T}}^2 = \frac{\sum_{i=1}^{m}(\overline{x}_i - \overline{\overline{x}})^2}{m(m-1)} \qquad (5\text{-}23)$$

$$U = t_{\alpha,m-1} S_{\mathrm{T}} \qquad (5\text{-}24)$$

以上各式的符号含义同均匀性检验，$t_{\alpha,m-1}$通过查表获得。

最后，实物标样的含量值为$\overline{\overline{x}}$，扩展不确定度为 U，也可以表示为$\overline{\overline{x}}\pm U$。

值得指出的是，和标准物质不同，室内实物标样不一定需要定值过程，或者不急于需要定值。一个已知含量范围的均匀样品也完全可以在实验室质量控制、比对等方面大有用途。

5.3.3　室内实物标样的验收、保存和废弃

5.3.3.1　验收

室内实物标样完成后，需要将整个制作过程的记录上交实验室管理层审核。审核通过后，就可以在实验室内使用了。通常实验室会有一个批准单，并且给一个编号，作为唯一性标识便于识别。批准单示例见表 5-1。还可以设计一个标签（示例

见表 5-2)，粘贴在室内实物标样的外包装上，便于识别和使用。

表 5-1　室内实物标样批准单示例

室内实物标样批准单

室内质控样名称：	
基质：罐头蘑菇干粉	
制作人：×××	重量：约 1kg
启用时间：2010-2-1	有效期：2 年
应用范围 用于实验室内罐头食品中锡含量测定的质量控制	
均匀性结果指标： 样品本身为均匀样品，通过均匀性检验。（数据及统计结果见附）	
稳定性指标： 经过 6 个月的稳定性试验，结果满足统计要求。（数据及统计结果见附）	
定值结果 锡：20.14mg/kg±0.35mg/kg（数据及统计结果见附）	
保存条件： 常温密封保存。	
使用要求： 直接取用，最小取样量 0.5g。	
批准： 　同意在本实验室内使用。 　编号：IHRM-LH-1001	
实验室主任：　　　　　　　日　期：	

表 5-2　室内实物标样标签示例

室内实物标样 IHRM-LH-1001　　罐头蘑菇干粉 锡含量：20.14mg/kg±0.35mg/kg 常温密封储存 最小称样量　　　0.5g 有效期限：2012-2-1

5.3.3.2　保存和使用

室内实物标样要有良好的保存，以保证使用期限内，稳定性符合要求。以下建议通常值得考虑：

①　保存的容器不会带来污染；

②　是否要避光，包装是否需要不透明或者是棕色瓶；

③　保存温度是否有要求，如何保证；

④　是否要充氮气，以避免被分析物氧化；

⑤　建议包装要密封；

⑥　建议把整个标样分装在数量较多的小包装中，一方面便于做稳定性试验，

另一方面可以防止取样对整个标样带来影响。

当然可能不止以上这些内容，实验室需要针对标样和被分析物的理化特性进行一些针对性的考虑。

室内实物标样的使用也是必须明确的，这也是需要根据标样情况来区别对待的。在化学检验实验室，一般需要规定的是两个：

① 保证取样的均匀性，如规定最小称样量，液体样品使用前是否要晃匀等；

② 是否需要对水分进行校正。

使用后，应立刻密封室内实物标样的包装，并按规定保存。

5.3.3.3　再定值和废弃

由于被分析物的降解或者整个基质的水分变化会造成室内实物标样含量值的变化。在超过使用期限后，或者尚未超过使用期限但有迹象表明含量值有显著变化时，可以通过再定值的方法对室内实物标样重新进行定值。再定值的方法同前。再定值后，同样需要实验室批准才能使用。

当室内实物标样已经过期，且无再定值的可能或必要时，可直接废弃，并做好记录。

5.3.4　室内实物标样的使用方法

如上所言，室内实物标样由于溯源性不如有证标准物质，应用范围也受到限制。但由于室内实物标样有着样品量大、制作简单、有针对性，所以在实验室内应用的机会和数重量可以远远大于有证标准物质。根据其特性，室内实物标样在比对和检测的过程控制两个方面的应用最多，详述如下。

5.3.4.1　比对试验

比对试验包括室内仪器、人员、方法比对和室间比对等，是实验室常见的质量控制手段。比对试验如何进行和判断在 5.2.2.4 节中有详细描述。这里强调的是，室内实物标样的示值权威性是不够的。但是比对试验一般不需要样品有一个准确的值，样品的均匀性和稳定性才是保证比对试验完成的最重要条件。当然，样品中被测物的含量在一个期望的水平会对比对试验更有效果，这个期望的水平也包含阴性水平。举例来说，用一个不含被测物的阴性标样可以做阴性样品比对。大多数情况下，比对样品中被测物往往希望有一定的含量水平，这样不但能作为阳性判断，还可以对检测值进行比对，得到的信息更多。

从上述的讨论可以知道，由于室内实物标样易于获得，且含量值范围更广，在比对试验中使用，比有证标准物质更经济、更方便及更全面，值得推广。

5.3.4.2　检测的过程控制

过程控制是检测实验室质量控制中最重要、最常用的控制手段。室内实物标样对检测过程控制的主要步骤和有证标准物质是一样的（见 5.2.2.2 节），不再复述。只要把室内实物标样中被分析物的含量和不确定度代替式(5-4)中的 μ 和 u_r，可按式(5-4)进行判断。

　　但是，如我们一直强调的，室内实物标样的示值没有足够的证明，也没有经过权威部门的认定。所以，在实际使用中，室内实物标样在过程控制中的应用主要是通过质控图来完成的。其步骤如下：

　　按质控图的要求进行一系列的试验，并计算出上、下控制限和警告限。具体控制限和警告限计算过程见本书的专门章节。

　　按 5.2.2.2 节描述，在一个检验批中加入室内实物标样，检验过程同样品完全一致；

　　测量时，先检测室内实物标样，将最终计算结果填入质控图中，从图上判断是否偏离。如无偏离，可继续检测工作；如发生偏离，则需找到偏离原因，纠正后再继续检测工作。

5.4　应用实例

　　标准物质在化学检测实验室中的应用很多，在这里举三个示例，应用场景分别为室内实物标样的制作、方法验证、人员监督，供读者参考。

5.4.1　室内实物标样的制作

　　食品基质种类繁多，需要测量的被测成分也很多，很难对食品室内实物标样的制作进行详细规定。下面就一个制作实例来解释制作过程。而在实际应用中，基质和被测成分不同的室内实物标样的制作需要根据具体情况来实施。

　　罐头食品中的锡是一个比较重要的安全卫生指标。但国家标准物质中没有类似实物标样。本例根据上述制作原则，制作了一个蘑菇罐头中的锡成分的室内实物标样。具体制作步骤如下。

　　(1) 选样　从实际样品中选用一个锡检出量在 8mg/kg 左右的蘑菇罐头作为制作原始样。原因是蘑菇罐头经常需要检验锡含量，而且该样品中的锡含量较为合适，整个原始样的样品量也比较大。

　　(2) 制样　制样流程如下：将罐内所有样品（包括蘑菇和汤水）在匀浆机中匀浆；将浆铺在搪瓷盒内，放入烘箱内 80℃烘干 6h；将烘干得到的蘑菇干块放入粉碎机中粉碎；将蘑菇粉再放入烘箱内 105℃烘干 4h；再将蘑菇粉粉碎，并过筛；将过筛的蘑菇粉在样品混匀器上混匀 24h；将混匀的样品于 105℃烘干 4h；烘干后放入干燥器中，待冷却后装入可密封的样品罐中，密封后常温下储存。

　　(3) 均匀性试验　在样品某一点上取样两次，然后将样品在手中混摇数次，重新在某点上取样两次，如此重复 11 次，取样量均为 0.5g，得到 11 对平行样。按 SN/T 0856—2000 石墨炉原子吸收法（注：撰写本书时，该 SN 方法已更新至 2011 版）测量。在整个测量过程中，空白和标准添加各做 3 个，标准曲线做 5 点，每点测量 2 次，以保证最后值的准确性。得到含量结果见表 5-3。

表 5-3　实物标样示例的均匀性试验结果

测量编号	平行 1/(mg/kg)	平行 2/(mg/kg)	平均值/(mg/kg)
1	20.85	20.65	20.75
2	20.20	20.41	20.30
3	19.58	19.88	19.73
4	20.25	19.69	19.97
5	20.05	20.68	20.37
6	19.71	20.13	19.92
7	20.04	19.25	19.64
8	20.14	20.30	20.22
9	20.56	20.37	20.46
10	20.01	20.00	20.01
总平均	20.14		

以上数据经 Grubb's 检验无异常。空白值为：$-0.06\mu g/L$、$-0.17\mu g/L$、$0.02\mu g/L$，回收率结果分别为 95%、96%、104%，整个检测过程正常可控。

按方差分析 F 检验法，有 $m=10$，$N=20$，$f_1=9$，$f_2=10$，样品间均方 $MS_1=0.238$；样品内均方 $MS_2=0.0867$，计算 F 统计量 $F=2.74<F_{0.05,9,10}=3.02$。说明样品是均匀的。

也可以按 0.3σ 准则进行检验：假设该实物标样的相对标准偏差要求为 5%，即标准偏差 σ 为 $1mg/kg$，按照准则，计算 $S_s=0.275<0.3\times1=0.3$，均匀性满足条件。

以上统计说明样品之间无明显差异，并将 0.5 g 作为最小取样量。

（4）稳定性试验　实物标样均匀性测试后，可进行稳定性试验。将样品在常温下密封保存。试验时，取样品测 6 次平行，以后每隔一个月做一次稳定性试验。测量总共做 7 次，覆盖 6 个月。整个稳定性数据及 t 检验结果见表 5-4。数据已经经过 Grubb's 检验，无异常。

表 5-4　实物标样示例的稳定性试验结果

月份\编号	0	1	2	3	4	5	6
1	20.68	20.34	20.53	19.90	20.53	19.65	19.89
2	19.27	20.25	19.60	20.44	19.91	19.99	20.14
3	19.95	19.44	20.95	19.86	19.41	20.68	19.73
4	20.88	19.84	19.15	19.45	20.81	20.15	20.07
5	20.55	19.34	19.38	19.56	20.56	20.10	19.78
6	20.28	20.52	20.48	20.13	20.66	20.53	20.68
平均值	20.27	19.95	20.01	19.89	20.31	20.18	20.05
标准差	0.59	0.49	0.73	0.36	0.54	0.37	0.35
t	0	1.01	0.67	1.34	0.13	0.31	0.79
$t_{0.05,10}$	2.23						

同时绘制时间-含量差图，见图 5-1。图 5-1 中横坐标为时间，纵坐标为每次稳定性测量的平均值和均匀性试验总平均的差。上、下限以 0.3σ 计算，假设 σ 为 1mg/kg。可以看到数据变化无明显上升或下降趋势，且都在 0.3σ 范围内。可以认为该样品在常温密封储存的条件下是稳定的。

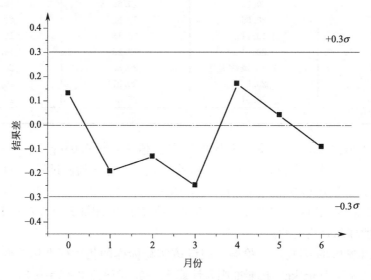

图 5-1　稳定性试验的时间-含量差图

（5）定值　根据均匀性试验结果，可以给样品定值。以总平均为该样的锡含量值，以平均值标准偏差乘以 t 值作为平均值的扩展不确定度，结果为：

$$\overline{\overline{x}} = 20.14 mg/kg$$

$$S_T = 0.15 mg/kg$$

$$U = t_{(a, m-1)} S_T = 2.26 \times 0.15 mg/kg = 0.35 mg/kg$$

最后定值表示为：该实物标样锡含量为 20.14mg/kg±0.35mg/kg。

5.4.2　方法验证

本例利用有证实物标样，对一个新的前处理方法进行验证。

目前 GB 5413.21—2010《食品安全国家标准 婴幼儿食品和乳品中钙、铁、锌、钠、钾、镁、铜和锰的测定》采用干法灰化作为前处理方法。实验室拟采用微波消解法来检测乳品中的钙、锌。实验室采用 GBW 08509 脱脂奶粉有证标准物质来验证微波消解方法是否存在偏离。

GBW 08509 脱脂奶粉中锌含量为 48.8mg/kg±2.8mg/kg，钙含量为 1.22%±0.05%，$k = 2$。

按 GBW 08509 要求对脱脂奶粉进行处理。处理后，按微波消解法前处理，火焰原子吸收法测量。平行测量 6 次，结果见表 5-5。

表 5-5　微波消解前处理后的结果

编　号	锌/(mg/kg)	钙/%
1	49.46	1.231
2	50.48	1.196
3	50.26	1.241
4	49.87	1.238
5	50.23	1.222
6	48.02	1.257
平均值 μ	49.72	1.231
标准偏差	0.91	0.021
平均值标准偏差 u_1	0.37	0.008
实物标样标准值 x	48.8	1.22
实物标样值的标准不确定度 u_r	1.4	0.025
$\lvert x-\mu \rvert$	0.92	0.011
$2\sqrt{u_1^2+u_r^2}$	2.90	0.053
比较	符合要求	符合要求

可以认为微波消解作为前处理，检测乳品中的锌和钙无显著的偏离。可作为日常乳品中锌和钙检测的前处理方法。

5.4.3　室内人员比对

可以利用有证标准物质和室内标准物质进行实验室内的人员比对工作。

请两位参加比对的实验员按 GB/T 5009.16—2003《食品中锡的测定》第一法氢化物原子吸收法对发放样进行检测。发放样即为上文描述的室内实物标样——蘑菇罐头样品。两位实验员的结果见表 5-6。

表 5-6　不同人员对蘑菇罐头样品检测的结果

编　号	实验员 A 的结果/(mg/kg)	实验员 B 的结果/(mg/kg)
1	20.05	20.31
2	20.20	19.65
3	20.69	20.46
4	20.44	19.32
5	20.05	19.19
6	19.29	19.72
平均值	20.12	19.77
标准偏差	0.47	0.51

采用 t 检验来判断两位检验员的结果是否一致。

$$t=\frac{|\overline{x_2}-\overline{x_1}|}{\sqrt{\frac{(n_1-1)s_1^2+(n_2-1)s_2^2}{n_1+n_2-2}\times\frac{(n_1+n_2)}{n_1\times n_2}}}=\frac{|20.12-19.77|}{\sqrt{\frac{(6-1)\times0.47^2+(6-1)\times0.51^2}{6+6-2}\times\frac{(6+6)}{6\times6}}}=1.21$$

假设显著性水平 $\alpha=0.05$，查表得到临界值 $t_{0.05,(6+6-2)}=2.23$。$t<t_{0.05,(6+6-2)}$，可以认为两位检验员的结果无显著差异。

可以看到上述人员比对示例只利用了标准物质的均匀性和稳定性的特征，并没有利用到其标准值。这也可以帮助检验员理解标准物质的 ISO 定义的本质。以上过程也可应用在不同仪器或者不同方法的比对上，做法、判断基本是一致的。

5.4.4　过程控制

本例采用标准溶液在过程控制中对仪器状态进行质控。

按照 GB 5009.12—2010《食品中铅的测定》中的第一法石墨炉法，对食品中的铅进行测定。样品消解液上机后，先进行标准曲线的测定。标准曲线总共 6 点，分别是 $0\mu g/L$、$10\mu g/L$、$20\mu g/L$、$30\mu g/L$、$40\mu g/L$、$50\mu g/L$。同时从铅的标准原液中重新配制 $25\mu g/L$ 的控制标准溶液。标准曲线检测完成后，检测 10 个样品溶液，然后再检测 $25\mu g/L$ 的控制标准溶液。测量结果在标准值的 $90\%\sim110\%$ 之间，则说明仪器状态正常，测量序列可以继续。测量序列继续以后，重复此过程，即检测 10 个样品溶液，然后再检测 $25\mu g/L$ 的控制标准溶液。如果结果不在 $90\%\sim110\%$ 之间，则需要暂停测量序列，寻找偏离原因。通常发生偏离原因和采取纠正的措施有以下几个：

① 控制标准溶液配错，重新配制控制标准溶液后，测量值在范围之内，前面的样品结果都可以采用；

② 原标准溶液配错，这需要重新配制标准溶液，前面的样品结果全部作废，整个测量序列重新开始；

③ 如果标准溶液没有问题，那基本上是仪器状态发生了变化，这是最有可能的情况。检验员需要检查石墨炉原子吸收仪的进样过程、石墨管状态等情况，待问题解决后，重新开始测量序列。前面的样品结果不应再使用。

参考文献

[1]　胡晓燕. 我国标准物质/标准样品发展综述. 山东冶金，2006，28（4）：1-4.
[2]　中国标准化协会全国标准样品技术委员会. 标准样品实用手册. 北京：中国标准出版社，2003：230.
[3]　于亚东，刘媛. ISO/REMCO 关于标准物质的新定义. 化学分析计量，2008，17（2）：64-65.
[4]　GB/T 15000.2—94 标准样品工作导则（2）标准样品常用术语及定义.
[5]　JJF 1005—2005 标准物质常用术语和定义.
[6]　王根荣，陆慧. 标准物质及其管理. 化学分析计量，2004，13（6）：59-62.
[7]　ILAC-G9：2005 Guidelines for the Selection and Use of Reference Materials.
[8]　韩卓珍. 我国标准物质发展现状及趋势探讨. 计量技术，2009，12：64-69.
[9]　GB/T 15000.8—2003 标准样品工作导则（8）有证标准样品的使用.
[10]　GB/T 15000.9—2004 标准样品工作导则（9）分析化学中的校准和有证标准样品的使用.

[11]　胡桂仙，王小骊，叶雪珠，董秀金．实验室标准物质的规范化管理模式探讨．分析试验室，2007，26
　　　（增刊）：189-191.
[12]　李春萍．理化检测实验室标准物质的控制与管理．检验检疫科学，2008，18（2）：36-38.
[13]　王方国，杨丹．标准物质的作用及其应用．东海海洋，2001，19（4）：58-61.
[14]　倪晓丽．标准物质期间核查方式的探讨．计量技术，2010，2：58-59.
[15]　杨振宇．食品室内实物标样的制作．分析试验室，2006，25（3）：98-101.
[16]　郭翠，王建华，杜恒清等．辣椒油中苯并芘参考标准物质的制备与定值．食品科学，2010，31（4）：
　　　194-197.

第6章 实验室内部比对

6.1 概述

实验室内部比对，是按预先规定的条件，在实验室内部设置两个或两个以上的实验组，对相同或类似的被测物品进行检测的组织、实施和评价。实验室内部比对是化学检测实验室最重要的质量控制手段之一，它主要用于评价实验室检测质量的精密度，反映分析质量稳定性状况等。

比较，是人们在日常工作和生活中最常用的一种发现和说明问题的方式。将比较方法用于检测实验室的活动称为比对试验。比对实验包括实验室间比对和实验室内部比对，本章主要介绍实验室内部比对的相关内容。

实验室通过内部比对试验，探究各种影响实验结果的因素与实验对象的关系，以达到检查、考核各项检测能力、检测人员的技能、检测仪器的性能、检测方法的适用性以及控制内部检测工作质量等。实验室开展内部比对试验，有利于及时发现实验室潜在的问题，使实验室有针对性地采取纠正措施或预防措施，避免或减少不符合工作的发生。

6.1.1 实验室内部比对的作用

（1）监控实验室检测质量 在化学分析中，每一种试验因素都可能对检测结果带来一定的影响，比如不同的人员采用同样的检测方法、或同一人员采用不同的检测方法对同一样品进行检测，可能会得到不同的检测结果等。实验室通过有计划地定期开展不同试验因素的比对试验，分析试验数据的差异，探究这些因素对检测质量的影响，有利于持续有效地监控实验室检测质量，逐步提高检测技术水平。

（2）验证非标检测方法或实验室内部方法 实验室通常都是按照标准方法进行检测工作的，但是有时会采用非标方法，包括根据实验室实际情况对标准方法进行适当的改进，如采用与标准方法不同的检测仪器；或者是超出标准原预定范围使用，实验室自身开发的实验室内部方法等。为了确保这些方法可适用于实验室检测，通常可采用实验室内部比对方法对非标方法和实验室内部方法进行验证，以证实这些偏离或修改不会对检测结果产生显著影响。

综上，实验室内部比对工作对实验室具有重要的作用，是保证实验室质量体系持续有效运行的重要手段之一。

6.1.2 实验室内部比对的特点

（1）简单灵活 实验室内部比对活动不同于实验室间的比对（包括能力验证）

活动，后者需要从相关渠道获得实验室间比对和能力验证的计划，报名参加，依组织方的规定和安排进行，参加比对活动的频率和时间受组织方的限制。

实验室内部比对试验是在实验室内部自行组织实施的，组织者和执行者均为实验室内部的工作人员。比对活动的开展一般是按实验室质量控制计划定期进行，也可以根据实验室的实际工作情况进行适当的调整，具有一定的灵活性。如在出现突发质量事件、发现检测数据异常、对某项检测结果产生怀疑时、人员岗位变动时等都可以临时组织相关的比对试验，进行问题的排查。实验室内部比对安排的参比方一般较少（可能只有 2 个或者 3、5 个人员/仪器/方法进行比对），操作相对简单。

（2）形式多样　在实验室日常工作中，影响实验室检测分析结果准确性的因素很多。包括人员；设施和环境条件；检测和校准方法及方法的确认；设备；测量的溯源性；抽样；检测和校准物品的处置等。通常可针对这些影响因素的不同，开展不同形式的实验室内部比对，如人员比对、仪器比对、方法比对等。

（3）成本低廉　实验室内部比对无需缴纳费用，且由于是在实验室内部范围自行实施，所采用的样品大多是日常检验样品［详见本章 6.3.2 节］，所以成本相对较低。

（4）应用广泛　由于实验室内部比对操作简单灵活，形式多样，成本低廉，可以发现和解决检测中的系统误差和随机误差，对实验室具有重要的作用。因此，广泛应用于检测实验室质量控制活动中。

（5）不足之处　实验室内部比对不易判断检测结果是否存在系统误差，例如如果实验室本身的检测方法或仪器状态有问题，就可能无法在实验室内部比对中体现，即使比对结果为满意，其测定值也未必一定为正确值；另外，实验室内部比对结果不像实验室间比对和能力验证的结果那样被社会认可，具有一定的局限性，主要用于实验室内部质量稳定性状况分析和自查自纠。

6.2　实验室内部比对的形式

比对试验主要是探究所选定比较的因素对检测质量的影响，因此比对的形式主要根据相比较的试验因素来决定，并以该试验因素命名，比如考核不同检测人员的检测技术能力的差异，可以进行人员之间的比对，称为人员比对；验证非标方法，可以进行非标方法和标准方法之间的比对，称为方法比对。对于留样再测，ISO/IEC17025 将其列为一种实验室质量控制的技术方法，是在不同时间对同一样品进行重复检测，验证测试项目检测质量的持续稳定性和再现性，因此，也可以将留样再测理解成待考察因素为"时间"的一种内部比对试验，故本书将留样再测列入本章进行介绍。

如前所述，在试验中影响检测结果的因素很多，所以比对的形式是多种多样的，不同的因素对应不同的比对形式。实验室通常采用单因素比较试验，即一次比对试验只考察 1 个主要的试验因素，此时仅有一个单因素变量，容易得到比较结果，例如：人员比对试验，可仅以人员为单独的变量，其余的条件均为不变量来进行试验比对；留样再测，若只是时间的不同，其他检测条件（如检测人员等）相同时，可视为单因素比对试验。当然也可以进行多因素比较试验，例如留样再测，除了时间不同外，若变换了检测人员，或者有些技术能力比较强的实验室还改变了其他检测条件（如检测仪器等），则此时的留样再测就属于多因素比对试验了。不过，一般情况下，相互关联的因素最好不要混在一起比对，否则，有可能会使结果的离散性增大，从而使统计分析变得困难。如果多因素的比对结果不符合，需要逐一排查找出真正存在的问题，比较麻烦；如果多因素的比对结果符合，也不能肯定完全没有问题。因此，对于留样再测，建议检测条件应尽量追溯到前次检测过程的条件。

　　本章重点介绍几种最常用的单因素比对形式和检测条件基本相同的留样再测（见表 6-1）。

表 6-1　常用的单因素比对形式和留样再测

比对形式	方 法 及 特 点
人员比对	(1)检测人员不同,人员安排根据具体情况而定(详见本章 6.2.1 节) (2)检测样品相同 (3)检测方法相同 (4)检测仪器相同(同一台) (5)检测时间为同一时间或合理的时间段内
方法比对	(1)检测人员相同,一般为经验丰富的检测人员 (2)检测样品相同 (3)检测方法不同 (4)检测仪器相同或不同;检测仪器相同时,应该使用同一台仪器 (5)检测时间为同一时间或合理的时间段内
仪器比对	(1)检测人员相同,一般为经验丰富的检测人员 (2)检测样品相同 (3)检测方法相同 (4)检测仪器不同,可以是型号规格相同或不同的仪器(详见本章 6.2.3 节) (5)检测时间为同一时间或合理的时间段内
留样再测	(1)检测人员相同或不同 (2)检测样品相同 (3)检测方法相同 (4)检测仪器相同或不同,建议使用相同的仪器(可以不是同一台,但应为同一类型) (5)检测时间不同,但应在合理的时间间隔内

6.2.1　人员比对

　　人员比对是指不同检测人员对同一样品，使用同一方法、仪器进行试验，比较测定结果的符合程度，判定人员操作水平的可比性。

　　人员比对的考核对象为检测人员，主要目的为评价不同检测人员的技术素质差异、检验操作的差异和存在的问题。所选择的比对项目建议是手工操作步骤比较多的检测项目，这样更容易从人员比对中发现检验操作的差异。

　　在 ISO/IEC17025 标准"技术要素"中将"人员"归结为决定实验室检测的正确性和可靠性的第一个因素，对检测实验室的人员从技术能力、经验、教育培训等提出了严格的要求。因此，实验室应根据需要定期开展人员比对试验，通常人员比对试验主要用于如下目的。

　　（1）考核新进人员、新培训人员的检测技术能力　　无论是新进人员还是新培训人员，这些人员经过培训和学习后，需要评价其是否具备上岗或换岗的能力和资格，此时可以开展人员比对试验，一般安排待考核人员与该岗位有经验的检测人员进行比对试验，以有经验检测人员的检测结果为参考值，其余检测结果与之相比较。为保证这些新上岗的检测人员不会影响实验室的检测质量，在其上岗后的一段时间内，应适当增加比对试验的频次来进行监督。

　　（2）监督在岗人员的检测技术能力　　实验室质量控制是要确保实验室检测质量持续稳定有效，因此也有必要对在岗检测人员的技术能力的稳定可靠性进行监督。此时，可以制定质量控制计划表，定期安排在岗检测人员进行人员比对试验，对实验室检测质量加以监控。在比对人员的安排方面，由于在岗检测人员已具有一定的经验，可以采用留样再测的方式与自己进行比对，也可以安排在岗的检测该项目的几位检测人员进行比对，或者安排经验更丰富的检测人员参与。由于在岗检测人员已具有一定的检测技术能力，所以这种情况的比对试验的频次可以适当减少。

6.2.2　方法比对

　　方法比对是不同分析方法之间的比较试验，指同一检测人员对同一样品采用不同的检测方法，检测同一项目，比较测定结果的符合程度，判定其可比性，以验证方法的可靠性。

　　方法比对的考核对象为检测方法，主要目的为评价不同检测方法的检测结果是否存在显著性差异。所选的比对项目应该是实验室获得能力认可的检测项目，并以该项目认可的检测方法作为参考方法。

　　方法比对强调的是不同检测方法的比较，而整体的检测方法一般包括样品前处理方法和仪器方法，只要前处理方法不同，不管仪器方法是否相同，都归类为方法比对。但是，如果不同的检测方法中样品的前处理方法相同（如果步骤差异只是最终样品溶液因浓度原因的稀释，可视为具有相同的前处理），仅是检测仪器设备不同，一般将其归类为仪器比对（见 6.2.3 节）。

　　实验室应根据需要定期开展方法比对试验，通常方法比对试验主要用于如下目的。

　　（1）考察不同标准检测方法存在的系统误差，监控检测结果的有效性　　国家标准中有很多都提供了一种以上的分析方法，这些方法中有些是针对不同的使用范围和测试精度而制定的，也有些是包含了相同的适用基质，例如：要测定猪肉中的"瘦肉精"——克伦特罗，可以选用 GB/T 5009.192—2003《动物性食品中克伦特罗残留量的测定》、GB/T 22286—2008《动物源性食品中多种 β-受体激动剂残留量的测定 液相色谱串联质谱法》、GB 21313—2007《动物源性食品中 β-受体激动剂残留检测方法 液相色谱-质谱/质谱法》或农业部 1025 号公告-18—2008《动物源性食品中 β-受体激动剂残留检测液相色谱-串联质谱法》等现行有效的标准方法，国家标准的形成是经历了充分的论证的，不同方法之间检测结果应该存在着一致性，实验室在消化、吸收这些方法时，可以启用方法比对试验，以发现不同检测方法存在的系统误差，监控检测结果的有效性。两种或多种方法的检测结果之间不应该有显著差异，否则就应分析原因，查找仪器、人员、环境等方面的影响因素，排除异常。

（2）确认非标方法　实验室在一般情况下会执行标准规定的试验方法。但是，随着科技的进步，各种先进的检测仪器也得到迅速的发展和应用，而且市场上的产品纷繁复杂，高科技新产品也层见叠出，因此，为了提高工作效率、满足日益严格的检测需求和应对各种各样的检测样品，实验室也经常会以简便、快捷的方法代替经典、繁琐的方法，或者使用超出原预定范围、经过扩充和修改的标准方法，或者使用实验室自行制定的非标准方法，为了证实这些方法能适用于预期的用途，就必须对这些方法进行等效确认，以证明非标方法的科学性、准确性和有效性。此时，可以启用方法比对试验，以标准方法作为参考，其他检测方法与之进行对比，方法之间的检测结果应该符合评价要求，否则，即证明这些非标方法是不适用的或者需要进一步修改、优化。

6.2.3　仪器比对

仪器比对是指同一检测人员运用不同仪器设备（包括仪器种类相同或不同等），对相同的样品，使用相同检测方法进行检测，比较测定结果的符合程度，判定仪器性能的可比性。

仪器比对的考核对象为检测仪器，主要目的为评价不同检测仪器间的性能差异（如灵敏度、精密度、抗干扰能力等）、测定结果的符合程度和存在的问题。所选择的检测项目和检测方法应该能够适合和充分体现参加比对的仪器的性能。

根据仪器比对的定义，要求"使用相同的检测方法"，即至少应该使用相同的样品前处理方法（仪器方法可以相同或不同）同时处理样品，或是将经过同一前处理后的一个试样溶液分装于不同的仪器中进行检测，这样的检测结果更具有可比性，更能反映出不同仪器的性能。如果是采用不同的前处理方法处理样品，前处理方法之间可能会存在差异（差异在允许偏差范围内），而仪器之间也可能存在允许范围内的偏差，这两种偏差有可能会叠加，导致差异进一步放大，从而影响比对试验的最终评价结果，因此，建议将这种情况的比对归为方法比对（见本章 6.2.2 节）。

实验室应根据需要定期开展仪器比对试验，通常仪器比对试验主要用于如下目的。

（1）考核新增添或维修后仪器设备的性能情况 对于实验室新增添的或维修后的仪器设备，在投入使用之前，均应当正确评价其性能是否满足检测要求。此时，可以采用仪器比对试验来考核。以原有的、检测结果可信的仪器设备为参考方进行比对，并应适当增加比对试验的频次来监控此类被考核仪器设备的性能的稳定性情况。

（2）评估仪器设备之间的检测结果的差异程度 在实验室内，同一个检测项目有可能是由用若干台种类（或型号）相同的仪器设备来共同完成的，也有可能需要使用不同规格型号的仪器设备，因此需要考查这些仪器设备的检测结果之间是否存在差异？这种差异是否会对实验室质量分析造成影响？此时，可以通过仪器比对来考察，并对结果设法加以控制。

目前，实验室检测仪器设备的种类、规格型号很多，而且随着检测仪器技术的迅速发展和广泛应用，可以进行仪器比对的情况也比较复杂。一般情况下，从仪器比对的定义来看，凡是能够检测同一项目的仪器，均可以进行比对，但前提是比对样品应经过相同的前处理方法处理。对于不同的检测项目，有相应的检测仪器，表6-2 列出了一些主要的、常见的不同类型仪器比对，以供参考。

表 6-2　常见的不同类型仪器比对

分析项目	主要的检测仪器比对	应 用 举 例
有机化合物	液相色谱仪（LC） 气相色谱仪（GC） 液相色谱-质谱联用仪（LC-MS） 气相色谱-质谱联用仪（GC-MS） 液相色谱-串联三重四极杆质谱仪（LC-MS/MS） 气相色谱-串联三重四极杆质谱仪（GC-MS/MS） ……	如检测三聚氰胺，可应用 LC 和 LC-MS/MS 比对； 如检测增塑剂，可应用 GC-MS、LC-MS 或 LC-MS/MS 比对； 如检测农残、兽残，可应用 GC-MS、GC-MS/MS 和 LC-MS/MS 比对
无机元素	测汞仪 原子吸收光谱仪（AAS） 原子荧光光谱仪（AFS） 电感耦合等离子发射光谱仪（ICP） 电感耦合等离子串联质谱仪（ICP-MS） ……	如检测汞，可应用测汞仪、AFS 和 ICP-MS 比对； 如检测砷，可应用 AFS 和 ICP-MS 比对； 如检测铬和镉，可应用 AAS、ICP 和 ICP-MS 比对

特别地，在某些特殊情况下，比如测定水中的溴酸根等无机阴离子，还可以进行 IC（离子色谱）、IC-MS/MS（离子色谱串联三重四极杆质谱仪）和 LC-MS/MS 的比对。

当然，品牌相同或不同的、同等级、同种类仪器之间也可以比对（如若干台GC 的比对），这是仪器比对中比较简单的一种情形。在工作中，应该根据实际检测项目和检测要求，选择合适的仪器和适用的方式进行仪器比对。

6.2.4　留样再测

留样再测是指在不同的时间（在合理的时间间隔内），再次对同一样品进行检

测，通过比较前后两次测定结果的一致性来判断检验过程是否存在问题，验证检验
数据的可靠性和稳定性。若2次检测结果符合评价要求，则说明实验室该项目的检
测能力持续有效；若不符合，应分析原因，采取纠正措施，必要时追溯前期的检测
结果。

留样再测不同于平行试验，两者之间的差异比较见表6-3。可见，留样再测的
试验条件不确定因素比平行试验的更多，检测结果之间的允许偏差范围应该比平行
试验的大，一般是根据两次测试的扩展不确定度或标准方法规定的再现性限来对试
验结果进行统计分析和评价，但是，在没有正确评价或获得测试不确定度或再现性
限时，也可以参考平行试验的允许差进行评价，即要求两次检测结果的绝对差值不
大于平行试验的允许差。

表6-3　留样再测与平行试验的比较

实 验 因 素	留 样 再 测	平 行 试 验
试验时间	不同	相同
检测人员	相同或不同	相同
检测方法	相同	相同
检测条件	不同(但应尽量追溯到前次检测过程的条件)	相同
试验性质	再现性试验	重复性试验

留样再测应注意所用样品的性能指标的稳定性，即应有充分的数据显示或经专
家评估，表明留存的样品赋值稳定。因此，所选的样品应该含有一定的数值，如果
样品检测结果小于测定下限，留样再测意义不大；对于一些易挥发、易氧化等目标
物性质不稳定的检测项目或易变质难留存的样品，不适宜用于留样再测。

人员比对、方法比对和仪器比对具有相对的独立性，比对方同时进行比对，
后一次比对试验可能与上一次比对试验没有太大的关联，每次比对用样品一般不
一样。留样再测是再次测试同一样品，试验时间不同，但具有一定的延续性，更
利于监控该项目检测结果的持续稳定性及观察其发展趋势；通过留样再测，也可
以促使检验人员认真对待每一次检验工作，从而提高自身素质和技术水平。不
过，留样再测只能对检测结果的重复性进行控制，不能判断检测结果是否存在系
统误差。

实验室应根据需要，选择适当的频次开展留样再测，并按照全覆盖、按比例、
选重点的原则，根据样品量和检验人员情况安排留样再测。

6.2.5　其他比对方式

实验室内部比对还有其他多种比对形式，例如：不同实验室的环境条件（温湿
度等）比对、不同批次、不同牌子的试剂、器具、耗材比对等。检验人员要有较强
的质量意识，可以根据工作情况，如发现更换试剂或耗材后，对检测结果的准确性
产生怀疑时，自行安排一些简单而必要的比对。

6.3　方法步骤

实验室内部比对与实验室间比对（能力验证）都是通过对试验结果的比较来对参与比较的相关方的检测结果进行判定和评价检测技术。因此，组织实验室内部比对也可以借鉴实验室间比对的方法步骤，主要为：方案设计、组织实施、结果分析与评价，当比对结果不符合时，还包括原因分析、采取纠正或预防措施，以及对措施的实施和跟踪等步骤。

6.3.1　方案设计

用于实验室质量控制的实验室内部比对通常是有计划、按步骤进行的，计划的依据是实验室年度质量控制计划。实验室年度质量控制计划是根据实验室内部质量控制程序文件，由相关责任人在年初编制本年度质量控制计划和方案表，报实验室技术负责人审批。表中应包括核查项目、参加人员、比对类别、预计日期、可疑结果判定准则等内容。

在制定计划时，应结合本实验室检测项目的特点和实际情况选定本年度实验室内部比对项目，原则是应覆盖实验室"重要"和"风险高"的检测项目，但有些实验室检测项目很多，可能有几百到上千项，每年都进行全部项目的比对试验是不可能的，因此，需要每年有针对性地挑选一些比对项目，尤其是对产品来说特别重要的项目、实验室检测批次量非常大的项目、亟待验证项目、新项目或出问题概率较高的项目等；也应根据实际情况逐步提高试验室比对试验的难易程度，为试验室检测能力的持续提高做好长远规划。

根据年度质量控制计划的时间安排，应由专门的人员负责提前设计比对方案，方案设计主要包括人、机、料、法、环等要素，例如确定具体的比对时间、人员安排、样品的选择、仪器设备的状况和标准物质、检验依据和评价方法等。参与方案设计的人员组成应包含熟悉实验室管理、熟悉试验标准和熟悉统计学等各方面的技术人员，或者成立比对试验技术小组，负责组织比对试验计划的设计，监督计划的实施，并对比对试验的全过程进行指导。

比对试验方案的内容一般包括（但不仅限于）以下方面：

① 比对试验预期开始时间和预定结束时间；

② 比对试验的目的、比对项目内容和试验实施方案；

③ 比对试验所采用的检测方法和技术要求；

④ 比对试验所指定的试验用仪器、设备（需要指定时）；

⑤ 比对试验时规定的重复（独立）测量的次数；

⑥ 比对试验所用样品的有关描述、发放形式和处置要求；

⑦ 比对试验所用样品的均匀性和稳定性评估，及评估结论；

⑧ 需要记录的可能与试验结果相关的背景信息，如比对环境条件、标准品及

其相关信息等；

⑨ 比对试验结果的记录格式和试验数据的记录格式；

⑩ 比对试验数据的统计计算分析方案；

⑪ 比对试验结果的评价方案；

⑫ 比对试验结果的技术分析；

⑬ 其他需要特殊注意的事项。

在方案设计时，应该综合考虑监控的实效性、可操作性、时效性和经济性，实验室可以根据实际情况选择性地开展合适的比对试验，形式可以是一种或多种。

初步拟定了开展比对试验的草案后，应该与参加试验的人员（尤其是首次参加比对试验的人员）充分沟通，使他们清楚开展比对试验的目的、步骤和注意事项，并对比对试验的方案充分发表意见，通过相互讨论、交流，改进试验计划不够完善之处，使它更科学、更具可操作性。

目前，由于实验室内部比对已成为实验室经常采用的质量控制手段之一，为了方便，有些实验室习惯上将各种比对试验的方案设计简化成统一的表格形式进行，表格包括了上述列出的主要内容，各实验室可自行设计表格的格式，本章所提供表6-4也仅是一种参考。

表6-4　比对试验方案设计参考表格

目的/比对形式			
比对时间			
比对人员/方法/仪器			
比对项目			
试验依据			
比对样品			
试验结果评定准则			
比对环境条件			
比对试验结果的记录格式			
统计计算方案			
比对结果评价			
备注			
编制人	×××	编制时间	××年××月××日
审核人	×××	审核日期	××年××月××日
批准人	×××	批准时间	××年××月××日

6.3.2　组织实施

在确定了比对试验的方案后，就应按计划方案组织实施比对试验。除特殊情况外，一般比对试验计划的实施过程及注意事项如下。

（1）样品制备/准备　在制备/准备试验样品时，应充分估计这些过程对试验样品稳定性的影响，从而采取适当的措施。

① 样品的选择　根据试样是否含有目标检测物的情况，比对试验的样品可分为阴性样品和阳性样品。

阴性样品，由于样品没有"数值"（即不含目标检测物），无论是哪一种比对试验，只要试验结果是未检出，便是正确答案，结果间不存在偏差。但是，在试验过程中如果存在问题，如人员的操作问题、方法的准确性问题、仪器设备的问题等，不易表现在试验结果中，则"未检出"的结果不利于发现这些问题。当然，如果检测结果中出现了有检测值的情况，则可肯定实验室中存在相应的问题，应及时追查原因和纠正。因此，阴性样品用于比对试验的意义不大，一般比较少用。

阳性样品，即样品中含有目标检测物。相比阴性样品，采用阳性样品进行比对试验，如果试验过程中存在问题，易反映在试验结果中，表现出"不符合"的偏差，更有利于发现问题。所以，实验室常用该类样品进行比对试验。

对于阳性样品，可通过以下途径获得：

a. 自制样品　在对样品制备方式了解的情况下，实验室可以利用自有的仪器设备进行简单样品的制备，也可以与生产企业或养殖场（针对动物体内药物代谢残留检测的样品）合作制备，例如：如果是水样液态样品，如饮料等，可以在实验室内自行制备，即在待制备样液中按要求添加待测物质，利用实验室内合适的搅拌器搅拌充分，混合均匀。

如果是测定纺织品中的甲醛含量，可以选用布料充分浸泡在含待测物质的溶液中，然后取出自然晾干或低温烘干（确保不会造成待测物质严重损失或被破坏），再将其按实验要求剪碎、混匀。

如果要检测的是动物体内药物代谢物的残留，如硝基呋喃代谢物，则可以联系养殖场，按规定做专门的喂养实验，取动物相应的部位按实验要求搅碎，充分混合均匀。

如果是固体样品或是黏稠的半固体样品，如饼干、膏霜类化妆品等，可以和生产企业合作，在生产工艺过程中原料混匀的步骤加入待测物质，经充分混匀后，再按工艺加工成型。

与养殖场或生产企业合作，需要对其制造过程进行必要的技术指导，以保证产品能满足要求，因为工作量大，同时也需要一定的经费支持，这种情况比较适合制备大量的样品或特殊的样品。而实验室内部比对，参加比对的人员或参与比对的方法/仪器一般较少，所需要的样品量不多，所以，从经济角度来考虑，在满足比对检测要求的前提下，一般选用简单的样品自行制备，如上述例子中的水样液态样品和布料样品，对于兽药代谢物，也可以将动物组织与购买回来的代谢物标液用适当的设备（如均质器，可将动物组织均质呈肉糜状），按实验要求的浓度进行充分的混合均匀等。

不过，无论是哪种制备方式，都需要经过颇为繁琐的制备步骤，制备的样品都必须经过抽样检验评价其均匀性和稳定性，证实可用于比对试验。

b. 阳性留样　在日常检测工作中，有时会遇到阳性样品，这时，可以根据样品的性质和检出物的性质，选择是否将样品留存下来，以便作为比对试验用。

但是，运用此类样品进行比对试验时，应确保此类样品在上次检测完成后一直处于妥善的、符合要求的保存状态（最好是保存时间不长和刚完成检验不久的样品），并将留存的样品充分混合均匀后，通过适当的有效的手段（如专家评估或经有经验的检测人员重新进行均匀性和稳定性检测评估等），确证其中被分析物的成分和含量没有发生变化。否则，将会影响比对试验的结果，向质量控制提供错误的信息。因此，此类样品比较适用于非破坏性检验、可以反复使用的样品，要求样品的质量特性非常稳定，不随时间和外部条件的变化而变化。

c. 基质标准物质或质控样品　基质标准物质、参加实验室间比对或能力验证活动剩余的比对样品、实验室质控样品等均可用作比对试验样品，这些样品均匀性比较好，有指定值，甚至有些具有精确的数据和完善的不确定度。

利用这些样品开展实验室内部比对试验，不仅可以评价试验结果的精密度，还可以评价试验结果的准确度，即检查试验结果与标准值是否存在显著差异，以考察实验室是否存在系统误差。但是，基质标准物质一般价格较贵，成本较高，种类有限；实验室间比对或能力验证活动比对的样品一般较少，剩下的可能也不多；对于一些食品基质类的质控样品，存在难以保存和不稳定等问题，有时还不易获得。

d. 加标样品　此类样品与加标回收试验相似，是同时在一系列称取好的样品中分别添加标准溶液，预先加标一般由有经验的技术人员操作，参加比对试验的检测人员（尤其是人员比对）需要回避，添加标准溶液的浓度要适合比对试验的目的，添加标准溶液的体积应该准确、少量，如称取的样品量只有 0.5g，则不宜加入浓度较稀的标准溶液 0.5mL 或 1mL 以上，而应该选用浓度较高的标准溶液，只加入 50μL 或 100μL，然后经过适当时间（1～2h 或更长时间）的放置后，再用作比对试验，这样才能使此类样品在待测物受基质干扰等各方面尽可能地近似于阳性样品。此情况简单易操作，因而被经常使用。

② 样品的要求　为了使比对试验顺利进行，并达到预期的目的，能够正确评价试验结果，一般建议所制备或选用的比对样品至少应满足以下条件：

a. 比对样品适用于加标，样品必须充分均匀和稳定，在合适的条件下保存。

b. 比对样品的数量应满足能够覆盖所有测试项目的要求，必要时要留出附加测试的数量。

c. 比对样品的准备应有文件化处理程序，在发出前应对样品进行确认。

比对样品的一致性对比对试验至关重要，应确保比对试验中出现的不满意结果不归咎于样品之间或样品本身的变异性。CNAS-GL03《能力验证样品均匀性和稳定性评价指南》也明确规定"对于能力验证样品的检测特性量，必须进行均匀性检验和（或）稳定性检验"。实验室内部比对也可以参照 CNAS-GL03 中规定的单因子方差分析法对样品进行均匀性统计，以及进行稳定性检验。为增加检测数据的可信度和可用性，一般推荐具有丰富经验的检测人员进行检测操作。

举例：样品的均匀性验证（单因子方差分析法）。

在制备的一组分割对样品中随机抽取 10 个，采用本次比对试验规定的检测方法进行样品处理和测定，每个样品测定两次，按 CNAS-GL03 的单因子方差分析法对样品的均匀性进行统计，计算公式如下：　（此处 $m=10$，$n=2$，置信区间为 95%）

每个样品的测试平均值　　　$\overline{x_i} = \sum_{j=1}^{n} x_{ij}/n_i$

全部样品测试的总平均值　　$\bar{\bar{x}} = \sum_{i=1}^{m} \overline{x_i}/m$

测试总次数　　　　　　　　$N = \sum_{i=1}^{m} n_i$

样品间平方和　　$SS_1 = \sum_{i=1}^{m} n_i(\overline{x_i} - \bar{\bar{x}})^2$　　　均方 $MS_1 = \dfrac{SS_1}{f_1}$

样品内平方和　　$SS_2 = \sum_{i=1}^{m} \sum_{j=1}^{n_i} (x_{ij} - \overline{x_i})^2$　　均方 $MS_2 = \dfrac{SS_2}{f_2}$

自由度　　　　　　　　　　$f_1 = m-1$
$$f_2 = N-m$$

统计量　　　　　　　　　　$F = \dfrac{MS_1}{MS_2}$

则该组样品的均匀性检验的统计数据见表 6-5。

表 6-5　样品的均匀性检验统计 （单位：mg/kg）

样 品 编 号	测 定 次 数		均　　值	总　均　值
	1	2		
1	29.60	30.04	29.82	
2	27.94	29.92	28.93	
3	26.15	29.48	27.82	
4	27.90	27.19	27.55	
5	27.61	28.14	27.88	
6	25.58	28.12	26.85	29.07
7	31.94	29.21	30.58	
8	31.66	29.99	30.83	
9	29.56	30.41	29.99	
10	29.06	31.87	30.47	
方差来源	平方和 SS	自由度 f	均方 MS	F 检验结果
样品间	37.97	9	4.22	$F=2.04 < F_{0.95(9,10)}\ 3.02$
样品内	20.65	10	2.07	均匀性检验通过

样品的稳定性试验：样品在规定的条件下保存，根据样品的特性，在间隔一定时间段后重复测试，将前后测试的结果进行比较，运用 t 检验判定其稳定性。

例如对上例经过均匀性检验的样品进行稳定性试验——样品制备完毕时进行了第1次测试，比对试验结束阶段进行了第 2 次测试，将数据代入 t 检验的计算公式：

$$t=\frac{|\overline{x_1}-\overline{x_2}|}{\sqrt{\dfrac{(n_1-1)s_1^2+(n_2-1)s_2^2}{n_1+n_2-2}\times\left(\dfrac{1}{n_1}+\dfrac{1}{n_2}\right)}}$$

式中，n_1 和 n_2 为每次测试的平行测定次数，在本例中均为10；$\overline{x_1}$ 和 $\overline{x_2}$ 分别为 2 次测试结果的平均值；s_1 和 s_2 分别为 2 次测试结果的标准偏差。各测定值和计算结果见表 6-6。

表 6-6　稳定性试验数据

样品编号	测试次数		样品编号	测试次数	
	第1次	第2次		第1次	第2次
1	29.60	28.24	8	31.66	29.91
2	27.94	28.12	9	29.56	31.66
3	26.15	29.99	10	29.06	30.04
4	27.90	27.90	平均值	28.70	28.93
5	27.61	26.93	S 值	2.10	1.46
6	25.58	27.41	t 值	0.28	
7	31.94	29.06			

从表 6-6 可见，t 值小于 $t_{(0.05,18)}=2.101$，两次测试结果的平均值无显著性差异。

（2）样品处置、分发　试验样品准备完毕后，应使用不会对检测结果造成影响的方式分装样品，按方案规定的方式或实验室相关的质量控制程序文件规定的方式分发样品，例如通过业务流转单由业务管理部统一编号发放，将检验性质定为比对试验。其中，若是人员比对，则将样品等量分装成需要的份数，分发给所有参加比对的检测人员；若是方法比对和仪器比对，则将试验所需的样品量装成一份，派给检测人员；若是留样再测，则将样品分发给原检测人员，而关于样品原来的信息和检测结果，建议对检测人员保密。

试验人员接到样品后，应按比对试验计划的规定妥善保管试样。如果对样品的处置会影响试验结果，则应在比对试验计划实施方案中清楚说明，也可以用特殊说明的方式提请实验人员加以注意。如果参与比对试验的人员对所接到样品的完好性有疑问，应立即反映，务必保证参与试验的各人所持有的试样是一致的、完好的。同时，也应该按 ISO/IEC17025 的要求给比对试验的每一个样品贯以唯一性标识和检验状态标识。

（3）展开比对试验　正常情况下，参与比对试验的各人按实施方案规定展开试验，按指定的检测方法进行（该方法应与日常使用的方法一致），并如实记录试验结果，如实记录所有要求记录的一切信息，提交检测报告和相关记录。不要在比对试验中弄虚作假，如果是人员比对，不能互相打听试验结果，以免干扰试验结果；如果是留样再测，检测人员不应该设法去翻查原来的检测结果，更不能参考原来的检测结果来进行修正，这些做法将对实验室检测质量带来隐患，应杜绝这些不正常的操作。

当试验过程中出现了意外情况，并可能导致影响比对试验结果的统计分析时，组织比对试验的负责人应及时分析各种条件，与比对试验实施人员进行充分协调，作出继续按原试验方案进行或修改原试验方案、执行新方案的决定。

6.3.3　结果汇总与评价

比对试验预定的完成时间到达后，比对试验的组织实施人员应及时收集比对试验的相关记录，包括检测报告、检测设备检定或校准证书、标准品证书等，汇总所有试验结果数据，并按比对试验方案中规定的统计方法进行统计分析，编制比对试验结果报告。比对试验结果报告必须包括所有试验结果数据以及各种示图（需要时）、包括所有统计计算过程和数据、样品均匀性测试数据与统计评价数据，还应该包含对试验结果数据的一致性、对有可能影响试验结果的各种条件、对异常试验结果数据等的分析，并探讨出现异常可能的原因，需要时提出改进的建议。

由于比对试验结果数据的统计分析是作出比对试验结果评价的依据，所以试验结果数据的统计计算方法的选用是否合适是非常重要的，如果实验室没有从真正意义上进行评价，或者评价尚不到位，就会失去了开展比对试验的意义，更无法指导实验室通过比对实验来进行检测工作质量控制。所谓"合适"是指统计计算方法与比对试验项目内容相适应，与比对试验范围相适应，它应既能反映出结果数据的差异程度，又能避免极个别离群数据对整体试验结果的干扰。

实验室间比对和能力验证由于样本量较大，通常采用稳健统计技术对比对结果进行统计分析。而实验室内部比对试验数据样本量一般较少，有时可能只有 2 个、或 3、5 个数据而已，此时不适宜采用稳健统计技术，但是在某些特殊情况下，如当已知标准差时，验证一组数的均值是否与某一期望值相等时［见本节"（5）假设检验"］，也可用 μ 检验或 t 检验。所以选择何种统计分析评价方法要根据实际情况决定，以"合适"为原则。以下介绍几种实验室内部常用的比对试验结果统计分析方法。

（1）参考标准方法规定的允许差　当参与比对一方具有较高的准确度，如：人员比对中的具有丰富经验的检测人员，其检测结果可作为参考值。可参考 CNAS-GL02《能力验证结果的统计处理和能力评价指南》附录 C 中 "3. 按专业标准方法规定评定"，即参与比对其他方测定值与参考值之差应不超过标准方法规定的允许差。实验室也可参考检测方法提供的精密度要求，结合实际检测情况，由专家拟定一个合适的比对测试结果允许差。

该统计分析方法比较简单，而且大多数标准方法都规定了允许差，所以该法也被不少实验室使用。

判定计算：

$$D\% = \frac{|x_i - x|}{x} \times 100 \tag{6-1}$$

式(6-1)的意思为两个试验结果之间的绝对差值不应超过参考值的允许差值。

式中 x_i——比对试验的测定值；

x——作为参考方的比对试验的另一个测定值，即参考值；

判定规则：$D\% \leqslant$ 参考方法规定的允许差确定的比对测试结果允许差，则判定试验结果为符合，否则判定为不符合。

对于没有规定允许差的方法，可以根据检测用仪器和前处理方法，参照类似检测方法，以及结合分析结果所在数量级（参考表 6-7）等情况综合考虑确定出比对测试结果允许偏差。

表 6-7　分析结果所在数量级与相对偏差最大允许值的对应关系

分析结果所在数量级/(g/mL)	10^{-4}	10^{-5}	10^{-6}	10^{-7}	10^{-8}	10^{-9}	10^{-10}
相对偏差最大允许值	1%	2.5%	5%	10%	20%	30%	50%

(2) 利用检测方法规定的再现性限 R

此统计分析方法适用于人员、仪器比对试验和留样再测，不适用于方法比对。应用的前提是比对试验所用的检测方法提供了可靠的再现性限 R，如 GB/T 20741—2006《畜禽肉中地塞米松残留量测定 液相色谱-串联质谱法》、GB/T 22400—2008《原料乳中三聚氰胺快速检测 液相色谱法》等标准检测方法，这些标准方法均提供了再现性方程，可通过计算得到再现性限 R。

判定计算：再现性方程的一般式为：$\lg R = A \lg m + B$；公式中的 A 和 B 均为标准方法提供的系数（定值），m 表示两次测定结果的算术平均值。将检测结果代入标准方法规定的再现性方程进行计算，得到再现性限 R。

判定规则：根据标准方法的规定——"在再现性的条件下，获得的两次独立测试结果的绝对差值不超过再现性限 R"进行判定，若满足此规定要求，则比对结果为符合，反之，则比对结果为不符合。

(3) E_n 值法 此法是利用不确定度进行计算和判断，所以，使用此法的前提条件是实验室必须能够正确评定该项检测试验结果的扩展不确定度。否则，就不应该使用该方法。

计算公式为：
$$E_n = \frac{x_1 - x_2}{\sqrt{U_1^2 + U_2^2}}$$ (6-2)

式中，x_1、x_2 分别为比对试验的测定值；U_1、U_2 分别为相对应的测试扩展不确定度，置信水平一般为 95%。

判定规则为：若 $|E_n| \leqslant 1$，则表明该比对结果为符合，否则为不符合，说明测定值之间存在显著差异，应追查、分析原因，采取相应的纠正预防或整改措施。

（4）Z 比分数法　适用于比对试验结果的样本量较多的情况，一般为 10 个左右或以上。

判定计算：
$$Z = \frac{X_i - \overline{X}}{S}$$ (6-3)

式中，X_i 为比对试验的测定值；$\overline{X}$ 为样本均值或中位值；S 为样本标准差。利用四分位数稳健统计方法处理结果时，S 为标准化四分位距（Norm IQR），Norm IQR＝四分位距（IQR）×0.7413。

如果样本中出现极端值，一般采用中位值和标准化四分位距进行计算，这样可以减少极端结果对平均值和标准偏差的影响，有利于作出更合理的评价。

判定规则：

若 $|Z| \leqslant 2$，表示结果满意，即试验结果无明显差异；

若 $2 < |Z| < 3$，表示结果有问题，即试验结果偏差较大；

若 $|Z| \geqslant 3$，表示结果不满意，即试验结果偏差太大。

（5）假设检验　适用于重复检测，一般 $n \geqslant 6$。适用于人员比对、设备比对和方法比对，例如：人员比对试验要求每一位检测人员对同一样品重复检测 10 次，或者是设备比对试验要求每台仪器重复检测同一样品 10 次，上报所有的检测结果，考察判断两组或几组样本之间是否存在显著差异。又或者是新方法与标准分析方法比对试验中同时测定同一样品，比较两种分析方法的测定结果，如果两组测定结果在一定置信度下没有显著差异，说明测定方法不存在系统误差，测定结果是可靠的。

注意在两总体比较之前，必须先进行方差检验（F 检验），只有在两总体方差一致的情况下才能再进行均值检验（μ 检验或 t 检验），一般地，大样本情形（$n_1 \geqslant 30$，$n_2 \geqslant 30$）采用 μ 检验；小样本情形（$n_1 < 30$ 或 $n_2 < 30$）采用 t 检验。

但是，在实验室内部比对中，一般很少有大样本情形，所以比较少用 μ 检验，而 t 检验的使用率相对较多一些，比如进行样品的均匀性和稳定性分析（见 6.3.2 节的相关案例），或者是新方法与标准分析方法的比对试验（见 6.4 节的相关实例）等。关于相应的计算公式和判定规则等，详见本书第 2.4 节。

经统计分析、计算后，比对试验结果有：符合、存疑、不符合。对于存疑和不符合的情况应尽快组织寻找和分析出现疑问的原因，开展有效的改进活动，包括对质量体系相关要素的控制、技术分析，进行试验和有效地利用反馈信息等。

随后，由比对试验的组织实施人员编制比对试验报告，比对报告应包括：目的、样品来源及保证、检测方法、比对时间安排、试验记录、数据处理、结论。如果比对的检测结果异常时，还应包括原因分析及整改措施要求、评价人、审核人、批准人、附原始记录。并及时将所有的比对试验技术资料及过程记录存档。

实验室应该重视比对结果的评价，比对试验报告是实验室管理人员发现实验室检验工作不足和提高实验室检验能力的客观证据。在每一次比对试验结束后，都应对试验结果进行书面评价并记录在册，通过评价结果对试验室的检测方法以及相关的检测人员技能进行改进和完善，做到取长补短，精益求精。

6.4　应用实例

本节针对不同的比对方式，相应列举了有针对性的应用实例，以进一步介绍比对试验的设计、实施和结果的评价。其中，人员比对的实例1以表格形式（应用见表6-4）进行了详细的操作介绍，其他实例的操作步骤均可参考此进行设计，为避免重复，对于其他实例只是作简单的过程介绍。

6.4.1　人员比对

在以下人员比对的实例中，主要列举了2名人员（实例1）和多名人员（实例2）进行的比对，并以实例1为例，详细介绍了实验室在设计和组织比对试验时应考虑和记录的内容（详见6.3节）。

此外，针对2个实例中比对人员数量的不同和检测结果的特殊性，对如何选择适当的评价方法加以说明：在实例1中，只有2个样本，但实验室没有评价该项目的测试不确定度，所以视检测方法提供的是允许差还是再现性限而定，可相应选用6.3.3节所介绍的第（1）种方法"参考专业标准方法规定的允许差"或第（2）种方法"利用检测方法规定的再现性限R"来进行计算和评价，在该实例中，参与比对的2名检验员中，其中B为经验丰富的检验员，将其检测结果作为参考值，同时，根据标准方法提供的精密度，规定比对测试结果允许差为15%以内，以第（1）种方法来判定。在实例2中，由于有8个样本，虽然样本数量较少，但没有更好选择的情况下，也可参考6.3.3节介绍的第（4）种方法"Z比分数法"，取中位值来进行计算和评价。

实例1：虾肉中氯霉素残留量的检测比对

（1）制定比对试验方案　见表6-8

表 6-8　××实验室内部人员比对试验方案

目的/比对形式	考核检测人员的检测技术水平,人员比对
比对时间	2009 年 11 月 17 日 8:30～17:30
比对方	检验员 A 和检验员 B(其中 B 为有丰富经验的检验员)
比对项目	动物源性食品中氯霉素残留量的检测
试验依据	GB/T 22338—2008 动物源性食品中氯霉素类药物残留量的测定　液相色谱-质谱/质谱法
比对样品	样品名称:猪肉糜 样品制备:在比对试验开始前一周内制备完毕。制备方法如下:从市场上购买新鲜瘦猪肉约 500g,先搅拌机搅碎呈粒状,然后取 200g 于洁净的 1 L 容器中,加入 200mL 水,再用均质器在 15000r/min 的转速下将猪肉均质呈肉糜状,制得样品约 400g,放入 −20℃冰柜保存;同时由具有丰富经验的检验人员 C 对样品进行 10 次平行测试,确定样品的性质,并提交检测报告。若样品为阴性,则由实施人在比对试验当日在现场添加标准溶液 样品分发:2009 年 11 月 22 日,分别称取 20g 已完全解冻的样品于 2 个新的、洁净的 50mL 离心管中,盖好盖,贴上样品标识和编号,置于 4℃冰箱内保存。由实施人和监督人于比对当日早上 8:30 到比对试验现场交付给比对人员 A 和 B,并向比对人员说明样品情况,比对人员确认样品的情况后,比对开始 添加标准溶液:若样品为阴性,为更好地评价比对试验,在实施人和监督人的监督下,比对人员按检测方法分别称好样品(包括平行样)后回避,由实施人往每一个样品中添加氯霉素标准溶液,使理论加入值适合比对方法的要求,同时利用涡旋振荡器混合均匀。再将样品交还给比对人员 A 和 B,然后开始比对操作
试验结果评定准则	根据检测标准方法的精密度和实际检测情况,规定的比对测试结果允许差应在 15%以内
比对环境条件	要求在常温环境条件下,室温稳定,湿度 75%
比对试验结果的记录格式	要求检验员以日常检测报告格式上报检测结果,检测结果数据为 1 个,附原始谱图(包括平行样);同时要求记录:①比对试验使用的标准品名称及有效期,附上标准品证书;②比对试验使用的主要的校准仪器设备及编号;③比对试验的环境条件
统计计算方案	按公式 $D\% = \dfrac{\lvert x_i - x \rvert}{x} \times 100$ 计算,式中 x_i 和 x 分别为检验员 A 和 B 的检测结果;其中 B 检测结果作为参考值。将计算结果与检测方法规定的允许差(即为 15%)进行比较和评价
比对结果评价	若 $D\% \leqslant 15\%$,则判定比对试验结果为符合,否则判定为不符合
备注	本比对试验项目负责人为×××,实施人为×××,监督人为××× 1)实施人制定比对试验方案,样品的制备、确定样品的性质和分发样品,或现场添加标准溶液,目击实验的考核;若比对结果为不符合时,负责追查原因,进行技术分析,提交技术分析报告 2)监督人负责监督样品的制备和分发,或现场添加标准溶液,目击实验的考核,负责检测结果的汇总和统计分析计算;若比对结果为不符合时,负责监督纠正措施的实施和跟踪措施的有效性,编制比对试验报告;比对结束后,负责将所有的技术资料和过程记录存档 3)项目负责人负责审核比对方案、评价比对结果和审核比对试验报告;若比对结果不符合时,根据原因和技术分析,制定纠正措施 4)技术负责人负责比对试验方案的审批,纠正措施的审批(若比对结果不符合时)

编制人	×××	编制时间	××年××月××日
审核人	×××	审核日期	××年××月××日
批准人	×××	批准时间	××年××月××日

(2) 实施人和监督人按比对试验方案完成样品的制备、分发；参加比对试验的检验人员按规定进行试验操作，计算试验结果，填写检测报告，交报告。

(3) 监督人汇总检测结果和进行统计分析计算，并编制对比试验报告（见表6-9）。

表6-9　××实验室内部人员比对试验报告

目的/比对形式	考核检测人员的检测技术水平,人员比对				
比对时间	2009 年 11 月 17 日 8:30～17:30				
比对方	检验员 A 和检验员 B				
比对项目	动物源性食品中氯霉素残留量的检测				
试验依据	GB/T 22338—2008 动物源性食品中氯霉素类药物残留量测定 液相色谱-质谱/质谱法				
比对样品	样品名称:猪肉糜 样品来源:自制,2009 年 11 月 11 日制备,放于—20℃冰柜保存(制备过程详见比对试验方案) 样品性质:阴性样品(检测报告见附页),故由实施人按比对试验方案规定在比对试验当日在现场添加标准溶液,使理论加入值为 1.5μg/kg 样品分发:按比对试验方案执行				
试验结果评定准则	根据检测标准方法的精密度,检测结果的标准偏差应在 15% 以内				
比对环境条件	要求在常温环境条件下,室温稳定,湿度 75%				
参加比对主要仪器设备和标准物质	标准物质:氯霉素标准品、D5-氯霉素标准品均为 Simga 公司生产,有效期至 2010 年12 月 30 日,标准品证书见附页 仪器设备:电子天平,编号为×××;液相色谱-质谱/质谱仪,编号为×××(仪器的校准证实和期间核查情况见附页)				
目击试验考核评价	未发现明显的不符合操作				
检测结果	检验员 A:$x_1 = 1.23μg/kg$;检验员 B:$x_2 = 1.35μg/kg$				
统计分析计算	按公式 $D\% = \frac{\lvert x_i - x \rvert}{x} \times 100$ 计算,计算结果为 8.9%				
比对结果评价	因为 8.9%≤15%,所以比对试验结果为符合。检验员 A 和 B 检测技术无明显差异				
备注	暂无需采取纠正措施				
实施人	×××	监督人	×××	日期	
审核人	×××		审核日期	××年××月××日	
批准人	×××		批准时间	××年××月××日	

实例 2：酱油中 3-氯丙醇(3-MCPD)的检测比对

(1) 比对试验设计简述　某实验室利用参加能力验证剩下的按要求妥善保存的酱油样品进行 8 名检测人员的比对，比对项目为酱油中 3-氯丙醇 (3-MCPD) 的检测，试验依据为 GB/T 5009.191—2006《食品中氯丙醇含量的测定》第一法。

由于不需要自行制备样品，故只需参考实例 1 将样品分派给 8 名比对人员，也可以由比对试验实施人员和监督人员直接将样品送到比对现场，8 名检测人员依次取样进行检测。

（2）比对试验的检测结果　本例又有 8 个样本，由于缺少其他合适评价方法情况下，仍采用 Z 比分数方法评定。8 名检测人员的检测结果分别为：A：14.9μg/kg；B：14.7μg/kg；C：17.0μg/kg；D：18.0μg/kg；E：16.74μg/kg；F：26.4μg/kg；G：17.0μg/kg；H：9.1μg/kg。

（3）比对试验结果的统计分析　8 个数据的中位值 M 为 16.9；四分位距 (IQR)$=Q_3-Q_1=17.25-14.85=2.4$；标准化四分位距 (NormIQR)$=0.7413\times2.4=1.78$。最后，将检测结果 A～H 分别代入 Z 比分数的计算公式 $Z=\dfrac{X_i-M}{NormIQR}=\dfrac{X_i-16.9}{1.78}$ 进行计算（X_i 为检测值），当 $|Z|\leqslant2$，表示结果满意，即试验结果无明显差异；若 $|Z|>2$，表示结果不符合，即试验结果偏差大。

（4）比对试验结果评价　通过统计计算，得到 A～H 的 $|Z|$ 值分别为：1.12，1.24，0.06，0.62，0.09，5.34，0.06，4.38，比对结果为：A、B、C、D、E、G 均符合，F、H 不符合。

因此，纠正措施为：需查明 F 和 H 不符合的原因，并有针对性地采取纠正措施。

6.4.2　方法比对

在以下方法比对的实例中，实例 1 列举了新方法与标准检测方法之间的对比，由于样本量比较大，以 6.3.3 节介绍的第（5）种方法"t 检验法"来进行统计检验；实例 2 列举了利用扩展不确定，以 6.3.3 节介绍的第（3）种方法"E_n 值法"计算测定值的精密度，进而评价不同检测方法之间的差异。

实例 1：新方法与标准检测方法的比对。

（1）比对试验设计简述　目的：通过新方法与标准检测方法的比对来验证新方法。

检测项目：食品中有机锡的测定。

检测方法：新方法——参考 GB/T 20385—2006《纺织品 有机锡化合物的测定》和 GB/T 5009.215—2008《食品中有机锡含量的测定》建立的新方法；

标准检测方法——GB/T 5009.215—2008《食品中有机锡含量的测定》；

各进行 10 次平行测试。

比对仪器：气相色谱仪（配脉冲火焰光度检测器）。

检验人员：资深检验员 A。

比对样品：鱼肉（阳性留样，含二丁基锡），充分搅拌、混合均匀，4℃保存。

试验结果评定准则：t 检验法。

（2）比对试验的检测结果　2种方法10次平行测试的结果如表6-10所示。

表 6-10　2 种方法 10 次平行测试的结果

检测方法	检测结果（$n=10$）/（$\mu g/kg$）									
	1	2	3	4	5	6	7	8	9	10
新方法	18.2	19.3	22.2	16.9	19.7	17.3	23.2	21.9	21.6	22.5
标准检测方法	17.8	23.1	20.5	22.6	18.8	19.7	20.7	19.4	19.6	19.3

（3）比对试验结果的统计分析

① 先进行 F 检验：

新方法测定值的平均值为 $\overline{x}_1 = 20.3$，标准方差 $S_1 = 2.30$；

标准检测方法测定值的平均值 $\overline{x}_2 = 20.1$，标准方差 $S_2 = 1.62$；

$$F = \frac{S_1^2}{S_2^2} = 2.016$$

查表得 $F_{0.95(9,10)} = 3.02$，可见 $F < F_{0.95(9,10)}$，表明两种方法的精密度无明显差异。

② 然后进行 t 检验：

$$t = \frac{|\overline{x}_1 - \overline{x}_2|}{\sqrt{\frac{(n_1-1)S_1^2 + (n_2-1)S_2^2}{n_1+n_2-2} \times \left(\frac{1}{n_1} + \frac{1}{n_2}\right)}} = 0.764$$

查 t 检验临界值表，得到 $t_{(0.05,18)} = 2.101$，可见 $t < t_{(0.05,18)}$，表明两种方法之间无显著性差异，新方法的准确度良好。

（4）比对试验结果评价　比对试验结果：2种方法的检测结果无明显差异，新方法可等效标准检测方法使用。

实例 2：湿法消解和干法消解的比对试验（E_n 值评定法）。

（1）比对试验设计简述

目的：比较不同检测方法测定值之间的差异程度，以考察不同检测方法之间的差异。

比对项目：食品中总砷含量的检测。

比对方法：硝酸硫酸湿法消解法和灰化法。

比对仪器：电感耦合等离子体质谱仪（ICP-MS）。

检验人员：资深检验员 A。

比对样品：海鱼干。

试验结果评定准则：正确评定出测试值的不确定度（置信度为 95%），利用 E_n 值计算，评价比对结果。

（2）比对试验的检测结果　检测结果见表6-11。

表 6-11　不同前处理方法的检测结果对比

前处理方式	检测结果/(mg/kg)
干法消解（灰化法）	31.3±0.6
硝酸硫酸湿法消解法	30.5±0.9

（3）比对试验结果的统计分析　根据式（6-2）计算 2 个测定值的差异：$E_n =$
$\dfrac{x_1-x_2}{\sqrt{u_1^2+u_2^2}}=\dfrac{31.3-30.5}{\sqrt{0.6^2+0.9^2}}=0.740$。

（4）比对试验结果评价　可见，$|E_n|<1$，表明 2 个测定值之间无显著差异，精密度较好，说明 2 个测定方法之间也无显著差异。

6.4.3　仪器比对

在以下仪器比对的实例中，实例 1 是将"6.4.2 节方法比对"中实例 2 作进一步的不同种类仪器间的比对，仍采用 6.3.3 节介绍的第（3）种方法"E_n 值法"来进行结果的计算和评价；实例 2 列举了种类相同和不同的仪器间的比对，所用的比对样品为未知参考值，虽然检测方法也规定了允许差，但参加比对的仪器较多（15 台），所以采用 6.3.3 节介绍的第（4）种方法"Z 比分数法"来进行结果的计算和评价。

实例 1：原子荧光光谱仪(AFS)和电感耦合等离子体质谱仪(ICP-MS)的比对试验

（1）比对试验设计简述

目的：比较不同仪器测定值之间的差异程度和准确度，以考察不同检测仪器的性能情况。

比对项目：食品中总砷含量的检测。

比对仪器：原子荧光光谱仪（AFS）和电感耦合等离子体质谱仪（ICP-MS）。

比对方法：前处理方法分别为硝酸硫酸湿法消解法和灰化法。

检验人员：资深检验员 A。

比对样品：海鱼干。

试验结果评定准则：正确评定出测试值的不确定度（置信度为 95%），利用 E_n 值法计算和评价比对结果。

（2）比对试验的检测结果　检测结果见表6-12。

表 6-12　不同仪器的检测结果对比

前处理方式	检测结果/(mg/kg)	
	ICP-MS	AFS
干法消解（灰化法）	31.3±0.6	31.0±0.7
硝酸硫酸湿法消解法	30.5±0.9	29.9±0.5

（3）比对试验结果的统计分析

根据相同前处理方式、不同仪器检测的结果分别代入式（6-2）进行计算，计算结果见表 6-13。

表 6-13　E_n 值计算结果与评价结果

前处理方式	E_n 值	评价结果
干法消解（灰化法）	0.325	符合
硝酸硫酸湿法消解法	0.583	符合

（4）比对试验结果评价

从表 6-13 可看出，对于干法消解和湿法消解两种前处理方式，其 ICP-MS 与 AFS 的测定值之间均无显著差异，符合精密度要求，比对试验的评价结论为符合。

实例 2：气相色谱-质谱联用仪（GC-MS）、液相色谱仪（HPLC-DAD）之间的比对

（1）比对试验设计简述

目的：考察用于检测纺织品中禁用偶氮染料的 5 台液相色谱仪（编号分别为 H1、H2、H3、H4、H5）和 10 台气相色谱-质谱联用仪（编号分别为 G1、G2、G3、G4、G5、G6、G7、G8、G9、G10）的检测结果的差异。

检测方法：GB/T 17592—2006《纺织品 禁用偶氮染料的测定》。

检验人员：资深检验员 A。

比对样品：棉布（阳性留样），按要求妥善保存。

试验结果评定准则：以 Z 比分法进行评价（以四分位数稳健统计方法计算结果）。

（2）比对试验的检测结果

样品检出含有联苯胺，各台仪器的检测结果见表 6-14。

（3）比对试验结果的统计分析

将检测结果分别代入式（6-3）进行统计分析计算，得到的 Z 值见表 6-14。

（4）比对试验结果评价

由表 6-14 可看出，H3 和 H5 的 Z 比分数值均大于 3，比对试验结果为不满意；G9 的 Z 比分数值为 2.87，比对试验结果为存疑；其余 12 台仪器的比对试验结果为满意，表明 12 个检测结果无显著差异。因此，需要分析原因，检查 3 号液相色谱仪、5 号液相色谱仪和 9 号气相色谱-质谱联用仪的性能，必要时追溯这 3 台仪器前期的检测结果。

6.4.4　留样再测

留样再测属于再现性试验，当检测方法规定了再现性限 R，应该用统计学方法来判定，即两次测量结果的绝对差值应当小于再现性限 R；如果实验室正确评价了

表 6-14 检测结果及其统计分析计算与判定

仪 器 编 号	检测结果/(mg/kg)	Z 比分数	评价结果
H1	22.7	−0.51	满意
H2	22.9	−0.17	满意
H3	26.5	5.90	不满意
H4	23.3	0.51	满意
H5	25.3	3.88	不满意
G1	23.0	0.00	满意
G2	22.8	−0.34	满意
G3	22.5	−0.84	满意
G4	22.3	−1.18	满意
G5	23.5	0.84	满意
G6	22.0	−1.69	满意
G7	23.3	0.51	满意
G8	22.4	−1.01	满意
G9	24.7	2.87	存疑
G10	23.1	0.17	满意
数据个数	15		
中位值	23.0		
标准化 IOR	0.59		

测试结果的不确定度，也可以根据 E_n 值法来计算评价，以满足两次测量结果之差的绝对值小于等于其测量不确定度作为评判标准。在以下的实例中，均作了相应的举例。

实例 1：以方法的再现性限 R 进行计算判定

(1) 留样再测试验设计简述

目的：留样再测，验证检测结果的再现性。

样品：火腿午餐肉，保存于 0℃冰箱内，与上次检测的时间间隔为 1 个星期。

检测项目和检测方法：GB/T 9695.23—2008《肉与肉制品 羟脯氨酸含量测定》。

检测人员：日常检测该项目的检测人员，与上一次检测的人员不同。

判定依据：检测方法中规定了再现性 R（置信度为 95%）的计算公式，并规定两次测试结果的绝对差值不超出公式求得的再现性限 R：

$$R = 0.0195 + 0.0529 \overline{w_h}$$

式中 R——再现性限，用百分数表示；

$\overline{w_h}$——两次测试结果的平均值，用百分数表示。

(2) 检测结果　原来的结果为 0.26%；再次测定的结果为 0.20%。

(3) 统计分析计算：$\overline{w_h}=0.23\%$；$R=0.0195+0.0529\times0.23\%=1.96\%$；两次测试结果的绝对差值为 $0.26\%-0.20\%=0.06\%$。

(4) 结果评价：因为 0.06%＜1.96%，所以留样再测结果符合再现性要求，两次检测结果稳定、无差异。

实例 2： 以扩展不确定度进行计算判定

(1) 留样再测试验设计简述

目的：留样再测，监控所考核检测项目的检测结果的持续稳定有效性。

样品：聚氯乙烯塑料玩具（已按标准方法制备、混合均匀），于密闭的洁净纸袋中常温保存，与上次检测的时间间隔为 1 个月。

检测项目和检测方法：GB/T 22048—2008《玩具及儿童用品 聚氯乙烯塑料中邻苯二甲酸酯增塑剂的测定》。

检测人员：日常检测该项目的检测人员，为上一次检测的人员。

判定依据：根据测试结果的不确定度（置信度为 95%），通过 E_n 值法来计算评价，即以满足"两次测量结果之差的绝对值小于等于其测量不确定度"作为评判标准。

(2) 检测结果　原来的检测结果为邻苯二甲酸二辛酯（DEHP）783mg/kg；再次测定的结果为 DEHP 905mg/kg。

(3) 统计分析计算　实验室正确评估了该检测方法的扩展不确定度，因为是使用同一方法对同一样品进行检测，2 次测试结果的扩展不确定度相同，即 $U_1=U_2=U=87.8$，将测定值代入式(6-2)：

$$E_n=\frac{x_1-x_2}{\sqrt{U_1^2+U_2^2}}=\frac{x_1-x_2}{\sqrt{2}\times U}=\frac{783-905}{\sqrt{2}\times87.8}=-0.983$$

(4) 结果评价　$|E_n|<1$，表明两次结果无差异。但是，$|E_n|$ 值已经接近 1，应该加以留意，必要时可以加强监控频率。

6.5　小结

无论开展哪一种比对试验，都应首先确证试验所用的仪器设备均处于校准有效期内，并通过有效的期间核查，保持其校准状态的置信度；所用的试剂以及环境条件确保满足检测方法、样品和仪器设备的要求。

综上所述，只要充分考虑每一个具体细节，合理地设计比对试验计划，认真执行计划、分析数据，做好相关记录，总结经验，妥善保存相关资料，比对试验就能够达到预期目的。当实验室积累了大量开展比对试验的经验和比对试验统计数据后，比对试验的设计和计划的运行将变得更为规范，更易于发现实验室的发展趋势，比对试验将成为实验室自我完善的灵活工具。

■ 参考文献 ∷∷∷

[1] CNAS-CL01 检测和校准实验室能力认可准则（ISO/IEC17025）.
[2] CNAS-CL02 能力验证结果的统计处理和能力评价指南.
[3] CNAS-CL03 能力验证样品均匀性和稳定性指南.
[4] APLAC PT001 检测实验室间的比对.
[5] GB/T 5750.3—2006 生活饮用水标准检验方法　水质分析质量控制.
[6] GB/T 6379.6—2009 测量方法与结果的准确度（正确度与精密度）第6部分：准确度值的实际应用.
[7] 朱涛，陈华英. 实验室检测结果内部比对满意度评价方法初探. 现代测量与实验室管理，2008，
　　(1)：83.
[8] 何国峰. 实验室比对试验的设计、实施和技术要点探讨. 百度文库，2010.
[9] 马世英. 检测校准实验室内部质量控制与能力验证活动. 中国计量，2011，(1)：46-48.
[10] 董燕. 实验室间比对综述——一种有效的实验室质量监控手段. 现代测量与实验室管理，2009，(4)：
　　41-43.
[11] 梁明焕. 检测结果质量控制. 计量与测试技术，2011，38 (1)：10-11，14.
[12] 张音，张书芬，傅晓. 实验室检测结果质量控制方法的应用研究. 现代测量与实验室管理，2006，
　　(5)：61-63.
[13] 王蓓，商军，代书玲. 实验室内部质量控制方式及结果评价. 中国兽药杂志，2011，45 (11)：46-49.

第 7 章　回收率试验

7.1　简介

回收率试验也称"加标回收率试验"，一般是将已知质量或浓度的被测物质添加到被测样品中作为测定对象，用给定的方法进行测定，所得的结果与已知质量或浓度进行比较，计算被测物质分析结果增量占添加的已知量的百分比等一系列操作。该计算的百分比即称该方法对该物质的"加标回收率"，简称"回收率"。

加标回收试验是化学分析中常用的实验方法，也是化学检测实验室最重要的质量控制手段之一。回收率是评价化学分析方法准确度一个量化指标，可反映分析方法的系统误差。

在化学分析测试中，采用标准物质进行测试是评价检测方法的准确度和精密度最可靠的手段，然而，由于标准物质制备技术复杂，因此，目前，相当部分化学检测缺少标准物质，此外，即使存在相应的标准物质，其价格非常昂贵，从经济和成本角度考虑，经常采用标准物质对方法进行测试是不现实的。一种成本相对低廉的方法，即实验室制备内部控制样品，但由于这种样品不是标准样品，样品本身的可靠性难以保证，包括样品均匀性和稳定性、样品的参考值等关键指标有时甚至无法获得，很大程度上影响这种方法的应用。此外，实验室也往往由于无法制备出符合技术要求的内控样品而无法采用。加标回收试验则可克服上述不足，这种方法操作简单，成本低廉，用途广泛，在实验室日常质量控制中有十分重要的作用。

7.1.1　回收率试验的作用

（1）评价方法的准确度　方法的准确度（accuracy）是指测量值和真值之间的符合程度，是评价方法的最重要指标之一。准确度大小常用误差来量度。准确度是分析过程中系统误差和随机误差的综合反映，决定着分析结果的可靠程度，只有方法有较好的精密度，且消除了系统误差后，才有较好的准确度。

在化学分析中，由于试样中欲测组分含量的真值往往是未知的，评价定量分析结果准确度时只能采用相对的办法。常用的方法有两种，即测定标准样品（标准物质）和加标回收率来评价。采用标准样品（标准物质）来评价定量分析结果的准确度有关方法参见第 5 章。

在实际化学分析工作中，由于不是所有检测方法都能找到标准样品来评价定量分析结果的准确度的在找不到相应的标准样品时，可用测定回收率的方法来评价定量分析结果的准确度。

回收率的大小一定程度上可反映检测方法的准确性。通常，回收率愈接近 100％，表明该方法定量分析结果的准确度越高。这种方法特别适合微量成分和痕量成分的化学分析，是目前用于评估定量检测方法准确度使用最为广泛的方法。应用回收率评价准确度时应注意，好的回收率是分析方法准确的必要但非充分条件，即一个准确的分析方法必须有满意的回收率结果，反之，在某些特殊的情况下，即使获得满意的回收率，也不一定能推断测定结果是绝对准确的。

（2）评价方法的精密度　方法的精密度（precision）是指用一特定的分析程序在受控条件下重复分析同一均匀的样品所得测定值的一致程度。它反映分析方法或测量系统所存在随机误差的大小。在同一实验室内，极差、平均偏差、相对平均偏差、标准偏差和相对标准偏差都可以用来表示精密度大小，较常用的是相对标准偏差（RSD）。

由于方法 RSD 的大小与测量信号值（或浓度值）以及测定次数有关，因此，用 RSD 准确表示一个分析方法的精密度时，应注明相应的浓度水平（或浓度范围）和测定次数。如方法的 RSD 为 $1％(2×10^{-6}g/mL,\ n=11)$。

评价测试方法精密度，通常可对某一样品进行重复测试，根据获得的多次测定数据计算而得到。然而，在化学分析中，由于测试的样品种类和测试项目繁多，特别是在进行产品有害化学物质分析时，经常出现检测样品含量为未检出。这样，没有一定含量水平的测试数据用来计算 RSD。一种常用的解决方法，即进行样品加标回收试验，添加的目标物质和水平可根据需要自行进行调整，从而可获得相关数据，了解方法的精密度。

（3）监控实验室的检测能力　化学分析中，由于寻找有参考值的样品相对较为困难，即使存在某些类型的标准物质，也常常因为样品数量不多，价格昂贵，使得在日常样品分析检测中难以使用。而加标回收试验正是为了解决这一难题提出的。由于该方法具有操作简单、成本低廉等优点，在化学检测实验室质量控制中广泛使用。这是目前化学试验，特别是低含量化学物质分析，如杂质分析、禁用化学物质分析中最常用而又简便的方法。

回收率试验方法简便，能综合反映多种因素引起的误差。因此常用来判断某分析方法是否适合于特定试样的测定。回收率过低，表明样品前处理可能存在损失或检测结果偏低，而回收率过高，表明样品前处理可能存在污染或检测结果偏高，其中，一种最常见的偏高是存在较大的干扰。但由于加标回收分析过程中对样品和加标样品的操作完全相同，以至于干扰的影响、操作损失及环境沾污对二者也是完全相同的，误差可以在一定程度上相互抵消，因而难于对误差进行分析，以致无法找出测定中存在的具体问题，因此，采用回收率对准确度进行质量控制有一定的局限性，这时应同时使用其他方法。

但是，一种经过验证的准确方法，作为实验室日常检测质量检测能力监控，回收率试验方法十分有效，可以发现本实验室的仪器、环境、人员操作、试剂等条件的偏离或异常。这种监控通常可采用绘制质量控制图的方法来进行。

总之，用测定加标回收率的方法来反映分析操作水平时，特别需要注意相应的条件，切勿千篇一律，在实际分析中应力争做到以下几点：选择合适的分析方法；准确把握所使用的试剂量；尽量减小测量误差；消除或校正系统误差；适当增加平行测定次数，取平均值；杜绝过失误差等都能有效减小误差，提高分析结果的准确度。

7.1.2　回收率试验的种类

（1）根据加标样的不同　根据加标样品的不同，回收率试验可分为空白样品加标回收、待测样品加标回收两种。

空白样品加标回收：在没有被测物质的空白样品基质中定量加入标准物质，按样品的处理步骤分析，得到的结果与理论值的比值即为空白加标回收率。在实际分析工作中，有时由于没有被测物质的空白样品，直接向称样容器中添加标准物质代替，这种加标有时可称为空白加标回收试验，该回收率无法考察样品基质对测定结果的影响。

待测样品加标回收：相同的样品取两份，其中一份加入定量的待测成分的标准物质，两份同时按相同的步骤分析，加标的一份所得的结果减去未加标一份所得的结果，其测定结果差值同加入标准物质的实际值之比即为待测样品加标回收率。

（2）根据加标方式的不同

根据加标方式的不同，回收率试验可分为全程加标回收、部分过程加标回收两种。

全程加标回收通常是指从样品测试最初始的步骤就添加标准物质的回收率试验。在化学分析时，通常是在前处理过程中称样步骤进行添加，且添加后所有步骤与未知样品完全一致。即向待测样品中加入待测组分的标准物质，与另外一份待测样品一起消解或其他前处理，获得样品溶液，然后测定待测组分的含量，确定样品的回收效果。

部分过程加标回收则是在分析后的某个中间步骤添加标准物质的回收率试验。如在样品前处理后溶液添加，即向处理好的样品溶液中加入待测组分的标准溶液，然后通过待测组分的测定值来看样品溶液中待测元素的回收效果。部分过程加标回收结果只能反映添加步骤后的相关过程对测定结果的影响，而无法考察之前相关步骤对测定结果的影响。

以上两种加标方式各有用途，全程加标回收可以用来检验整个分析过程是否存在问题；而部分过程加标回收可以用来检验样品经处理转变成溶液后基体对分析结果是否存在影响；而结合两种方式可以判断在进行样品处理时是否会造成分析组分的损失或带来分析组分的沾污。

通常情况下，对于需要经蒸馏、消解、浓缩等操作步骤进行预处理的样品，标准物质通常应在样品预处理之前加入，即采用全程加标回收方式，以便全面反映实验全过程中的污染和损失情况；否则即使回收率合格，亦不能真实反映测试方法的准确性。

7.1.3　回收率试验方法的特点

相对其他质量控制方法，加标回收率试验方法具有以下特点。

（1）操作简便　相对来说，加标回收试验操作较为简便，除了增加加标的步骤外，其他步骤与常规样品测试完全一致。加标回收实验及加标方式可根据不同项目、不同分析方法和不同的需要灵活掌握，不同加标方式的回收率的计算有所差异，但计算并不复杂。

（2）成本低廉　采用加标回收率试验进行质量控制的主要成本在于对标准物质的消耗。通常加标回收率试验主要用于低含量物质检测的化学分析，因此，标准物质添加量比较少，对于标准物质消耗不大，所以成本较低。实验室通常的做法是采购高纯度的物质或高浓度的标准溶液经过稀释配制成一定含量水平，供加标试验使用。

（3）应用广泛　由于加标回收试验操作较为简便，成本低廉，因此，在化学分析中有十分广泛的使用。该方法几乎适用于所有化学检测项目，也适用于各类检测仪器和检测方法。随着人们对各类材料低含量物质检测需要的不断增加，这种方法的应用将更为广泛。

（4）不足之处　加标回收率试验方法的主要缺点是某些情况下，其结果可靠性不够充分，此外，对待测样品、加标量等有一定的限制，具体包括以下几方面。

① 由于加入标准物质的形态、性质与试样中待测物质未必完全一致，因此，在与样品相同的处理步骤中可能有不同的变化，从而使得回收率结果不能客观反映测试结果的准确度。如加入元素标准溶液一般无法考察方法对固体样品中元素测定前处理方法是否能将样品完全分解，消解完全。

② 难以考察检测方法背景问题和谱线的重叠干扰问题。如果分析信号可在背景或干扰信号上累加，在这种情况下，即使将背景和谱线干扰信号当作分析信号的一部分测出的分析结果，在加标回收实验后也可能得到比较满意的回收率结果，无法发现某些干扰问题。

③ 添加的标准物质与待测样品中的待测组分含量应为相当水平，即要求加入试样中的标准物质的量与试样待测物质的量相近为宜，否则，容易引起较大的误差。这对不了解试样中待测物质的量水平的样品带来一定的麻烦，此外，由于标准物质的浓度变化范围小，当待测物质的量水平较高时，也难以使待测物质的量水平与其匹配。

7.2　方法原理

7.2.1　简介

加标回收试验的定义和步骤可以简单表述如下："在测定样品时，于同一样品中加入一定量的标准物质进行测定，将测定结果扣除样品的测定值，计算回收率。"
从该定义和方法步骤可知，加标回收率的实质是所加入的标准物质的量被某检测方法实际测得的百分率。

通常的具体做法是：准备两份完全一致的样品，向其中一份添加标准物质，随后，将这两份样品按相同的检测方法进行检测，依据两个样品检测结果和标准物质添加量计算加标回收率，根据回收率结果评价方法和操作的准确性。

回收率计算公式为：

$$P = \frac{\text{加标试样测定值} - \text{试样测定值}}{\text{加标量}} \times 100\% \tag{7-1}$$

加标试样是由原样和标准物质溶液混合后组成的，其总浓度等于原样在加标试样中形成的浓度值与加入的标准物质在加标试样中形成的浓度值之和。由此可知，公式中的"加标试样测定值"应为加标试样的总质量值（在体积一致的情况，可以用总浓度值），而"试样测定值"应为原样在加标试样的质量值（在体积一致的情况，可以用浓度值），两者均可由实验测定数据直接给定。"加标量"应为标准物质在加标试样的总体积中形成的质量值（在体积一致的情况，可以用浓度值），由添加标准物质浓度、体积或质量直接给出。

回收率试验用于质量控制的原理相对比较简单。回收率是添加待测物质标准物质后，通过方法测定结果计算得到该物质的测定值与添加操作步骤实际添加该物质量的百分率值。由于添加标准物质的含量是可依据添加标准物质纯度和质量（或溶液体积）准确计算获得的，这样，加标试样测定值即可反映该测试方法或操作是否存在问题。

从理论上讲，一个准确可靠的方法，一个熟练的操作人员进行回收率试验，回收率的结果应在合理的范围内，回收率的平均值应接近 100%，否则说明方法可能存在系统误差。多次测定回收率的标准偏差也应处在某一水平。

任何某次测定回收率结果的异常偏差或波动可能反映该次测定存在问题。因此，根据回收率的结果可监控测试结果的质量。

7.2.2　回收率试验的基本方法

如前所述，通常回收率试验的做法都是将被测样品分为两份，其中一份准确加入已知量的欲测组分，然后用同样的方法分析这两份样品，计算回收率。然而，实际工作中，不同检测方法，不同目的，回收率试验的具体操作方法可能有一定的差异，以下是目前化学检测实验室最常见的几种加标方式。

（1）方式一　某样品按标准方法进行检测，称取试样质量 m，经过一系列前处理步骤后，获得溶液样品，溶液体积为 V，溶液中被测成分质量浓度为 c_1；

同时进行全程加标试验：称取试样质量 m（不考虑与原样品的差异），加入一定量的标准物质，经过一系列前处理步骤后，获得溶液样品，溶液体积为 V，溶液中被测成分质量浓度为 c_2；

加标量：采用标准溶液加标，加标体积为 V_s，质量浓度为 c_s。

（2）方式二　某样品按标准方法进行检测，称取试样质量 m，经过一系列前处理步骤后，获得溶液样品，溶液体积为 V，溶液中被测成分质量浓度为 c_1；

自前处理好的溶液取 V_p 两份，向其中一份加标（标准溶液），随后均定容为 V_d，测定两溶液中被测成分质量浓度分别为 c_1 和 c_2；

加标量：采用标准溶液加标，加标体积为 V_s，质量浓度为 c_s。

（3）方式三　为减少稀释对测定的影响，简化操作，方式二的简化方法为：前处理好的溶液取分装一定体积，测定溶液中被测成分质量浓度为 c_1，另外取前处理好的溶液 V_p，添加少量体积的标准溶液摇匀后直接测定，溶液中被测成分质量浓度 c_2。

加标量：采用标准溶液加标，加标体积为 V_s，质量浓度为 c_s。

方式三与方式二的差异在于，无需将溶液定容，另外，仅准确移取 V_p 溶液 1 次操作，但该方法回收率计算稍复杂。

7.2.3　加标方式回收率的计算

（1）按理论计算公式直接计算　当加标样的测定体积与原样的测定体积一致时（方式一和方式二），原样在加标试样中的浓度值与原水样的测定值一致，此时公式中的"试样测定值"和"加标量"不受加标体积的影响，可采用回收率的理论计算公式直接计算。

对于方式一：

$$R=\frac{c_2V-c_1V}{c_sV_s}\times100\%\qquad(7\text{-}2)$$

对于方式二：

$$R=\frac{c_2V_d-c_1V_d}{c_sV_s}\times100\%\qquad(7\text{-}3)$$

实际工作中，通常当加标体积远小于试样体积，与试样体积相比可忽略时；或者是需要对样品进行预处理后再重新定容，加标样品与原样品定容体积一致时，均可按上述方法计算。

（2）通过体积校正计算回收率　当加标样的测定体积与原样的测定体积不一致时（方式三），原样在加标试样中的浓度值与原样的测定值不一致，此时公式中的"试样测定值"受加标体积的影响，需将原样的测定值通过加标体积校正换算成在加标试样中的浓度值。同样"加标量"也存在通过加标体积校正进行浓度换算的问题。这些在理论公式中并没有明确表示出来，需根据加标回收率的内涵，导出通过体积校正计算回收率的实用公式。

当以被测组分在加标前后质量浓度（mg/L）的变化为依据，分子、分母均以待测物质的质量为单位计算加标回收率（R）时，其计算公式可表示为：

$$R=\frac{c_2(V_p+V_s)-c_1V_p}{c_sV_s}\times100\%\qquad(7\text{-}4)$$

式中　c_2——加标样溶液的浓度测定值，mg/L；

c_1——原样溶液的浓度测定值，mg/L；

c_s——所加标准物质溶液的浓度，mg/L；

V_p——加标样中所含样品的体积，mL；

V_s——所加标准物质溶液的体积，mL。

式中 $c_2(V_p+V_s)$ 为加标样的测得量；c_1V_p 为加标样中的原有量；c_sV_s 为标样的加入量，其直观地反映了加标回收率的实质。

由于加标后的试样体积变为：V_p+V_s，理论计算公式中的"试样测定值"和"加标量"需通过加标体积校正进行浓度换算。

式(7-4) 中分子、分母同时除以 (V_p+V_s) 变为：

$$R=\frac{c_2-c_1V_p/(V_p+V_s)}{c_sV_s/(V_p+V_s)}\times100\%\qquad(7\text{-}5)$$

式(7-5) 是由式(7-4) 变形得出的，式(7-5) 中符号意义与式(7-4) 中均相同。$c_1V_p/(V_p+V_s)$ 和 $c_sV_s/(V_p+V_s)$ 分别代表了样品、标准物质在加标水样中的浓度。

事实上，上述两个公式是适合任意加标方式的回收率计算，式(7-4) 是以被测物质质量变化为依据来计算的，而式(7-5) 是以被测物质浓度变化为依据来计算的。

7.2.4　影响加标回收率值的因素

影响加标回收率结果的因素很多，除了方法本身固有的因素外，所有影响样品测定结果的因素都会影响加标回收率的结果，此外，添加标准物质的操作，包括标准物质的量的大小，添加的准确性等都对最终回收率结果有直接影响。

(1) 方法的缺陷　理论上，任何分析方法都有一定的误差，且不同分析方法误差存在较大的差异。在化学分析中，通常的标准方法对准确度有一定的要求，允许的误差也是相对的。有的检测项目，由于分析方法本身存在一定的局限性，而造成加标回收率值偏低或偏高。如采用马弗炉高温灰化处理样品，一些容易挥发的元素测定回收率偏低的原因正是由于高温使待测元素挥发损失引起的。因此，通过测定回收率的结果，可在一定程度上证明方法的准确性。

(2) 加标量的水平及其准确性　在化学分析中，由于待测物质都是在一定的浓度范围内才具有某个特定的准确度，超出该范围，可能会产生较大的误差。在做加标回收时，当样品中待测物含量较低时，加入标准物质太少，测得回收率误差较大；加入标准物质太多，则会改变待测物质在加标样品和样品中的测定背景，也可能会产生较大的误差。因此在进行加标回收时，加标量的水平要适当，太高或太低都不会得到预期的效果，通常应注意以下两点。一是标准加入的量要明显高于检出限，二是要尽量与分析组分的含量一致，但同时考虑又不能超出方法检测的容许范围。例如，在分光光度分析中，当样品中待测物含量较高时，加入标准物质过高，使加标后测定值接近方法的检出上限，这样测得加标样中待测物的误差较大，加标后引起的浓度增量在方法测定上限浓度 c 的 0.4～0.6 倍之间为宜。

（3）加标体积影响　通常情况下，尽管因加标而增大了试样体积，但样品分析过程中有蒸发或消解等可使溶液体积缩小的操作技术时，样品经处理后重新定容并不会对分析结果产生影响。但加标体积过大，容易因加入过多溶剂影响检测结果。如在采用浓酸消解样品时，过多加入水溶液，使酸浓度太低，可能影响样品效果。当加入标准物质是有机溶剂时，加标量过多，则会造成溶剂和标准物质难以在水中溶解，从而因溶解度问题造成对加标回收率的影响。

（4）操作人员水平　由于加标回收率试验需要操作人员经过一系列操作步骤完成，除了加标的步骤外，其他任何与样品检测有关的操作步骤都可能影响加标样品和原样品中待测组分的结果，所以，这些操作人员的水平均直接影响回收率的结果。

（5）样品本底值　通常情况下，样品待测组分本底值（原含量）不能过大。样品本底值太大，加标量无法与之匹配，回收量的相对误差就大，回收率偏差即大；反之回收率偏差即小。因此，在低浓度区加标回收率要受样品中本底值的影响更为明显。

（6）样品的均匀性　回收率试验的前提是样品足够均匀，即样品及加标样品本底值差异可以忽略。在计算样品回收率时，利用加标样品与样品中待测物质含量的差值即为加标物质的测定值。反之，如果样品均匀较差，样品及加标样品本底值差异较大，加标样品与样品中待测物质含量的差值将不仅仅是加标物质的测定值，即为加标回收试验采用的两份待测定样品与样品中待测物质含量的差值及加标物质总和的测定值。因此，如加标样中待测物质本底偏高，回收率将偏高，反之则偏低。样品间差异过大，将得到错误的回收率结果。

7.2.5　加标回收试验的一般原则

（1）一致原则　样品与加标样按同一操作步骤和方法同时测定，保证实验条件一致。为提高准确度，样品和加标样分别进行平行测试，以平均值带入计算。

（2）可比原则　加标样中原始样品的取样体积、稀释倍数及测试体积，应尽可能与样品测试时一致。

（3）相近原则　加标测定时，加标量应尽量与样品中待测物质含量相等或相近。

当样品中待测物质含量接近方法检出限时，标量应控制在标准曲线的低浓度范围；在实际工作中，大量样品是低浓度的，而且大部分样品中待测物含量甚至是低于方法检出限。对这些低浓度样品进行加标回收测定时，如果以方法测定下限的量进行加标，往往得不到预期的结果，这主要是由于大多数方法在低含量水平检测相对不确定度可能更大，因此，回收率结果误差更大。对于这些样品可适当提高加标水平。一般情况下，加标量不得大于待测物含量的 3 倍。

（4）不变原则　加标以不改变待测样品的组成为原则。具体来说，标准液的浓度应该足够高，以尽可能少的加标体积，减小加入的待测物标准液对样本基质产生影响，否则可能稀释消解酸，影响消解效果等。通常情况下，加入的待测物标准液体积一般应在样本体积的 10% 以内，如果高浓度的待测物标准液不易得到，加入体积亦不得超过原样本体积的 20%。

（5）简便原则　容易实施，便于回收率计算。由于操作人员对回收实验认识模糊，在进行加标实验时盲目性大，容易引入误差，使实验复杂化，造成回收率误算，甚至导致实验失败。因此，科学合理地设计加标实验，对保证实验的质量，提高工作效率具有一定的实际意义。

7.3　方法步骤

7.3.1　简介

采用加标回收率来进行质量控制的方法步骤与其他质量控制的方法步骤基本一致，包括方法的设计、方法的实施、结果的评价等，其中，以方法的设计最为关键。具体来说，首先应根据需要和样品的实际，认真设计方案，重点考虑标准样品（标准溶液）的添加方式和添加水平，随后按照方案对加标样品按其他未知样品相同的检测步骤检测样品（除增加一标准添加步骤外），依据加标样品和未加标样品检测结果的差异，计算加标回收率，根据方法允许的回收率范围评价本次检测结果，针对不同检测结果，采取相应的后续措施等。

对于不同的检测标准和检测项目，其样品检测步骤可能有很大差异，但其方案设计、回收率的计算、结果的判定等步骤存在一些通用的方法，以下将重点介绍相关内容，包括原则性的要求或注意事项。

7.3.2　方案的设计

加标实验方案确立的基本思路可根据不同项目、不同分析方法和不同的需要灵活掌握。加标实验方案一般应考虑以下内容。

① 样品的选择，对样品应有一定的了解。包括样品来源，初步估计待测物质含量，样品的均匀性等。

② 样品的特性。

③ 样品待测物质大致含量。

④ 检测方法。

⑤ 标准物质：加入标准物质的形态与样品中待测物质的形态应保持一致。加入的溶剂应不影响对待测物的测定。

⑥ 加标量：加标物质浓度及体积（或质量）；标准物质的加入量与水样中待测

组分的含量相等或相近为宜，并注意对原水样体积的影响。

⑦ 加标方式。

⑧ 回收率的允许范围。

⑨ 回收率的计算方法。

⑩ 测定频率。每批相同或相类似基体类型的测试样品应随机抽取 $10\%\sim20\%$ 的样品进行加标回收分析。在日常分析工作中，对全部样品做加标回收分析，虽然可靠，但工作量太大。

7.3.3　样品测定

加标回收分析的方法步骤是：对同一样品取两份试样，其中一份测定原样中的被测组分，根据原样的测定值和加标回收分析的测定值，加标样的测定值减去原样的测定值，其差值与加入标准物质的理论值之比即为样品加标回收率。

回收率试验是基于某待测样品和加标样品组成一对样品，根据两个样品中待测物质含量测定之差来计算的，其样品测定步骤与一般样品测定步骤完全一致，只是加标样品多了加标步骤，而且，根据不同目的，采取的加标方式也不同。为了评价一个完整的测定方法的可靠性，应尽可能采取全程加标回收，而分过程加标回收只能一定程度上反映相应步骤的可靠性。

加标样和原样的测定应同时进行，保证实验条件一致。

7.3.4　回收率的计算

参见 7.2.3 节。

7.3.5　结果的判定

（1）一般方法

① 按方法规定进行评价。不少化学分析标准方法规定了加标回收率的允许范围，则应按测定标准方法规定的范围进行判定。

② 按某些通用规范要求进行评价。如 GB/T 27404—2008 附录 F.1 规定了食品中化学检测方法加标回收率的允许范围，该标准对于不同浓度水平，给出了不同的允许范围，被测组分浓度越高，要求加标回收率的允许范围越严格。表 7-1 为该附录给出的加标回收率的允许范围。

表 7-1　加标回收率的允许范围

待测组分浓度水平 /(mg/kg)	加标回收率的 允许范围/%	待测组分浓度水平 /(mg/kg)	加标回收率的 允许范围/%
≥100	95~105	0.1~1	80~110
1~100	90~110	≤0.1	60~120

如果分析方法没有规定，对于元素分析要求在 $90\%\sim110\%$ 之间；其他常量、半微量组分分析要求在 $95\%\sim105\%$。

（2）加标回收率质量控制图　在化学检测中，样品的浓度也是多变的，同时还存在干扰物，所以，单一用标准物质的测定来控制分析准确度，则不能反映出样品中的干扰程度，同时也较难掌握在不同浓度下方法的准确度。

加标回收试验和回收率质控图是实验室内控技术中比较简单易行的质控方法，而且对实验室分析的准确度有着较好的监控作用，其中质控图对实验室保持稳定的分析质量更是具有预警作用。因此，建议使用加标回收率控制图来控制分析结果的准确度。

实验工作中，质控图是一种简单有效的统计方法，可以对检测过程中出现的误差进行长期连续的监视，从中发现系统误差，并及时采取措施减小其影响，使分析结果处于正常范围，而且当分析质量出现失控状态或呈现失控趋势的时候，也可以通过控制图反映出来，达到预警的作用。

加标回收质控图也称百分回收率质控图（P 控制图）。用在试样中加入标准物质的百分回收率制作质控图，以达到控制样品分析准确度的目的。理论上，向试样中加入已知标准物质的回收率应为 100%，但由于方法中客观存在着各种因素的干扰，比如环境条件、仪器设备、监测人员技术水平等，不可避免地产生误差，使得到的百分回收率产生偏差。

对于有足够的样本（20 组以上），也可以利用回收率的平均值做中心线，计算回收率的标准差作为控制范围，绘制成百分回收率质控图。在今后的加标回收试验中，可将测定结果（百分回收率）标记在上述对应的质控图中，若标记点在控制限之内，说明分析质量受控可靠；若标记点落在控制限之外，则说明分析过程存在问题，该批次测定结果不可信，应立即采取相应的措施查找原因，消除影响因素后复测样品。

（3）加标回收率质量控制图的使用注意事项

① 回收率质控图在绘制后并非长期保持不变，可以将在工作中积累下来的质控数据陆续添加到质控图上，剔除超出控制限的数据，在检测方法、仪器设备等有所改变的情况下，都应绘制"新"的质控图，以监视分析质量的变化。

② 质控图的绘制和使用是一项需要长期积累的工作，实验室应有专人记录质控结果，分析质控数据，绘制质控图，对分析工作不断提出改进意见，提高实验室的检测水平。

③ 加标回收试验和回收率质控图还应与其他实验室内控技术相结合，比如实验室内明码/密码样测定，或者留样再测等。

7.4 应用实例

7.4.1 塑料及其制品中铅、汞、铬、镉、钡、砷的测定

7.4.1.1 方法提要

塑料加入浓硝酸、过氧化氢、四氟硼酸混合溶剂在高压密闭系统中经微波消解

处理，消解后的溶液用电感耦合等离子体原子发射光谱仪（ICP-AES）测定，根据工作曲线确定各元素的含量。

7.4.1.2　测定步骤简述

（1）样品的消解　样品剪碎或粉碎，称取试样约 200mg，精确至 1mg。将试料置于微波消解罐中，分别加入 5mL 浓硝酸、1.5mL 四氟硼酸溶液、1.5mL 过氧化氢。对于含硅质较多的样品，需补加 1mL 四氟硼酸。将消解罐封闭，按照表 7-2 给出微波消解样品的温度控制程序进行消解。

表 7-2　微波消解样品的温度控制程序

步　骤	时间/min	温度/℃	步　骤	时间/min	温度/℃
升温 1	5	125	恒温 3	45	210
升温 2	10	210	降温 4	—	0

消解罐冷却至室温后，打开消解罐，将消解溶液转移至 50mL 的塑料容量瓶中，用少量 5％（体积分数）硝酸洗涤内罐和内盖 3 次，将洗涤液并入容量瓶，用水稀释至刻度。如果溶液不清亮或有沉淀产生，用 0.45μm 的过滤膜抽滤，残留的固态物质用 15mL 5％（体积分数）硝酸分 3 次冲洗，所得到的溶液全部合并转移至 50mL 的塑料容量瓶中，用水稀释至刻度。

（2）样品的测定　调用已设定好的 ICP-AES 仪器工作条件（含标准溶液浓度值）等参数，点燃等离子体炬，待仪器稳定后进行测定。按标准溶液浓度由低至高依次测定系列标准工作溶液分析线的谱线强度，仪器软件以分析线的谱线强度为 Y 轴，以浓度为 X 轴作线性回归，计算相关系数，回归校准曲线的线性相关系数 γ 均应 ≥0.999。

在与标准溶液相同条件下测量试剂空白溶液和样品溶液。根据工作曲线和消解溶液的谱线强度值，仪器给出消解溶液中待测元素的浓度值。

如果消解溶液中铅、汞、铬、镉、钡和砷的浓度超出校准曲线的线性范围，则应该对消解溶液进行适当稀释至校准曲线范围水平后再测定。

7.4.1.3　质量控制方案的设计

（1）样品的选择　为考察实验室对塑料及其制品中铅、汞、铬、镉、钡、砷的测定方法的准确性，可考虑采用日常检测中的实际样品，只要是本方法检测范围内的样品，都可考虑作为加标回收测试样品。由于塑料样品种类繁多，不同塑料样品基体元素有所差异，建议在选取样品时，尽量选用不同类型的样品，以考察对不同类型的测试结果的准确性。

（2）标准物质的选择　塑料样品目前已有塑料标准物质，但这些标准物质价格昂贵，而且所含元素及其浓度水平比较单一，难以满足日常工作需要。采用标准溶液能很好地解决这个问题。目前，铅、汞、铬、镉、钡、砷标准溶液有 1000mg/L 的单元素标准溶液，实验室可根据需要进行添加。

（3）添加水平　塑料及其制品中铅、汞、铬、镉、钡、砷的浓度一般较低，添加量宜考虑方法适合检测的浓度水平。本方法考虑为 1mg/L，由于方法前处理定容体积为 50mL，因此，可考虑各元素添加水平为 50μg。对于存在相关标准或法规限量，还可结合这些限量对应的浓度水平来考虑。

（4）加标方式　为考察全部检测过程，选取全程加标方式。

（5）判定标准　本标准未规定加标回收率允许的范围，实验室应结合方法的精密度和准确度及自身的要求来确定。例如80%～110%。

（6）结果的处理　加标回收率计算结果在允许范围内，则表明测定正常；加标回收率计算结果不在允许范围，则应查明原因。由于影响加标回收率的因素很多，除了检测过程以外，样品本身，还有样品本底值等，都可能影响加标回收率，因此，个别加标回收率异常并不一定反映该测试存在问题，但必须注意的是，出现这些异常加标回收率的数据一定有相应的分析调查，确认该异常与检测操作不相关才能关闭。

7.4.1.4　加标回收测定步骤及结果

按照设计方案，选取聚乙烯（PE）、聚氯乙烯（PVC）、丙烯腈-丁二烯-苯乙烯共聚物（ABS）、聚丙烯（PP）、聚苯乙烯材料（PS）、聚碳酸酯（PC）、尼龙（Nelon）等有代表性的塑料样品通过标准加入回收实验，具体加标方法：每种塑料样品分别称取两份均为 0.2000g，其中一份加入 50μg（准确吸取 0.5mL 100μg/mL 的标准溶液）的铅、镉、铬、汞、钡以及砷，而另一份不加，两个样品均按照本方法，用 ICP-AES 进行测试，结果如表7-3～表7-9（以下数据由美国 PE 公司 OPTIMA 4300DV　ICP-AES 测定）。

表 7-3　聚乙烯材料加标回收率

PE 中元素	原含量/(μg/mL)	加入量/μg	测得量/(μg/mL)	回收率/%
铅(Pb)	0.009	50	0.983	97.4
镉(Cd)	0.021	50	0.990	96.9
铬(Cr)	0.023	50	1.008	98.5
汞(Hg)	ND(<0.004)	50	0.878	87.8
钡(Ba)	0.068	50	1.007	93.9
砷(As)	ND(<0.02)	50	0.911	91.1

注：ND 为未检出。下同。

表 7-4　聚氯乙烯材料加标回收率

PVC 中元素	原含量/(μg/mL)	加入量/μg	测得量/(μg/mL)	回收率/%
铅(Pb)	ND(<0.006)	50	0.986	98.6
镉(Cd)	ND(<0.0008)	50	1.050	105.0
铬(Cr)	ND(<0.006)	50	0.990	99.0
汞(Hg)	ND(<0.004)	50	1.015	101.5
钡(Ba)	0.044	50	1.034	99.0
砷(As)	ND(<0.02)	50	1.120	112.0

表 7-5　丙烯腈-丁二烯-苯乙烯共聚物加标回收率

ABS 中元素	原含量/(μg/mL)	加入量/μg	测得量/(μg/mL)	回收率/%
铅(Pb)	ND(<0.006)	50	0.957	95.7
镉(Cd)	ND(<0.0008)	50	1.015	101.5
铬(Cr)	ND(<0.006)	50	0.945	94.5
汞(Hg)	ND(<0.004)	50	0.947	94.7
钡(Ba)	0.041	50	0.991	95.0
砷(As)	ND(<0.02)	50	1.030	103.0

表 7-6　聚丙烯材料加标回收率

PP 中元素	原含量/(μg/mL)	加入量/μg	测得量/(μg/mL)	回收率/%
铅(Pb)	0.038	50	1.004	96.6
镉(Cd)	0.034	50	1.034	100.0
铬(Cr)	0.070	50	1.092	102.2
汞(Hg)	ND(<0.004)	50	0.894	89.4
钡(Ba)	0.050	50	1.186	113.6
砷(As)	ND(<0.02)	50	1.079	107.9

表 7-7　聚苯乙烯材料加标回收率

PS 中元素	原含量/(μg/mL)	加入量/μg	测得量/(μg/mL)	回收率/%
铅(Pb)	ND(<0.006)	50	1.023	102.3
镉(Cd)	ND(<0.0008)	50	1.067	106.7
铬(Cr)	0.029	50	1.013	98.4
汞(Hg)	0.005	50	0.870	86.5
钡(Ba)	0.052	50	1.015	96.3
砷(As)	0.058	50	1.161	110.3

表 7-8　聚碳酸酯材料加标回收率

PC 中元素	原含量/(μg/mL)	加入量/μg	测得量/(μg/mL)	回收率/%
铅(Pb)	0.018	50	0.992	97.4
镉(Cd)	0.021	50	1.001	98.0
铬(Cr)	0.024	50	1.008	98.4
汞(Hg)	0.002	50	0.911	90.9
钡(Ba)	0.011	50	1.033	102.2
砷(As)	ND(<0.02)	50	0.947	94.7

表 7-9　尼龙塑料材料加标回收率

Nylon 中元素	原含量/(μg/mL)	加入量/μg	测得量/(μg/mL)	回收率/%
铅(Pb)	0.025	50	0.961	93.6
镉(Cd)	0.021	50	0.963	94.2
铬(Cr)	0.018	50	0.973	95.5
汞(Hg)	ND(<0.004)	50	0.862	86.2
钡(Ba)	0.005	50	0.984	97.9
砷(As)	ND(<0.02)	50	0.962	96.2

7.4.1.5 结果判定及处理

按方案所确定的判定标准，显然，上述回收率结果基本在要求的范围，表明测试正常。但总体来看，不同样品、不同元素回收率有一定的差异，如汞元素在多个样品中测定回收率较低，可能汞在样品前处理时，容易发生损失。此外，表 7-4 中 PVC 塑料中 As 稍偏高，经分析，可能是由于 PVC 中含有一定含量的 Fe 基体元素对 ICP-AES 测定 As 产生了干扰；表 7-6 PP 塑料中 Ba 稍偏高，经分析，可能是由于样品本底含量略有差异所致。

7.4.2 玩具中 8 种重金属含量的测定

7.4.2.1 方法提要

按照 ISO 8124-3 的方法，可溶重金属元素的测试是通过玩具材料样品模拟被儿童吞咽后在消化道停留一定时间的状况，以一定量的人工模拟胃液萃取，将玩具材料中可溶的重金属元素溶解至萃取溶液中。然后用电感耦合等离子体光谱仪在合适的工作参数下同时测定一定分析波长下的多种重金属元素的发射谱线强度，根据相应重金属标准溶液工作曲线，确定各重金属元素在萃取溶液中的浓度，计算玩具中可溶重金属的含量。

7.4.2.2 测定步骤简述

(1) 样品的准备 ISO 8124-3 标准测定的材料有许多种，不同玩具材料的可溶重金属元素测试方法有所不同，以下将介绍表面涂层材料可溶重金属测试时样品的制备和前处理方法，其他材料参考标准进行。

在室温下使用刀片从试样上刮削涂层，粉碎样品时不超过环境温度。从通过孔径为 0.5mm 的金属筛的材料中获取总质量一般约为 200mg 的测试样。如果样品量不够，需获得不少于 10mg 的测试样（小于 100mg 需在测试报告中注明其质量），否则不进行测试。

将准备好的测试部分放入一个 25mL 锥形瓶中，（如果测试部分的质量在 10～100mg 之间，将其质量视同 100mg 进行以下操作，但要注明其实际质量），用加液器加入质量相当于测试部分 50 倍，温度为 (37±2)℃，$c(HCl)=0.07mol/L$ 的水溶液与之混合，摇动 1min，然后检查混合液的酸度，若 pH 值大于 1.5，边摇动边滴加 $c(HCl)=2mol/L$ 的盐酸溶液，直至 pH 值达到 1.0～1.5 之间。然后置于温度为 (37±2)℃的恒温振荡器中，避光，摇动 1h，再静置 1h。接着立刻使用滤膜过滤器将混合物中的固体物有效分离出来，溶液供分析各元素含量用。如果需要，可使用离心机分离，离心分离不能超过 10min，同时要在报告中说明。

(2) 样品的测定 按仪器操作程序开启仪器，仪器点燃等离子炬稳定一定时间即可按进行校准绘制校准曲线。在确定的仪器工作条件下，按浓度由低至高依次测定系列标准工作溶液，绘制校准曲线，各元素校准曲线的线性相关系数 γ 应≥0.999。

在与标准溶液相同条件下测量试剂空白溶液和样品溶液。根据工作曲线和提取溶液的谱线强度值，仪器给出提取溶液中待测元素的浓度值。如果提取溶液中锑、砷、钡、镉、铬、铅、汞、硒的浓度超出校准曲线的线性范围，则应该对提取溶液用 0.07mol/L 盐酸进行适当稀释至校准曲线范围水平后再测定。

7.4.2.3　质量控制方案的设计

（1）样品的选择　玩具材料种类繁多，不同类型样品基体存在差异，回收率结果也可能有较大不同。可考虑采用日常检测中的实际样品，只要是 ISO 8124-3 的测试材料的范围内的样品，都可考虑作为加标回收测试样品。

此外，由于加标样品需处理原样和加标样两个样品，应确保样品量足够称两个 0.2g±0.001g 的样品。为了考察不同类型样品检测的结果准确性，每次用不同类型材料样品加标。

（2）标准物质的选择　玩具材料含重金属标准物质很少，且由于可溶性重金属含量受稀释体积、溶液酸度等因数影响，采取可溶性标准物质进行加标回收不尽合理，一般用标准溶液添加。为尽量减少添加标准溶液体积对测定的影响，应选用高浓度、低酸度的标准溶液，以减少添加体积。

加标溶液采用购自国家标物计量院的 Ba、Sb、Se、Hg（100μg/mL）及 As、Pb、Cd、Cr 的（1000μg/mL）标样，其中 As、Pb、Cd、Cr 分别用 1% 的硝酸配制成 100μg/mL 的混标。

（3）添加水平　根据标准对 As、Pb、Cd、Cr、Ba、Sb、Se、Hg 的限量要求，及本实验室曲线测试范围（μg/mL）为 0、0.04、0.5、1、5，确定 As、Pb、Cd、Cr、Ba、Sb、Se 的加标浓度为 2μg/mL，Hg 为 1μg/mL（以最终溶液浓度计）。

（4）加标方式　为考察全部检测过程，选取全程加标方式。

（5）判定标准　本标准未规定加标回收率允许的范围，实验室应结合方法的精密度和准确度及自身的要求来确定。例如 80%～110%。本实例拟采用质控图方法对玩具重金属检测进行质量控制。

必须注意的是，某些情况下的回收率数据异常，并非测试存在系统问题，如测试后发现由于样品本身浓度太高，导致加标回收率不理想。

此外，在进行可溶性物质含量检测时，某些材料、木材、纺织品可能对某些物质有一定的吸附作用，可能使得回收率结果偏低。

7.4.2.4　加标回收测定步骤及结果

按照设计方案，每天选取一个实际待分析样品，同时称取两份（每个均为 0.2g±0.001g），向其中一份样品中加入 0.2mL 的 100mg/L As、Pb、Cd、Cr 的混标和各 0.2mL 的单元素标准溶液 Ba、Sb、Se 及 0.1mL 的 100mg/L 的 Hg 元素标准溶液，然后再加入 9.1mL 0.07mol/L 的盐酸；另一份直接加入 10mL 0.07mol/L 的盐酸，按照标准的萃取程序进行前处理。

样品萃取后获得的溶液上机测试，结果为 c_1 和 c_2，其中 c_1 为加标样品溶液浓度，c_2 为样品溶液浓度。根据两份样品萃取溶液的测试结果计算加标回收率。

计算公式为：

元素 Hg：　　　　　　　　　　　$(c_1-c_2)\times100$

其他元素：　　　　　　　　　　　$(c_1-c_2)/2\times100$

将结果记录在表 7-10。如果测试后发现由于样品本身浓度太高，而导致加标回收率不准时，则采用与样品同样高的浓度进行重新加标。

表 7-10　玩具重金属检测回收率记录表

日期	样品	结　果/(mg/L)							
		元素	As	Sb	Ba	Hg	Se	Cd	Cr	Pb
××××	××××	样品	<0.05	<0.05	<0.05	<0.05	<0.05	<0.05	<0.05	<0.05
		加标样	1.88	1.94	1.92	0.96	1.98	1.86	1.92	1.91
		回收率/%	94	97	96	96	99	93	96	95.5

7.4.2.5　质控图的绘制

对于化学分析定量检测结果，一般结果均符合正态分布，由于日常检测样品量大，可获得大量的回收率数据，即统计样本量较大，通常采用均值-标准偏差质控图。以下以简单介绍采用均值-标准偏差质控图方法来对玩具重金属检测进行质量控制。

如果事先没有质控图，需要先积累 20 个以上历史数据，方可绘制质控图，根据这些数据计算中心线值和上下警告限值、上下控制限值。

（1）选取合理数据作为中心线　连续测定 30 个的回收率数据进行统计，计算所有数据的平均值和标准偏差。在计算前应先对数据进行离群值检验，如用 Gribb's 异常值取舍法剔除异常值后的数据，计算剔除异常值后的 30 次数据取得的平均值和标准偏差 SD。以钡元素为例，某实验室测得以下 30 个回收率数据，见表 7-11。

表 7-11　玩具重金属检测回收率测试连续 30 次结果

次数	1	2	3	4	5	6	7	8	9
回收率/%	111	93	96	101	96	115	116.5	101.5	107
次数	10	11	12	13	14	15	16	17	18
回收率/%	107	112	112	107.5	109	98.0	107	107	109
次数	19	20	21	22	23	24	25	26	27
回收率/%	114	111	115	103	110.5	106	96.5	98.5	97.5
次数	28	29	30						
回收率/%	99	95.5	101						

（2）计算上平均值、下警告限及上下控制限 首先计算平均值、上下警告限＝平均值±2SD、上下控制限＝平均值±3SD。

上述数据计算结果为：

平均值＝105.5％，上警告限＝120.0％，下警告限＝91.1％及上控制限＝127.1％，下控制限＝83.9％，在图上画出平均值、上下警告限、上下控制限对应的横线就绘制成控制图。平均值对应的线为中心线，应为实线，上下控制限应画虚线。

准确的回收率的理论值应该是100％，因此，｜平均值－100％｜＝5.5％＜7.1％＝1SD，表明未发现测量存在明显系统误差。

（3）日常监测测定的结果绘图 再将每次的加标回收率在图上标出（描点、连线），于是控制图就可形成。

7.4.2.6 数据评估

绘制好质控图的中心线应为实线，上下控制限后，某实验室连续21d获得的回收率数据绘制8元素质量控制图（数据略，仅列出Ba元素结果，见表7-12和显示Ba质量控制图，见图7-1）。

表 7-12 Ba 元素加标回收率结果

次数	1	2	3	4	5	6	7	8	9
回收率/%	97.5	95.0	103	104.5	112	107.5	98.0	105	116.5

次数	10	11	12	13	14	15	16	17	18
回收率/%	95.8	99.35	98.9	99.3	96.5	87.35	100	110.3	117.9

次数	19	20	21						
回收率/%	106.3	99.75	94.0						

根据控制图的判定准则，观察图7-1，可发现如下规律。

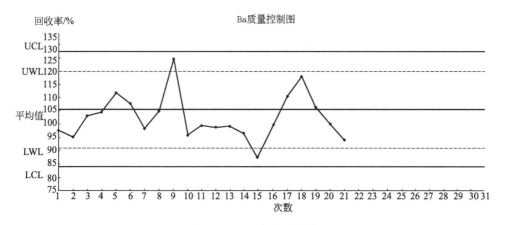

图 7-1 Ba 元素的质控图

（1）单点出界情况 从图 7-1 可以看到，连续 21 个 Ba 元素回收率数据点都处在控制线内，表明 Ba 检测整体处于受控状态。

不过，也存在 1 个点（第 9 个点）回收率结果略高，超出警戒线外，但尚处在控制线内，应该引起警戒，此时，样品检测结果仍予以认可。从统计的观点来考虑，个别的点超出警戒线外也是可能存在的，相反，如果超出警戒线的点频率过低（如远低于 5%），则可能是警戒限过大，或者是系统本身精密度有明显提高。分析本例中 Ba 的结果发现，该加标样品是所有 8 个元素的回收率都略偏高，不是其中 Ba 等某些元素偏高，说明可能是样品前处理过程以及样品溶液转移存放的过程存在问题：比如加标操作，加标用的移液器体积偏高等原因造成的。应对相关测试流程及样品前处理进行重点核查和监控。

（2）多点分布及趋势情况 观察连续多点的分布和发展趋势，可以发现，但是在第 10 个点之后连续 7 点都在中心线下，表示测定失去控制倾向，测量系统可能存在问题。经查，发现在第 10 个点对应的时间开始，实验室用于 ICP-AES 测定的标准溶液消耗，开始采用一套新的标准溶液，该标准溶液 Ba 元素浓度略有偏高，以致使 Ba 测定结果偏低。于是，实验室重新制定标准溶液的配制程序，并要求新配制的标准溶液与其他可靠的标准溶液进行比对，以确保标准溶液浓度的可靠性。重新配制标液进行对比，重新取样测试，结果恢复到正常控制范围。

（3）控制图的更新 当发现质控图上质控点的变化趋势，有时虽然质控点都在正常控制范围，质控点的分布及趋势也没有问题，但是却能发现数据多数比以前偏低或偏高。开始变劣的失控趋势，可能是由于目前质控图的平均值有一定的误差，控制限过大或过小。或者是由于测量系统的某些条件的变化，如采用精密度更好的仪器，操作水平的提高等，这时，应该考虑将随后的质控点数据与以前建立质控图采用的数据汇总在一起，重新计算平均值和标准偏差，重新绘制中心线、上下控制线、警戒线，校正原来的控制图。

参考文献

[1] GB/T 5750.3—2006. 生活饮用水标准检验方法 水质分析质量控制.
[2] DZ/T 0130.6—2006，地质矿产实验室测试质量管理规范 第 6 部分：水样分析.
[3] 储亮侪. 化学分析的质量保证. 西安：陕西科学技术出版社，1993.
[4] 任成忠，毛丽芬. 加标回收实验的实施及回收率计算的研究. 工业安全与环保，2006，32（2）：9.
[5] 张虹. 加标回收率的测定和结果判定. 石油与天然气化工，2000，29（1）：50.
[6] GB/T 27404—2008 实验室质量控制规范 食品理化检测.

第8章 空白测试与重复测试

8.1 概述

8.1.1 简介

（1）空白测试 "空白测试"又称"空白试验"，是在不加待测样品（特殊情况下可采用不含待测组分，但有与样品基本一致基体的空白样品代替）的情况下，用与测定待测样品相同的方法、步骤进行定量分析，获得分析结果的过程。空白试验测得的结果称为"空白试验值"，简称"空白值"。空白值一般反映测试系统的本底，可从样品的分析结果中扣除。通过这种扣除可以消除由于试剂不纯或试剂干扰等所造成的系统误差。

空白试验值反映了测试仪器的噪声、试剂中的杂质、环境及操作过程中的沾污等因素对样品测定产生的综合影响，直接关系到测定的最终结果的准确性。

空白测试是分析化学实验中常用的一种方法，也是化学分析中质量控制关键内容之一。通过空白测试，既可监控整个分析过程中试剂、环境对分析结果的影响程度，也可以校正由试剂、蒸馏水、实验器皿和环境带入的杂质所引起的误差，从而可以减小实验误差。在痕量分析中，空白值对于一项测试尤为重要，此时，应该从测试结果中扣除空白值，否则，将可能产生很大的系统误差。例如，同样是 0.02mg/L 的空白值，如果从 0.06mg/L 的样品测试结果中减掉，就会使最终测定结果改变至少 30%。而从 1.23mg/L 的高浓度样品测试结果中减掉，最终测定结果只发生了 2%的变化。

（2）重复测试 重复测试即重复性试验，在日常工作中也常称为平行样测试，在英文中可译为"Duplicated tests"，指的是在重复性条件下进行的两次或多次测试。本章中平行样测试均为重复测试。重复性条件指的是在同一实验室，由同一操作员使用相同的设备，按相同的测试方法，在短时间内对同一被测对象相互独立进行的测试条件。

通过平行样测试，可以衡量实验室内部测试方法的重复性条件精密度。测试方法的精密度（precision），是指在规定条件下，独立测试结果间的一致程度。对于不同规定条件，相应的精密度结果也不同。分析检测行业中，通常使用两个不同的规定条件来对方法的精密度进行评估，即重复性条件（repeatability conditions）和再现性条件（reproducibility conditions）。再现性条件指的是在不同的实验室，由不同的操作人员使用不同设备，按相同的测试方法，对同一被测对象相互独立进行的测试条件。平行样测试结果所能反映的，属于重复性条件下的精密度。

在测试方法的标准正文中，时常可以见到关于测试精密度方面的一些要求，例如："在重复性条件下获得的两次独立测定结果的相对偏差应小于5%"。这里的两次独立测定，就是平行样测试。通过比较平行样测试结果间的差异，将其与规定值或质量控制相关要求进行比较，则可判断该批次测试的精密度是否符合要求；或者可以判断检测水平是否处于稳定和受控制状态下。

平行样测试频率一般的要求，至少每制备一批样品或每个基体类型或每20个样品做一次。

8.1.2　作用

(1) 空白测试

① 校正误差　空白试验是可以校正由试剂、蒸馏水、实验器皿和环境带入的杂质所引起的误差。

化学检测结果通常在分析样品时需要采用一定的化学试剂、蒸馏水来处理样品，如加入酸消解样品，用蒸馏水稀释样品等，而这些试剂和蒸馏水也可能存在待测定的组分，以致最终分析的样品结果将由于这些试剂和蒸馏水引入的组分使得结果有一定的偏高，为了消除这种因试剂和蒸馏水本底对测定结果的影响，通常要求试剂和蒸馏水不含待测定的组分，或者尽可能低。如果空白值对分析结果影响很小，通常不进行处理，反之，如果空白值对结果有不可忽略的影响，则可将最终样品结果扣除空白值获得校正后的结果。必须注意的是，即使通过校正空白值获得结果，空白值也不宜过高，过高的空白值将影响结果的准确度和精密度。

类似地，实验器皿和环境也可能引入待测定的组分而使结果偏高，这些一并通过扣除空白值而校正误差。

② 监控空白值　空白实验在分析过程中是很重要的，空白值的大小可以监控整个分析过程中试剂、环境对分析数据的影响程度。空白试验值低，数据离散程度小，分析结果的精度随之提高，它表明分析方法和分析操作者的测试水平较高。当空白试验值偏高时，应全面检查试验用水、试剂、量器和容器的沾污情况、测量仪器的性能及试验环境的状态等，以便尽可能地降低空白试验值。

日常分析中，由于选用了足够纯度的试剂和实验用水，对于容器进行了一定的洗涤和处理，对实验环境也有相应的要求，这些将在一定程度上对空白值进行控制和保证。而为保证这些条件能够符合分析要求，在样品分析过程中，同时进行空白分析是十分必要的，不仅可确保本批样品测试的试剂、实验用水、实验器皿和环境满足一定的要求，也可通过这些空白值的变化，反映这些条件的波动。

③ 测定方法检出限　化学分析日常检测工作中，通过对多个测试方法全程空白测试的结果，计算其3倍标准偏差，可以得到该测试方法检出限。

(2) 平行样测试

① 减少测量结果的随机误差　平行样测试是在重复性条件下进行的测试。每组测试样所采用的测试方法、测试试剂和设备，包括测试时的环境条件都几乎一

致，而测试人员也是同一人，因此平行样测试不能降低测量的系统误差，但能减少随机误差（偶然误差）。

通过对平行样结果的统计处理，如取平均值，理论上可以部分消除随机变异，从而得到更为精确的测试结果。通常平行测试次数越多，减少随机误差越明显。由于测试成本原因，实际工作中通常仅进行 2～3 次平行测试。

当两个测试方法的结果均与接受参照值一致时，在其他条件相同的情况下，精密度更小的测试方法，获得更为接近接受参照值的测试结果的概率将更高（接受参照值定义见 GB/T 6379.1）。为了获得更准确的结果，不少检测方法标准规定：测试结果的表达以重复性条件下获得的两次独立测定结果的算术平均值表示，即采用了上述所讲平行样的测试结果的平均值来获得最终测试结果。如 GB 5009.12—2010《食品中铅的测定》。

② 评估测试方法的重复性条件精密度　　通过平行样测试获得多次独立测试的平行样测试结果，经统计分析计算其相对标准偏差（RSD），RSD 大小反映了测试方法的精密度。比较精密度大小有如下一些应用。

a. 选择测试方法　　同一个待测物质，在没有特别指定测试方法的情况下，可能存在有多个相类似的测试方法。例如玩具表面涂层中铅含量的测试，可供选择的方法有 GB/T 22788—2008 和 CPSC-CH-E1003-09.1。在一般情况下，较优的选择是精密度较小的测试方法。如前所述，通过平行样测试，则可统计各个测试方法的精密度。

b. 评估测试结果的可接受性　　在日常的测试分析过程中，存在需依照产品规范或产品标准进行样品测试的情况。而一些产品规范或产品标准中，会有在重复性条件进行重复测量的要求或精密度要求。只有符合要求的测试结果才可作为最终测试结果。

8.1.3　种类

（1）空白测试　　空白的种类很多，有不同的分类方法。

① 按试验时是否采用样品，可分为样品空白和试剂空白。

a. 试剂空白　　化学分析中通常所说的空白即为试剂空白，是指不使用任何待测样品，随同试样分析步骤的空白样品测定获得的空白。它是由测试试剂、容器、环境本身而带来的测试结果的微小的正误差。

b. 样品空白　　样品空白指对不含待测物质的样品，用与实际样品同样的操作步骤进行的试验所获得的空白。对应的样品称为空白样品。

在分光光度分析中，样品空白是指待测样品不加显色剂，其他按样品同样显色步骤处理获得的溶液的空白。样品空白可以抵消加入测试试剂前由于样品自身存在的色度或浊度而引起的正误差。

② 按空白值来源不同，可分为试剂空白、容器空白、环境空白等。

a. 试剂空白　　由试剂杂质引入的空白称为试剂空白。

b. 容器空白　由容器，包括过滤漏斗、滤纸等杂质引入的空白称为容器空白。

c. 环境空白　由实验室灰尘、空气等杂质引入的空白称为环境空白。

事实上，日常检测中，由于环境空白相对较小，而且严格意义上的试剂空白也很难测定，通常的试剂空白是上述 3 种空白的总和。

③ 按空白用途分，有标准空白和分析空白。标准空白无须当作未知样品分析，测定含量，而分析空白则需要当作未知样品分析，测定含量。

a. 标准空白　标准空白也叫"校准空白"，是指配标准溶液（标准系列溶液）时"零"浓度的空白，或不添加标准物质的空白。

b. 分析空白　分析空白是指用于分析检测，如校正本底用的空白。

④ 按空白溶液是否经历样品分析全过程步骤分，有全程空白和部分过程空白。

a. 全程空白　空白溶液是经历样品分析全过程步骤获得的。

b. 部分过程空白　没有经历样品分析全过程步骤获得的空白则为部分过程空白。部分过程空白在分析空白来源时经常要采用。

(2) 平行样测试

① 全程平行样测试和部分过程平行样测试　按平行样测试涵盖整个测试过程的范围大小不同，样品的平行样测试也可以分为全程平行样测试和部分过程平行样测试。

a. 全程平行样测试　从样品的抽样或采样开始，一直到最终报告测试结果，整个测试过程均按相同的方法和步骤进行的平行样测试，即为全程平行样测试。该平行样测试所获得的重复性，其大小真实地反映了整个测试过程的随机变异。全程平行样测试典型的流程是：取样（开始平行样测试）→ 样品前处理 → 样品测定 → 结果审核和发布。某些样品取样方法复杂或难以重复取样，如要评估整个过程的重复性，其平行样测试宜进行全程平行样测试。

b. 部分过程的平行样测试

(a) 不含取样，但包括样品前处理的平行样测试。对于材质均匀，可通过简单采样过程获得的样品，或者样品的采样相对后续的检测过程对测试结果影响较小的情况，可以在样品检测前，再对样品进行拆分，形成子样后进行平行样检测。其典型的流程是：取样 → 样品前处理（开始平行样测试）→ 样品测定→结果审核和发布。

(b) 仅在设备检测过程的平行样检测。对于某些检测，其样品的测定阶段对于测试结果的精密度影响较大时，该检测往往会增加采用这样的平行样测试方式。当分析痕量物质时，或者是分析设备的稳定性较差时，或者是设备的分析过程容易受到干扰时，也可以采用这样的平行样测试方式。其典型的流程是：取样 → 样品前处理→ 样品测定（开始平行样测试）→ 结果审核和发布。

这可以被认为是平行样测试中的一种特殊方式，英文中常用 Replicate 表述。

② 不加标平行样和加标平行样测试　按照平行样中是否添加待测物质，平行样测试还可以分为不加标平行样测试和加标平行样测试两种方式。测试人员基于对待测样品的经验或者认知，来决定具体检测过程中选择何种平行样方式。常见的标

准方法中，对此没有特定的要求。

a. 不加标平行样。不加标平行样是指样品没有加标，直接取两个或多个子样作为平行样进行测试。当样品中含有一定水平的待测物质时，可以考虑采用这种方式。未作特殊说明，通常所说的平行样测试均是不加标平行样测试。

b. 加标平行样测试。加标平行样测试是指在两个或多个子样品中加标，然后作为平行样进行测试。当日常分析过程中，同批次样品中不含有或者仅含有极少量的待测物质时，测试结果为未检出的平行样，无法计算测试方法的精密度。因此需采用加标平行样测试。加标平行样测试的加标方法可参考第 7 章有关内容。

8.2　方法原理

8.2.1　空白控制

8.2.1.1　空白的来源

在分析过程中，所用试剂和实验用水的纯度、器皿的清洁度、分析仪器的灵敏度和精密度、仪器的使用情况、实验室内环境的清洁状况及分析人员的经验和水平，均会影响空白试验值。

（1）实验用水、溶剂和试剂的纯度　多数化学分析中，特别是无机化合物分析时，实验用水是不可缺少的。在有机化合物分析中，也不可避免要使用到各种有机溶剂。此外，各种化学试剂也是分析过程经常使用。而在分析过程中，这些试剂和实验用水都可能含有一些杂质，在分析中就不可避免地带入一些待测组分杂质，成了空白值的来源之一。

我国国家标准 GB/T 6682 将实验室分析用水分为 3 个级别，一级水、二级水和三级水，分别适用于不同的要求，实验室分析用水见表 8-1 。

表 8-1　GB/T 6682 实验室分析用水规格

名　　称	一级	二级	三级
pH 值范围(25℃)	—	—	5.0~7.5
电导率(25℃)/(mS/m)	≤0.01	≤0.10	≤0.50
可氧化物质含量(以 O 计)/(mg/L)	—	≤0.08	≤0.40
吸光度(254nm,1cm 光程)	≤0.001	≤0.01	—
蒸发残渣(105℃±2℃)残量/(mg/L)	—	≤1.0	≤2.0
可溶性硅(以 SiO₂ 计)含量/(mg/L)	≤0.01	≤0.02	—

对于试剂的纯度，也分不同规格。根据纯度及杂质含量的多少，化学试剂的纯度目前在我国可划分为以下几个等级。

① 优级纯试剂，为一级品，纯度高，杂质极少，主要用于精密分析和科学研

究，有的可作为基准物质，常以 GR 表示。

② 分析纯试剂，为二级品，纯度较高，但略低于优级纯，干扰杂质含量很低，但略高于优级纯，适用于工业分析及一般性研究工作，常以 AR 表示。

③ 化学纯试剂，为三级品，纯度较差，但高于实验纯试剂，适用于工厂、学校一般性的分析工作，常以 CP 表示。

④ 实验纯试剂，为四级品，纯度比化学纯差，但比工业品纯度高，主要用于一般化学实验和合成制备，不能用于分析工作，常以 LR 表示。

根据 GB 15346—1994 化学试剂 包装及标志的规定，化学试剂的不同等级分别用各种不同的颜色来标志，见表 8-2。

表 8-2　我国化学试剂的等级及标志

级　　别	一等品	二等品	三等品	四等品
纯度分类	优级纯	分析纯	化学纯	实验纯
代号	GR	AR	CP	LR
标签颜色	绿色	红色	蓝色	黄色

除上述几个等级外，还有基准试剂、光谱纯试剂及超纯试剂等。基准试剂相当或高于优级纯试剂，光谱纯试剂主要用于光谱分析中作标准物质，其杂质用光谱分析法测不出或杂质低于某一限度。超纯试剂又称高纯试剂，是用一些特殊设备如石英、铂器皿生产的。

（2）分析器皿的组分及清洁状况　贮存、处理样品所用的一切器皿，如采样器、烧杯、容量瓶、坩埚、过滤器等，由于其器皿本身的材料成分可能进入样品溶液引起空白过高，增大了待测组分的浓度。在痕量或超痕量分析时，分析器皿的清洁状况，对空白的影响更为明显。

（3）实验室环境的清洁状况　实验室环境对样品的污染主要是由于空气中的污染成分和悬浮微粒引起的。此外，分析人员的头发、皮肤碎屑、汗液等常常沾污样品，所以分析人员不但要具有正确熟练的操作技巧，而且要知道自身对样品可能带来什么沾污，以便采取防范措施。

美国标准局分析化学中心曾系统地比较过 100 级超净室、超净柜与普通实验室、通风柜空气中微粒的沾污情况，见表 8-3，结果表明：采取净化措施后，Pb 的表现最突出，浓度减少至原来的 0.1%。

表 8-3　NBS 实验室空气中微粒沾污水平比较（单位：$\mu g/cm^3$）

项　　目	Fe	Cu	Pb	Cd
普通实验室	0.20	0.02	0.4	0.002
100 级净化室	0.001	0.002	0.0002	未检出
普通通风橱	0.20	0.04	0.50	0.004
100 级净化柜	0.0009	0.007	0.0003	0.0002

（4）设备及仪器污染　日常检测工作中，当样品处理和分析仪器使用不当时，容易引入干扰或者污染，从而影响测定的空白值结果。例如：原子吸收仪火焰未调好，有可能使噪声水平升高；或者在测试过程中，因上一测试样品中待测物质浓度很高，从而对后续测试样品存在记忆效应影响，导致仪器测定的本底值升高。

在痕量或超痕量分析中，仪器系统本身可能会带来一些本底值，从而影响了空白值结果。例如：测试食品中的增塑剂，当采用凝胶色谱（GPC）对样品进行处理时，GPC 设备中的一些管路或与样品接触部件材料为塑料，这些部件可能含有增塑剂，将给样品带来污染，从而影响空白值结果。

8.2.1.2　空白的监控

对空白进行监控相对比较简单，通常有两种情况。

（1）空白值为未检出　当空白值为未检出时，在进行每批样品分析时，可同时进行 1～3 个全程试剂空白，各空白值应为未检出，否则，应查明原因，根据情况采取相应措施。

有条件的实验室，应用空白样品进行分析，以更准确地反映样品分析可能存在的污染及干扰等情况，确保结果的准确性。

（2）空白值有检出　当空白值为有检出时，在进行每批样品分析时，可同时进行 1～3 个全程试剂空白，各空白值应无明显差异，且在可接收的范围，对于一定的测定条件下，其值应稳定在一相对稳定的水平，否则，应查明原因，根据情况采取相应措施。

必要时，可对空白值通过质量控制图来分析。

8.2.1.3　降低空白值的方法

针对产生空白的原因，采取下列降低空白的措施。

（1）选用能满足纯度要求的试剂和水　为满足环境监测痕量分析的要求，应选用足够纯度的试剂和水。当试剂的纯度不够时，可根据试剂和杂质的特性，使用蒸馏、升华、离子交换、溶剂萃取、重结晶等手段提纯试剂，水作为溶剂，用量极大，其质量需定期监控。

（2）选用满足清洁要求的器皿　当所贮试剂溶液对玻璃有侵蚀性时，应改用聚乙烯或聚四氟乙烯瓶贮存。一般玻璃器皿可用 1＋1 硝酸浸泡片刻，先用自来水冲洗，再以实验用水淋洗干净即可。

在分析食品中铅含量的时候，容量瓶、漏斗、滤纸或滤膜、瓶塞都可能会引入污染。分析前应对相关器皿进行验收，对其清洁状况进行评估。

对测汞仪，应认真处理，必须用 1＋1 硝酸至少浸泡半天方可使用。

（3）保持环境清洁满足要求　分析室，特别是仪器室应保持清洁，使空气的洁净度能满足获得低空白的要求。

（4）确保仪器满足分析要求　从称量到测定，应确保各仪器无污染、无残留，分析精密度与灵敏度满足要求，以期能得到低而稳定的空白值。

在对有些容易产生记忆效应的组分测试时，应特别注意对仪器的清洗。如当采用 ICP-AES 分析汞或锑时，当其含量水平较低时（例如 0.002%），正常的仪器分析时间和样品间隔时间，可以保证每一测试的独立性。但当汞或锑含量较高时（例如 0.5%），由于进样系统中可能会残留汞或锑，此时会因记忆效应影响后一个样品的测定。因此需要稍微延长一下冲洗时间，将进样系统清洗干净后再测定后续样品，以避免样品交叉污染情况发生。

此外，应注意对仪器的维护与保养，特别是在痕量分析时，应避免分析高含量的待测组分的样品。

8.2.2　平行样测试

8.2.2.1　减小平行样结果差异的方法

以下通过对影响平行样结果差异的因素探讨，提出减少平行样结果差异的方法。影响平行样结果差异的因素有很多，这些因素主要包括样品的均匀性、时间间隔、人员的能力或受培训程度、仪器的稳定性、测试方法本身、试剂影响、环境影响等。

（1）样品的均匀性　用于平行样测试的样品，如样品本身不均匀，通常会增大平行样结果差异。因此，进行平行样测试，应尽可能采用足够均匀的样品进行测试。

为了减少平行样结果差异，平行样测试的样品在用于测试前，最好将物料进行专门的匀质化处理（例如用粉碎机将样品打碎后混匀），或是适当增大取样量，以获得更有代表性的样品。当然，样品量的增加受到方法本身多种因素的影响，例如样品量的增加可能带来后续样品处理的困难，或带来更明显的基体干扰，导致测试难以进行。

（2）平行样间的分析间隔　某些物质的含量或性质会随着时间而改变（例如一些需显色或者衍生化反应后分析的待测物质），此时随着平行样间的分析间隔增加，可能会增大平行样结果的差异。同时，由于测量仪器也可能随时间变化发生波动，因而平行样测试时，最好能规定并尽量减少平行样间的测量时间间隔。

熟悉测试方法，了解其中的关键步骤在测试时间上的要求，这一点对于减少平行样测试结果间的差异很重要。例如 ISO 17075 方法测试皮革中的六价铬含量，样品溶液在显色后要求在 $10\sim20\,\text{min}$ 内完成分析，否则平行样结果间的差异可能增加。

（3）检测设备或仪器的稳定性　检测设备的稳定性高低，会对平行样的测试结果精密度产生直接的影响。当检测设备使用的年限较长而老化，导致其短期稳定性下降的，即使平行样测试是在短暂的时间间隔内完成，检测设备的仪器状态或性能，仍然有可能出现波动，从而导致测试结果的精密度增大。

在检测实验室内，制定合适频率的定期的仪器设备性能检查计划，和恰当的仪器设备使用前的性能评估程序，有助于测试人员了解仪器设备的状态和测试工作的开展，确保检测设备或仪器的稳定性满足要求，可减小偶然误差，从而减少平行样结果差异。同时，设备在平行样测试的两次测量之间不应重新校准，除非校准是单个测量中一个基本的组成部分。

（4）测试方法的精密度　不同精密度的测试方法，平行样结果差异不同，通过选取精密度更小的方法可减少平行样的结果差异。

通常平行样测试中，所使用的测量方法应是一个标准化的方法。这样一个方法应是稳健的，即测量结果对测量过程中的微小变动，不会产生意外的大变动。描述测量方法的文件应该是明确的和完整的。所有涉及该程序的环境、试剂和设备、设备的初始检查以及测试样本的准备的重要操作都应该包括在测试方法中，这些方法尽可能地参考其他的对操作人员有用的书面说明，并精确说明测试结果和计算方法以及应该报告的有效数字位数。任何不清晰的表达，将可能带来测试人员理解上的不同，从而引入偶然误差，可能影响平行样结果的精密度。

（5）测试人员的技术水平，试剂和环境的变化　测试人员的技术水平和受培训程度高低，会对测试结果带来一定的偶然误差。作为检测实验室，应制定详细的培训和考核标准，以提升人员的技术水平和操作稳定性。

平行样测试中所使用的试剂，如果试剂是同批次的且已验收合格的，则其带来的变异因素应该是可控范围内的。检测实验室应制定相应的试剂验收程序和供应商评估程序，以确保试剂的品质合格和稳定。

平行样测试过程中，实验室的温湿度条件或其他的环境条件，将可能通过影响测试设备、测试人员等因素间接影响测试结果的精密度，也可能直接地对测试结果精密度造成影响。例如温湿度条件可能会影响光谱类化学分析设备的稳定性，从而间接影响测试结果的精密度。通风橱上的尘埃，如不及时清理，可能在某些元素的痕量检测过程中，带来污染，从而影响平行样测试结果的精密度。

8.2.2.2　平行样测试的结果的应用和评估

（1）平行样测试结果的应用　最终测试结果一般可以用平行样测试的结果的均值来表达，均值相对于单次测试结果，其精密度更小。主要的原因是按统计学原理，有：

$$S_{\overline{X}} = \frac{S_1}{\sqrt{n}} \tag{8-1}$$

式中　S_1——单次测试结果的标准偏差；

　　　$S_{\overline{X}}$——测试结果平均值的标准偏差；

　　　n——测试次数。

（2）平行样测试结果的可接受性评估　在检测实验室的实际应用上，平行样测试的精密度是否符合要求，平行样测试结果间的差异是否可以被接受，不同的测试方法或者标准会有不同的要求。常见的平行样结果的可接受性评估方式，有以下几种。

① 重复性限　利用重复性限检查平行样测试结果，存在多种检查方法。GB/T 6379.6—2009 中就列举了多种方法。考虑到化学分析的实际，一般情况下平行样测试只包括两次独立的测试，因此此处只选取其中一种检查方法作为介绍。

按照某一个方法进行检测，其平行样测试的结果中，两次测试结果的绝对差小于重复性限的概率为 95%。重复性限也是重复性条件下两次测量结果之差以 95% 的概率所存在的区间，即两次测量结果之差落于 r 这个区间内或这个差 $\leqslant r$ 的概率为 95%。假定多次测量所得结果呈正态分布，而且算得的标准偏差充分可靠（自由度充分大），则可求得，即重复性限为重复性标准差的 2.8 倍。按 GB/T 6379.6，其计算原理如下：

重复性标准差，就是通过多次测试所获得的多个测试结果，因多次结果呈正态分布，因而可以计算得出这些测试结果的样本标准差。

$$样本标准偏差 \qquad S_1 = \sqrt{\dfrac{\sum\limits_{i=1}^{n}(X_i - \bar{X})}{n-1}} \qquad (8\text{-}2)$$

由于平行样测试的两次测试结果之差，为两次独立测试结果相减而得来的，因此平行样测试结果之差的标准偏差 $S_d = \sqrt{2}S_1$。

在 95% 置信度时，重复性限 $S_r = 1.96 S_d = 1.96 \times \sqrt{2} S_1 = 2.8 S_1$。

当两次平行样测试的结果的绝对值差小于或等于重复性限时，可以认为该平行样测试结果可以接受。

如两次平行样测试的结果的绝对值差大于重复性限时，需查找原因或重做平行样。此时，若 4 个测试结果的极差（$X_{max} - X_{min}$）等于或小于 $n=4$ 时概率水平为 95% 的临界极差 $CR_{0.95}(4)$，则取这 4 个测试结果的算术平均值作为最终报告结果。临界极差按下式计算：

$$CR_{0.95}(n) = f(n)S_r \qquad (8\text{-}3)$$

式中 $f(n)$ 称为临界极差系数。表 8-4 中列出了 n 从 2 至 10 的部分临界极差系数的值。

表 8-4　临界极差系数 $f(n)$

n	2	3	4	5	6	7	8	9	10
$f(n)$	2.8	3.3	3.6	3.9	4.0	4.2	4.3	4.4	4.5

如果 4 个测试结果的极差大于重复性临界极差，则取 4 个测试结果的中位数作为最终报告结果。

② 相对偏差（RPD）　RPD 的英文全称为 "Relative percent difference"，主要针对进行了两次平行样测试的结果，尤其是样品加标平行样的测试结果的评估。

$$RPD = \dfrac{D_1 - D_2}{\dfrac{1}{2}(D_1 + D_2)} \times 100\% \qquad (8\text{-}4)$$

式中　D_1——平行样测试中第一个样品的测试结果；

　　　D_2——平行样测试中第二个样品的测试结果。

平行样测试结果按 RPD 公式进行计算，如所使用的测试方法或标准法规中没有明确定义时，一般要求是当平行样结果的浓度在标准曲线中点，或者是在接近限值浓度时，其 RPD 不大于 20％（参考 US EPA6010C，US EPA 7000B，US EPA6020A）。如果样品原来不含有待测物质，通过加标平行样来评估测试方法和结果的精密度时，比较理想的加标浓度水平，是在能满足以上条件的情况下，尽量使加标浓度在 10～100 倍方法定量限（lower limit of quantitation，LOQ）之间。

当平行样测试结果计算所得的 RPD 小于等于 20％时，可以认为该平行样测试结果可以接受。如两次平行样测试的结果的绝对值差大于重复性限时，需查找原因或重做平行样进行验证。

（3）实验室内变异系数（CV）　变异系数的定义是样本标准差除以非零样品均值的绝对值。而实验室内变异系数（CV）指的就是在重复性条件下，进行平行样测试所获得的测试结果的标准差除以非零样品均值的绝对值。其具体计算公式为：

$$CV=\frac{S}{\bar{x}}\times100\%\qquad\qquad(8\text{-}5)$$

式中　S——平行样测试所获得的测试结果的标准差；

　　　$\bar{x}$——平行样测试所获得的测试结果的均值。

某些测试方法，制定并列出的精密度要求，会以实验室内变异系数（CV）的方式表达。此类测试方法要求进行多次平行样测试，将所得测试结果进行计算获得变异系数，并将该变异系数与规定值进行比较。当平行样测试结果计算所得的变异系数小于等于方法规定值时，可以认为该平行样测试结果可以接受。否则则不接受平行样测试结果，需查找原因或重做平行样进行验证。

例：食品理化检测方法的精密度要求

《GBT 27404—2008 实验室质量控制规范 食品理化检测》中，关于检测方法的确认，规定了精密度的要求，见表 8-5。

表 8-5　实验室内变异系数

被测组分含量	实验室内变异系数(CV)/％	被测组分含量	实验室内变异系数(CV)/％
0.1μg/kg	43	1mg/kg	11
1μg/kg	30	10mg/kg	7.5
10μg/kg	21	100mg/kg	5.3
100μg/kg	15	1000mg/kg	3.8

（4）允差　允许差（或允差）应用于平行样测试的结果可接受性检查，在 GB/T 6379.6—2009 中没有相关的说明，但存在于某些行业的标准中。

例如《GB/T 6903—2005 锅炉用水和冷却水分析方法 通则》，就有以下说明。在一般情况下，可取两次平行测定值的算术平均值作为分析结果报告值。如果两次平行测定结果的绝对误差超过允许差，则要进行第三次测定，如果第三次测定值与前两次测定值的绝对误差都小于允许差，则取三次测定值的算术平均值作为分析结果的报告值；如果第三次测定值与前两次测定值中的某一数值的绝对值小于允许差，则取该两数值的算术平均值作为分析结果的报告值，另一测定数值则舍弃；如果三次平行测定值之间的绝对误差均超过允许差，则数据全部作废，待查找出原因后再进行测定。

8.3　空白测试在质量控制中的应用

8.3.1　操作步骤

8.3.1.1　方案的设计

空白测试的方案相对简单，因为空白测试是在与样品测试相同的条件和步骤下进行的，因此考虑的因素较少。

但由于空白的种类比较多，影响空白值结果的因素也比较多，不同检测项目和检测标准存在较大差异，因此，空白测试的方案需考虑的重点在于检测样品的选择、测定的目的以及数据的处理、结果评价等。

8.3.1.2　方案的实施

在进行空白测试时，最重要的一点是，必须严格按标准操作步骤进行操作，例如：样品存在过滤步骤，空白测试也必须采用同样的步骤。

在进行试剂空白测试时，有时由于没有样品的原因，某些步骤可能无法按标准规定步骤进行操作，则可省略。例如：称样的步骤在试剂空白测定中被省略。

8.3.1.3　数据的处理与结果的评价

（1）空白值为未检出时的处理　实际分析工作中，当实验室全程空白的测定值小于检出限时，即空白值为未检出，该空白值不需额外处理，测试结果不用扣除空白值。

（2）单个空白值检出时的数据处理及应用（空白的校正）　当测试时某一批次仅做了一个空白测试，而该空白值的测试结果大于仪器检出限或方法检出限时，此时空白值的处理方式有如下 3 种。

① 当空白值小于报告限时，该空白值不需额外处理，测试结果不用扣除空白值。

② 当空白值大于报告限，但测试结果远远大于空白值结果时（例如空白值小于允许限量的 5%，且同时小于测试结果的 5%），可结合方法的不确定度进行评估，假如空白值的不确定度分量小于其他较大的不确定度分量（如回收率）的 1/3 时，测试结果可以不需要扣除空白值，但最好将该空白值的测试结果体现在最终测试报告上或者告知使用测试结果的人员。

③ 当空白值大于报告限，空白值的结果对于最终测试结果的影响不可忽略时，

需考虑安排多次测试，以获得多个空白值数据，对空白值进行定量，并在测试结果中对空白值进行扣除。

（3）多个空白值数据处理及应用　当进行多次的空白测试并获得了多个空白值时，首先需对所有空白值进行评估，确认有无异常值。出现异常值需额外调查或从本次空白值数据处理中剔除。

如果多次空白值的结果无异常，则可取多次空白的平均值作为空白值，用于测试结果的校正；或者根据实际要求进行评估后使用。例如，当空白值大于报告限，但测试结果小于限量要求时，在仅关注样品是否符合要求而不关注具体精确结果的情况下，可以不用考虑用空白值对测试结果进行校正。

在日常测试中，常制定空白值的控制图，以监控空白的波动状况及监督实验室对于污染控制的有效性。

8.3.2　空白控制应用实例

例：测试塑料样品中的铅含量

本例中主要关注如何利用全程空白，通过品质控制图，实现对整个测试过程的监控。

美国消费品安全委员会（CPSC）的安全改进法案的测试方法 CPSC-CH-E1002-08.1，测试的对象是儿童产品中塑料基材，采用的方法是微波消解法。样品用硝酸消解后过滤定容到容量瓶中，用 ICP-AES 分析。为对整个测试过程的空白进行监控，避免空白影响测试结果，因而规定每批次做一个全程空白样品，对空白样品的要求是小于仪器检出限 0.02mg/L。

为更清晰地对整个测试过程进行监控，并利用统计学的方法来进一步预防质量事故的发生，可以采用控制图。

① 当出现如图 8-1 时，方法全程空白的测试结果均低于仪器检出限，空白均为检出的情况时，反映了这个测试过程未引入显著的污染或干扰。此时可以不需要对整个测试过程的可能污染源进行改善，样品的测试结果，可以不需要用空白值进

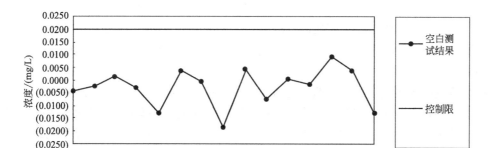

不同批次的空白测试结果-铅Pb

图 8-1　CPSC － CH － E1002 - 08.1 方法空白的控制图

行校正（见表 8-6）。

表 8-6　CPSC-CH-E1002-08.1 方法空白测试结果（单位：mg/L）

批次	1	2	3	4	5	6	7	8
测试结果	−0.0043	−0.0025	0.0012	−0.0034	−0.0132	0.0036	−0.0004	−0.0188
批次	9	10	11	12	13	14	15	
测试结果	0.0039	−0.0079	0.0006	−0.0017	0.0094	0.0038	−0.0133	

　　② 当出现图 8-2 时，方法全程空白中有一批次的空白值结果超出限量，空白有检出的情况时，说明测试过程存在脱控风险。因此需要调查空白值超标的原因。空白值超标的原因调查，可从测试人员、设备、实验器皿、测试方法、环境、测试过程等方面逐一调查和排除。通过核查试剂空白、器皿空白、环境空白、标准空白结合采用部分流程空白的方式（例如做 3 个从样品前处理开始的空白），可以实现这个目的（见表 8-7）。

表 8-7　CPSC-CH-E1002-08.1 方法空白测试结果（单位：mg/L）

批次	1	2	3	4	5	6	7	8
测试结果	0.01604	−0.0033	−0.0038	0.0018	−0.0056	0.0262	0.0036	0.0058
批次	9	10	11	12	13	14	15	16
测试结果	0.0114	0.0150	0.0027	0.0159	0.0007	0.0035	−0.0043	0.0003

不同批次的空白测试结果-铅Pb

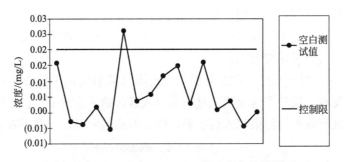

图 8-2　CPSC-CH-E1003-09.1 方法空白的控制图

　　调查发现：测试人员资质没有问题，当天其处理的其他批次未发现空白问题，排除试剂空白的污染可能；而临近批次的空白采用相同设备进行分析时，标准空白也未发现问题。通过观察控制图可以发现，16 次测试中仅有 1 次空白超标，该超标出现的概率很低，结合经验，可将主要的调查目标放在实验器皿和环境上。继续调查，安排多个按现有流程操作所获得的玻璃器皿做方法空白，获得的空白结果均小于限量要求。因此由实验室器皿引入污染的可能性也不大。观察测试环境发现，实验中样品的前处理，在通风橱中完成的，而样品前处理过程中，消解样品的玻璃管上并无遮盖物；同时发现通风橱挡流板上沉积了较厚的灰尘，且挡流板就在玻璃

管正上方。刮取该灰尘并测试其环境空白。测试结果发现其中铅的总含量在0.02~
0.2mg/L之间。这可能就是空白值超标的直接原因。结合考虑到当时与该超标空
白一起测试的同批次样品，经重新测试后确认其中有几个样品中铅含量也受到污
染，并不是每个样品都受到污染。因此，灰尘掉落导致测试样品受污染的可能性
很大。

针对该直接原因，实验室可制定定期清洁通风橱挡流板的措施，以避免类似情
况的发生。同时，进一步调查发现，该样品前处理房间的新风过滤装置发生故障后
被拆除了，导致进入该房间的空气未被过滤，才是根本原因。实验室需进一步制定
措施。当所有措施都实施之后，测试人员可继续通过控制图继续监督空白值的情
况，在随后的几个月中未发现同样或同类型的超标情况再次发生，则证明措施
有效。

同时，该超标的全程空白浓度虽然仅为 0.03mg/L，但该环境空白可能引入的
污染最高达 0.2mg/L，高于该测试的报告限 0.1mg/L。所以同批次的样品，如果
原来发现有检出的，需要进行重新测试，原来测试结果为未检出的，可以不需进行
空白值校正和重测。

8.4　平行样测试在质量控制中的应用

8.4.1　操作步骤

（1）方案的设计　平行样测试的方案相对简单，因是在重复性条件下进行的，
因此考虑的因素较少。首先需确定平行样测试的检测对象或者说质量控制的某一目
标。对于检测实验室来说，一旦检测方法和检测目标物确定了，相应的检测对象就
确定了。其次需考虑测试方法和结果的要求。很多的标准检测方法，都已经规定了
精密度方面的要求，大部分是针对重复性测试或平行样测试的。最后需确定平行样
测试的类型。根据样品范围、浓度水平和测试的方法及结果的要求，综合考虑所采
用的平行样类型。

例如，食品检测、环境检测等领域，因其测试样品的个体差异较大，采样或抽
样后样品间难以保证完全的均匀一致，所以常常使用全流程的平行样测试，通过从
抽样或采样开始的平行样测试，以减少测试结果的随机误差。

化学试剂中超痕量金属元素的分析，需检测到 ppb 级（10^{-9}）水平。此时，
由于样品本身相对均匀，采样或抽样带来的对结果精密度的影响较小，而样品的前
处理和样品测定过程，对于测试结果精密度的影响，将占到一个相当大的比重。因
此可以在抽样或采样后，再对同一样品进行拆分，拆分后的样品进行部分过程平行
样测试。

（2）方案的实施　平行样方案在具体实施上，首先需保证测试是在重复性条件
下进行的，即待测样品、测试人员、测试设备和仪器，测试方法、测试环境等因素

在测试平行样时是保持一致的。具体的注意细节见本章 8.2.2 节。其次要注意平行样测试时，每个样品测试时都能保持独立性，前一个样品的测试不会对后一个样品的测试造成影响。

（3）数据的处理与结果的评价　　平行样测试，对于数据的处理和表达，应该给予明确的规定。可参见本章 8.2.2 节或根据测试方法的要求，确定合适的平行样测试数据处理方式。处理后的数据，与测试方法的要求或测试结果的精密度要求相比较，对平行样结果进行评价。

8.4.2　应用实例

【例1】　食品中铜含量的测定。

本例子主要关注如何通过平行样，减少随机误差。

一个比较复杂的样品（蛋糕），采用《GB/T 5009.13—2003 食品中铜的测定》进行检测，样品经过切割捣碎并匀浆后，取 2g 加酸，在电热板上蒸干后灰化，灰分经补酸溶解后定容，用 GFAAS 分析样品溶液中铜的含量。

① 分别进行 3 次独立的单样测试，测试结果分别为：第一次测试结果 4.5mg/kg；第二次结果 5.4mg/kg；第三次结果 5.2mg/kg。

从以上结果可以看出，三次测试结果的相对标准偏差达 9.3%，第一次和第二次测试结果的差异超过了两者算术平均值的 10%。但如果在仅做一次单样测试的情况下，是无法发现该问题的。

② 进行平行样测试，测试结果分别为 4.5mg/kg、5.2mg/kg。

按《GB/T 5009.13—2003》的要求，"在重复性条件下获得的两次独立测定结果的绝对差值不得超过算术平均值的 10%"，测试人员可以清楚地发现，第一次平行样的测试结果不可接收，其中的某一个值可能存在问题。

通过重新进行平行实验，得到两个新的平行样测试结果：5.0mg/kg，5.3mg/kg；修约后的平均值为 5.2mg/kg。这两个平行样测试结果符合方法的精密度要求，因此可以被接收。原来 4.5mg/kg 这个数值，可能是因引入某些随机误差导致数值偏低。

这个例子部分说明，采用平行样测试，有利于发现异常结果，减少随机误差的影响。

【例2】　钢铁中铬含量的测定。

本例子主要关注如何对平行样测试的结果，进行可接受性检查。

《GB/T 223.11—2008 钢铁及合金 铬含量的测定 可视滴定或电位滴定法》中，测试的对象是高合金钢中的铬含量，采用的方法是电位滴定法（方法的细节请查看 GB/T 223.11—2008）。

方法原理是：试料用适当的酸溶解，在硫酸银存在下，在酸性介质中，用过硫酸铵将铬氧化至铬（Ⅵ），用盐酸还原锰（Ⅶ），用硫酸亚铁铵标准溶液还原铬（Ⅵ）；在电位滴定中，随着硫酸亚铁铵标准溶液的不断加入，通过测量电位的变化，确定化学计量点，从而计算得出铬含量。因样品为高合金钢，该类型样品一般含有一定含量的铬，且其铬含量较高，因此在样品的测试过程中，主要的偶然误差将可能主要来源于样品的消解和测定过程。所以可以选择在样品取样后，再对同一样品进行拆分，进行的平行样测试，对测试过程的精密度进行评估。

在样品取样后，将样品剪碎成小块并混匀。由同一位测试人员，按照测试方法的要求，同时称取两个子样品，在同一时间进行消解并顺序滴定。因滴定的时间相对较长，因此需要在开始滴定样品前和滴定完所有样品后，分别滴定一标准溶液，以了解电位滴定仪的状态，从而监控仪器的波动水平。

① 假如平行样测试的结果分别为 $D_1 = 15.01\%$，$D_2 = 15.08\%$，则 $D_2 - D_1 = 15.08 - 15.01 = 0.07(\%)$。从表 8-8 中可知，对应的重复性限是 $r = 0.114\%$。$(D_2 - D_1) < r$。结果说明，测试结果的精密度达到方法的要求，结果可以被接收并用于计算最终测试结果。

表 8-8　GB/T 223.11—2008 铬含量与重复性限关系

铬含量(质量分数)/%	重复性限 r	铬含量(质量分数)/%	重复性限 r
5.0	0.064	20.0	0.132
10.0	0.092	25.0	0.149
15.0	0.114		

② 假如平行样测试的结果分别为 $D_1 = 15.01\%$，$D_2 = 15.18\%$，则 $D_2 - D_1 = 15.18 - 15.01 = 0.17(\%)$。从表 8-7 中可知，对应的重复性限是 $r = 0.114\%$。$(D_2 - D_1) > r$，则说明测试结果的精密度存在问题。该平行样测试结果不被接收，需调查原因。

如滴定时的前后标准溶液测试结果无异常，则需重新进行测定，假如测试结果为 $D_3 = 15.08\%$，$D_4 = 15.21\%$；由表 8-3 可以查得 $f(4) = 3.6$，则 $CR_{0.95(4)} = f(4)_r = 3.6 \times 0.114\% = 0.410\%$。$(D_2 - D_1) < CR_{0.95(4)}$，此时平行样结果为 4 次测定结果的平均值：$(15.01 + 15.18 + 15.08 + 15.21)/4 = 15.12\%$。该 4 次平行样测试结果的精密度，能符合方法的接收要求。

参考文献

[1] GB/T 6379.1 测量方法与结果的准确度（正确度与精密度）第 1 部分　总则与定义：2004.
[2] GB/T 6379.2 测量方法与结果的准确度（正确度与精密度）第 2 部分 确定标准测量方法重复性与再现性的基本方法：2004.
[3] GB/T 6379.6 测量方法与结果的准确度（正确度与精密度）第 6 部分 准确度值的实际应用：2009.
[4] GB/T 27404 实验室质量控制规范 食品理化检测：2008.
[5] (IUPAC) Harmonized guidelines for internal quality control in analytical chemistry laboratories. Pure&Appl. Chem. , 1995，vol. 67，No. 4：649-666.
[6] GB/T 223.11 钢铁及合金 铬含量的测定 可视滴定或电位滴定法：2008.

第9章 能力验证与测量审核

9.1 概述

按照国际标准 ISO/IEC 17043：2010 的最新定义，能力验证（proficiency testing）是"利用实验室间比对，按照预先确定的准则来评价参加者能力的活动"。对于实验室而言，参加能力验证活动，是衡量与其他实验室检测结果的一致性，识别自身存在的问题最重要的技术手段之一，也是实验室最有效的外部质量控制方法。实验室通过参加能力验证计划，不仅可及时发现、识别检测差异和问题，从而有效地改善检测质量，促进实验室能力的提高。同时，依据能力验证结果可证实实验室对程序、方法和其他运作的有效控制，为量值溯源提供相关性证明等。对实验室而言，能力验证是证明实验室具备某项检测能力的重要证据；对实验室认可机构而言，能力验证是评价实验室检测能力的技术手段，是评价和监管实验室的有效措施，其重要性也体现在认可机构的认可文件要求中。在全球市场经济一体化的今天，能力验证还是维持国际互认的技术基础。

9.1.1 能力验证与实验室间比对

质量控制技术手段有很多，通常实验室较多采用室内质量控制手段，即在实验室内部进行，而能力验证则是属于外部质量控制的手段，一般需要借助实验室间比对来实施。

实验室间比对（interlaboratory comparison）是按照预先规定的条件，由两个或多个实验室对相同或类似的物品进行测量或检测的组织、实施和评价。在实验室活动中，实验室间比对应用十分广泛。目前，实验室间比对的主要目的如下：

① 评定实验室从事特定检测或测量的能力及持续监视实验室的这种能力；

② 识别实验室存在的问题并启动改进措施，这些问题可能与诸如不适当的检测或测量程序、人员培训和监督的有效性、设备校准等因素有关；

③ 建立检测或测量方法的有效性和可比性；

④ 增强实验室客户的信心；

⑤ 识别实验室间的差异；

⑥ 根据比对的结果，帮助参加实验室提高能力；

⑦ 确认声称的不确定度；

⑧ 评估某种方法的性能特征——通常称为协作试验；

⑨ 用于标准物质/标准样品的赋值及评定其在特定检测或测量程序中使用的适用性；

⑩ 支持由国际计量局（BIPM）及其相关区域计量组织，通过"关键比对"及补充比对所达成的国家计量院间测量等效性的声明。

上述目的中，通常前 7 项都是能力验证可达到的目的，而后 3 项则通常不作为能力验证的目的，因为参加这些实验室间比对的实验室通常不是一般的实验室，而应该是其检测能力符合一定条件并具备一定能力水平的实验室，即这类比对目的不是为了评价实验室的能力，而是选定一些能力已被设定的实验室进行比对，依据比对结果获得一些样品或者方法的参数。因此，可以认为能力验证是以评价实验室能力为目的的实验室间比对。

9.1.2　能力验证与测量审核

在实验室的能力评价活动中，通常由于一轮能力验证计划涉及的参加实验室较多，实施一轮能力验证计划的时间可能较长，需要 3～5 个月，对于传递类型的计划，则可能需更长时间。因此，开展能力验证计划往往有固定的时间安排，且组织的周期较长，而实验室需要参加能力验证计划与组织者提供的能力验证计划安排不一定能同步，因此，在没有参加能力验证计划时，一种补充的方法即参加测量审核。

测量审核是指实验室对被测物品（材料或制品）进行实际测试，将测试结果与参考值进行比较的活动。由实验室进行现场独立测试，将实验室测试值与所提供该样品的参考值相比较来判定实验室能力的活动，该方式也用于对实验室的现场评审活动中。相对来说，测量审核更为灵活、快速。

测量审核与能力验证的比较见表 9-1。

表 9-1　测量审核与能力验证的比较

比 较 项 目	能 力 验 证	测 量 审 核
参加者数量	$\geqslant 1$	$=1$
需要的时间	较长	较短
从报告中获取的信息	丰富	较少
结果评价	较多使用 Z 比分数	较多使用 E_n 值

9.1.3　能力验证的基本概念

能力验证活动中有一些专业术语和定义，在查阅能力验证提供者的计划公告和阅读能力验证报告时，必须掌握和了解。以下介绍能力验证活动中几个基本术语和定义。这些术语和定义主要来自国际标准 ISO/IEC 17043：2010、ISO/IEC Guide 99：2007 等。

（1）指定值（assigned value）　对能力验证物品的特定性质赋予的值。

注：在某些定性或半定量计划中，能力验证物品的特性不是以量值来表示的。

（2）协调者（coordinator） 负责组织和管理能力验证计划运作中所有活动的一人或多人。

（3）客户（customer） 通过合同性协议获得能力验证计划的组织或个人。

（4）离群值（outlier） 一组数据中被认为与该组其他数据不一致的观测值。

注：离群值可能来源于不同的总体，或由于不正确的记录或其他粗大误差的结果。

（5）参加者（participant） 接受能力验证物品并提交结果以供能力验证提供者评价的实验室、组织或个人。

注：在某些情况下，参加者可以是检查机构。

（6）能力验证物品（proficiency testing item） 用于能力验证的样品、产品、人工制品、标准物质/标准样品、设备部件、测量标准、数据组或其他信息。

（7）能力验证提供者（proficiency testing provider） 对能力验证计划建立和运作中所有任务承担责任的组织。

（8）能力验证轮次（proficiency testing round） 向参加者发放能力验证物品、评价和报告结果的单个完整流程。

（9）能力验证计划（proficiency testing scheme） 在检测、测量、校准或检查的某个特定领域，设计和运作的一轮或多轮能力验证。

注：一项能力验证计划可以包含一种或多种特定类型的检测、校准或检查。

9.1.4　能力验证计划的类型

能力验证计划种类很多，有不同的分类方法。

9.1.4.1　按结果的类型来分

根据能力验证计划中评价参加实验室能力所依据的结果的类型不同，能力验证计划有三种基本类型：定量能力验证计划、定性能力验证计划以及解释性能力验证计划。

（1）定量能力验证计划 该类计划是确定能力验证物品的一个或多个被测量的量。在该类能力验证计划中，评价参加实验室能力所依据的结果是属于定量测量的结果，即其测量结果是数值型的，并用定距或比例尺度表示。在定量能力验证计划中，对数值结果通常进行统计分析。化学检测对于特定元素或物质含量分析均属于这类计划。

（2）定性能力验证计划 该类计划是对能力验证物品的一个或多个特性进行鉴别或描述。评价参加实验室能力所依据的结果是不是数值型的，而是描述性的，并以分类或顺序尺度表示，如微生物的鉴定，或识别出存在某种特定的被测量（如某种药物或某种特性等级）。用统计分析评定能力可能不适用于定性检测。如化学检测中鉴别塑料的类型。

（3）解释性能力验证计划　评价参加实验室能力所依据的结果不是数值型的，也是描述性的，但与定性能力验证计划不同，其结果无法用分类或顺序尺度表示，通常需要一段文字说明来表示，这类计划的"能力验证物品"通常可以不是实物，而是与参加者能力的解释性特征相关的一个检测结果（如描述性的形态学说明）、一套数据（如确定校准曲线）或其他一组信息（如案例研究）等。化学检测中较少这种类型的能力验证计划。

9.1.4.2　按物品分发方式来分

根据能力验证计划中能力验证物品分发方式的不同，能力验证计划可分为：顺序能力验证计划及同步能力验证计划两类。

（1）顺序能力验证计划　顺序参加的能力验证计划（有时被称作测量比对计划）是将能力验证物品连续地从一个参加者传送到下一个参加者（即按顺序参加）的计划，这类计划要求参加者完成检测后传递至下一个参加者，有时需要传送回能力验证提供者进行再次核查，以确保指定值没有明显变化。通常适合非破坏性分析，且应特别注意物品在多次检测和传递过程中不受影响，由于需要逐个检测和传递，需要的时间很长，特别是当参加者的数量较多时，一轮计划持续的时间更长，有时需若干年。

（2）同步能力验证计划　该类计划中，若干份相同的能力验证物品同时分发给参加者，每参加者1份，在规定期限内同时进行检测或测量。该类计划能较快回收结果，但必须确保分发给所有的参加者的能力验证物品是足够均匀的，即各物品的差异不影响对实验室能力评价。各类材料的化学成分检测能力验证计划通常都属于该方式。

9.1.4.3　按样品设计来分

根据能力验证计划中能力验证物品设计的不同，能力验证计划可分为：独立样品计划、分割水平计划、分割样品计划（通常用于测量审核）。

（1）独立样品计划　该类计划中，能力验证物品只有一个，或者若干，但各样品相互独立，结果单独统计分析和评价。

（2）分割水平设计计划　"分割水平"设计，通常两个能力验证物品具有类似（但不相同）水平的被测量。该设计用于评估参加者在某个特定的被测量水平下的精密度，它避免了用同一能力验证物品做重复测量，或者在同一轮能力验证中使用两个完全相同的能力验证物品带来的问题。

（3）分割样品检测计划　某种产品或材料的样品被分成两份或多份，每个参加者检测其中的一份。通常用于少量参加者（通常只有两个参加者）数据的比较。通常该类计划中，其中的一个参加者由于使用了参考方法和更先进的设备等，或通过参加承认的实验室间比对计划获得满意结果而证实了其自身的能力，可认为其测量具有较高的计量水平（即较小的测量不确定度）。该参加者的结果可用作该类比对的指定值，其他参加者的结果与之比对。"分割样品"设计是经常被参加者的客户以及某些管理机构采用的能力验证特殊类型。

9.1.4.4　按应用领域来分

根据能力验证计划中应用领域的不同，能力验证计划可分为：检测能力验证计划及校准能力验证计划及检查能力验证计划。本书讨论的能力验证计划主要是检测能力验证计划，即应用于检测实验室检测能力评价的能力验证计划。

9.1.4.5　其他分类方法

① 按分发能力验证物品次数，可分为单次能力验证计划与连续能力验证计划。

② 按涉及的过程，可分为抽样、数据转换和解释等部分过程能力验证计划、全过程能力验证计划。

9.2　能力验证的统计方法

9.2.1　总则

开展能力验证计划离不开统计方法，作为组织机构，许多能力验证技术工作需要采用统计方法，如：①指定值的确定；②能力统计量的计算；③能力评定；④能力验证物品均匀性和稳定性的初步判定等，作为参加实验室，为了更好地阅读分析能力验证计划的结果报告，更好地利用能力验证结果，也需要对能力验证常用的统计方法有一定的了解和掌握，以下将对化学定量检测能力验证涉及的能力验证统计方法作简单的介绍。

不同能力验证的设计有较大差异，因而，采用的统计方法也可能有很大差异。能力验证组织机构在设计能力验证计划方案时就必须仔细考虑统计方案，分析这些结果时，应根据不同情况选择适用的统计方法。国际标准 ISO 13528 中详细描述了能力验证工作中各种情况下优先使用的具体方法，对于其他方法，只要具有统计依据并向参加者进行了详细描述，也可使用。由于统计方法种类繁多，以下重点介绍指定值及不确定度、能力验证统计量、能力评定等相关内容及统计方法。能力验证物品均匀性和稳定性检验也涉及较多的统计方法，这是组织机构十分重要的一项工作，对于参加实验室一般无须过多关注，因此，本书不介绍相关内容。有关能力验证计划统计方法的详细内容请参考 ISO 13528 标准。

9.2.2　指定值的确定

能力验证指定值的确定有多种方法，最常用的有以下五种。

(1) 已知值　根据特定能力验证物品配方（如制造或稀释）确定的值。

(2) 有证参考值　当使用有证标准物质/标准样品作为能力验证物品时，其标准值可为能力验证指定值。

(3) 参考值　通过与标准物质/标准样品或参考标准的并行分析、测量或比对传递过来的值。

（4）专家实验室公议值　由若干测量水平较高的实验室（专家实验室，某些情况下可能是参考实验室）测定结果的中位值。

由专家参加者确定的公议值，一般首先需准备分发给参加者的测试物料。随机选取一部分样本，由一组专家实验室进行分析，这组专家实验室可以是一轮能力验证计划的参加者，在这一轮计划完成后确定指定值及其不确定度。

（5）参加实验室公议值　由所有参加实验室（不包括某些不适合统计结果的实验室）测定结果的中位值。

在大多数情况下，按照上述排列次序，指定值的不确定度逐渐增大。在以上确定指定值的五种方法中，前 3 种方法涉及的统计方法比较简单，而后两种方法通常采用稳健的统计方法，具体的统计方法见后面有关部分内容介绍。

9.2.3　能力评定标准差 $\hat{\sigma}$ 的确定

ISO 13528 中，能力评定标准偏差 $\hat{\sigma}$ 可由以下 5 种方法计算确定。

（1）规定值　根据能力验证的"目的适宜性"，由专家判定或法规规定（规定值）。

（2）预期值　根据以前轮次的能力验证得到的估计值或由经验得到的预期值（经验值）。

（3）经验公式计算　由经验公式计算获得，目前应用最广泛的 Horwitz 公式，只需要根据被测定物质含量即可计算测量方法的再现性数据。

（4）由精密度试验得到的结果　如果能获得标准方法重复性和再现性数据，可计算能力评定标准偏差。

（5）由参加者结果得到　目前，不少能力验证利用能力验证计划参加实验室的结果来获得，主要包括：传统标准差、稳健标准差或标准化四分位距。稳健标准差或标准化四分位距统计方法见后文。

9.2.4　ISO 13528 稳健统计方法

为使离群值对总计统计量的影响降至最低，在使用参加者公议值计算指定值或采用参加者结果计算能力验证能力评定标准偏差时，应通过使用稳健统计方法或检出统计离群值的适当检验方法来统计处理数据。目前在能力验证中使用广泛的两种稳健统计方法为 ISO 13528 国际标准附录中介绍的稳健统计方法和 NATA 能力验证指南中推荐的中位值和标准化四分位距法。

ISO 13528 国际标准介绍的稳健统计方法包括算法 A 和算法 S 两种，这些方法来源于 ISO 5725-5。以下简单介绍算法 A，应用该算法可以得到数据平均值和标准差的稳健值。

按递增顺序排列 p 个数据，表示为：

$$x_1, x_2, \cdots\cdots, x_i \cdots\cdots x_p$$

这些数据的稳健平均值和稳健标准差记为 x^* 和 s^*。

计算 x^* 和 s^* 的初始值如下（med 表示中位数）：

$$x^* = \mathrm{med}\, x_i (i=1,2,\cdots,p) \tag{9-1}$$

$$s^* = 1.483\mathrm{med}|x_i - x^*|(i=1,2,\cdots,p) \tag{9-2}$$

根据以下步骤更新 x^* 和 s^* 的值。计算：

$$\delta = 1.5s^* \tag{9-3}$$

对每个 $x_i(i=1,2,\cdots,p)$，计算

若 $x_i < x^* - \delta, x_i^* = x^* - \delta$；

若 $x_i > x^* + \delta, x_i^* = x^* + \delta$；

若
$$x^* + \delta \geqslant x_i \geqslant x^* - \delta, x_i^* = x^* \tag{9-4}$$

再由下式计算 x^* 和 s^* 的新的取值：

$$x^* = \sum_{i=1}^{p} x_i^* / p \tag{9-5}$$

$$s^* = 1.134\sqrt{\sum(x_i^* - x^*)^2(p-1)} \tag{9-6}$$

其中求和符号对 i 求和。

稳健估计值 x^* 和 s^* 可由迭代计算得出，例如用已修改数据更新 x^* 和 s^*，直至过程收敛。当稳健标准差和稳健平均值的第三位有效数字在连续两次迭代中不再变化时，即可认为过程是收敛的。这是一种可用计算机编程实现的简单方法。

9.2.5　中位值及标准四分位距稳健统计方法

采用这种稳健统计得到的总计统计量包括结果数、中位值、标准四分位数间距、稳健变异系数、最小值、最大值和极差。

（1）结果数　从一个特定检测中得到的结果总数，符号为 N。

（2）中位值　中位值是一组数据的中间值，即有一半的结果高于它，一半的结果低于它。N 如果是奇数，那么中位值是一个单一的中心值，即 $X^{\left[\frac{(N+1)}{2}\right]}$。如果 N 是偶数，那么中位值是两个中心值的平均，即是 $\dfrac{X_{\left[\frac{N}{2}\right]} + X_{\left[\left(\frac{N}{2}\right)+1\right]}}{2}$。

（3）四分位间距（IQR）　四分位间距是低四分位数值和高四分位数值的差值。将数值按由小到大的顺序排列，通过数据值之间的内插法，处于 25% 位数处的数值即为低四分位数值（Q_1），处于 75% 位数处的数值即为高四分位值（Q_3）。$IQR = Q_3 - Q_1$。

（4）标准四分位数间距（$NIQR$）　标准四分位数间距（$NIQR$），等于四分位间距（IQR）乘以因子 0.7413。因子 0.7413 是从"标准"正态分布中导出。

（5）稳健变异系数（CV）

$$CV = \frac{标准化 \, IQR}{中位值} \times 100\%$$ (9-7)

（6）最小值、最大值和极差

最小值，即最低值（即 $X_{[1]}$）。

最大值，即最高值（即 $X_{[N]}$）。

极差，最大值和最小值之间的差值（即 $X_{[N]} - X_{[1]}$）。

其中最重要的统计量是中位值和标准化 IQR——它们是数据集中和分散的量度，与平均值和标准偏差相似。使用中位值和标准化 IQR 是因为它们是稳健的统计量，即它们受数据中离群值的影响较小。

9.2.6　离群值统计处理方法

① 明显错误的结果，如单位错误、小数点错误、或者错报为其他能力验证物品的结果，应从数据集中剔除，单独处理。这些结果不再计入离群值检验或稳健统计分析。

② 当使用参加者的结果确定指定值时，应使用适当的统计方法使离群值的影响降到最低，即可以使用稳健统计方法或当使用传统平均值/标准偏差统计时，计算前剔除离群值。在常规的能力验证计划中，如存在有效的客观判据，则可自动筛除离群值。

③ 如果某结果作为离群值被剔除，则仅在计算总计统计量时剔除该值。但这些结果仍应当在能力验证计划中予以评价，并进行适当的能力评定。

9.2.7　能力统计量的计算

能力验证结果通常需要转化为能力统计量，以便于解释以及与其他明确的目标作比较。其目的是依据能力评定准则度量与指定值的偏离。所用统计方法可能很简单，无需做任何处理，也可能需要复杂的统计变换，视情况而定。

定量结果的常用统计量如下，其复杂程度按顺序逐渐增加。

① 差值 D，由式(9-8) 计算：

$$D = x - X$$ (9-8)

式中　x——参加者结果；

　　　X——指定值。

② 百分比相对差 D，由式(9-9) 计算：按照原文符号和公式

$$D = \frac{(x - X)}{X} \times 100\%$$ (9-9)

③ z 比分数由式(9-10) 计算：

$$z = \frac{x - X}{\sigma}$$ (9-10)

式中　σ——能力评定标准差。

④ ζ 值由式(9-11) 计算，除了使用标准不确定度代替扩展不确定度外，计算

与 E_n 值非常类似。其解释与 z 比分数相同。

$$\xi = \frac{x-X}{\sqrt{u_{lab}^2 + u_{av}^2}} \tag{9-11}$$

式中　u_{lab}——参加者结果的合成标准不确定度；

　　　u_{av}——指定值的标准不确定度。

⑤ E_n 值由式(9-12) 计算：

$$E_n = \frac{x-X}{\sqrt{U_{lab}^2 + U_{ref}^2}} \tag{9-12}$$

式中　U_{lab}——参加者结果的扩展不确定度；

　　　U_{ref}——参考实验室指定值的扩展不确定度。

注：当 x 和 X 独立时，式(9-11) 和式(9-12) 才是正确的。

9.2.8　能力判定准则

目前常用的能力判定准则为依据统计方法确定比分数（值），根据比分数（值）对实验室能力进行判定。化学检测能力验证计划中应用最广泛的比分数（值）和 E_n 值。

(1) z 比分数和 ξ 比分数（简单起见，示例中仅给出了 z 比分数，对 ξ 也适用）：

① $|z| \leqslant 2.0$，表明能力"满意"，无需采取进一步措施；

② $2.0 < |z| < 3.0$，表明能力"有问题"，产生警戒信号；

③ $|z| \geqslant 3.0$，表明能力"不满意"，产生行动信号。

(2) 对 E_n 值：

① $|E_n| \leqslant 1.0$，表明能力"满意"，无需采取进一步措施；

② $|E_n| > 1.0$，表明能力"不满意"，产生行动信号。

9.3　能力验证计划的运作程序

9.3.1　能力验证计划的组织机构

能力验证可由不同组织机构组织实施，可以是专业化的能力验证提供者 (PTP)，可以是一般实验室认可机构，或官方管理机构（如 CNCA），也可以是其他专业机构。在我国，实验室认可机构为中国合格评定国家认可委员会（英文缩写为 CNAS），此外，CNAS 还认可一些能力验证计划提供者，目前全国有二十几家机构获得认可，获准 CNAS 认可的能力验证提供者名单见表 9-2，主要在食品、电器、金属与合金、矿石与矿物、环境保护、建筑材料、玩具等检测领域。此外，CNAS 还承认一些国外机构组织的能力验证。

9.3.2　能力验证计划的运作流程

能力验证计划工作主要包括方案策划和项目实施两部分，具体可分为需求分析、立项、方案审核、样品制备、实施项目、编制结果报告、建立档案的工作阶段。能力验证计划工作的流程图见图 9-1。

表 9-2　获准 CNAS 认可的能力验证提供者

序号	证书	机构名称	网址	认可的主要类别范围
1	CNAS PT0001	山西检验检疫局检验检疫技术中心	www.sxciqtc.com	煤炭、焦炭、白酒、奶粉、铜精矿
2	CNAS PT0002	北京中实国金国际实验室能力验证研究中心	www.nil.org.cn	金属材料力学检测、化学检测、物理检测、无损检测、金属材料产品
3	CNAS PT0003	宝山钢铁股份有限公司分析测试研究中心		金属与合金、矿石与矿物、黏土、陶瓷与有关材料
4	CNAS PT0004	淄博出入境检验检疫局陶瓷实验室	www.ciqtc.com	陶瓷
5	CNAS PT0005	辽宁出入境检验检疫局技术中心	www.lnciq.gov.cn/nsjg/jszx/nlyzhclsh	食品、粮谷、石油及其产品、铁矿石、铜精矿、铬矿、锰矿石、动物及其产品、水生动物及其产品
6	CNAS PT0006	浙江出入境检验检疫局丝类检测中心		生丝、绢丝、双宫丝、捻线丝、桑蚕土丝
7	CNAS PT0007	国家环境保护总局标准样品研究所	www.ierm.com.cn	水、气体和气溶胶、生物学监控、土壤、环境构成、工作场所环境与有害物
8	CNAS PT0009	中国建筑科学研究院建筑工程检测中心	www.cabr-betc.com	混凝土试块、混凝土外加剂、混凝土结构、防水材料、粉煤灰、建筑材料、室内空气、保温材料、水泥、钢筋、建筑涂料
9	CNAS PT0010	司法部司法鉴定科学技术研究所	www.ssfjd.com	文件鉴定、痕迹、法医病理学、法医临床学、法医毒物化学、法医物证学、微量物证学、声像资料
10	CNAS PT0011	山东出入境检验检疫局检验检疫技术中心/山东省检验检疫科学技术研究院	www.sdciq.gov.cn	黄曲霉毒素、农药残留、食品中重金属
11	CNAS PT0012	北京出入境检验检疫局检验检疫技术中心	www.bjciq.gov.cn	动物检疫、纺织品
12	CNAS PT0013	国家质量监督检验检疫总局北京国际旅行卫生保健中心	www.bithc.org.cn	血液（HIV、梅毒、HBsAg、HCV 抗体检测）
13	CNAS PT0014	中国建筑材料检验认证中心	www.ctc.ac.cn	水泥、粉煤灰、矿渣粉、混凝土外加剂、建材用石灰石、黏土、石膏、水泥用铁矿石、木器涂料、建材放射性、煤的工业分析
14	CNAS PT0015	煤炭科学研究总院煤炭分析实验室	www.ccqtc.com	煤炭、焦炭
15	CNAS PT0017	山东非金属材料研究所	www.i53.com.cn	胶黏剂、有机混合物、塑料、橡胶及制品
16	CNAS PT0016	卫生部临床检验中心	www.nccl.cn	全血细胞计数、常规化学、临床免疫学(梅毒、乙肝、丙肝)、病毒核酸（HBV DNA、HCV RNA）、临床微生物学(尿培养/血培养、需氧菌药敏试验)

续表

序号	证书	机构名称	网址	认可的主要类别范围
17	CNAS PT0018	广州威凯检测技术研究院/广州电器科学研究院	www. cvc. org. cn	电器安全(输入电流、泄漏电流)、电器性能(低温、空调冰箱能耗、电机效率)、电磁兼容(端子骚扰电压)
18	CNAS PT0019	秦皇岛出入境检验检疫局煤炭检测技术中心		煤炭(灰分、挥发分、全硫、发热量)
19	CNAS PT0020	沈阳产品质量监督检验院	www. syzjy. com	饮料(柠檬黄、日落黄、环己基氨基磺酸钠、咖啡因)、罐头(柠檬黄、日落黄)、奶制品(钙)
20	CNAS PT0021	中国家用电器研究院	www. btihea. com	电器安全(球压、灼热丝、耐漏电起痕、接地电阻、温升、电气间隙与爬电距离)、电器性能(冰箱耗电量、空调制冷量、洗衣机洗净比)
21	CNAS PT0022	广东出入境检验检疫局检验检疫技术中心	www. iqtc. cn	玩具(化学安全、机械物理性能、燃烧性能)

注：CNAS认可的能力验证提供者信息可能会不断更新，上述信息源于CNAS 2011年官方网站。

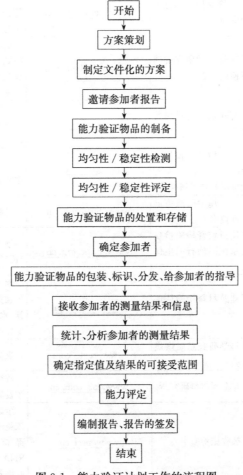

图 9-1　能力验证计划工作的流程图

注：根据指定值确定的方式，指定值在能力验证物品分发之前或在参加者结果反馈之后确定。

方案策划工作一般由能力验证提供者独立负责完成，而项目实施则一般需要参加实验室配合一起完成，为使参加者了解能力验证计划的工作流程，更好地参加能力验证计划，以下简要介绍实验室的参加能力验证计划的主要程序和注意事项。

9.4　能力验证计划的参加程序

9.4.1　能力验证计划的选择原则

除了少数能力验证计划是管理机构要求必须参加的，大多情况下，是实验室自己根据需要自愿选择参加。由于目前能力验证计划涵盖的范围还非常有限，实验室应选择适合于其检测范围的能力验证计划。所选能力验证计划优先选择获得认可机构认可的能力验证提供者或者认可机构或权威机构组织的能力验证计划，因为通常这些机构组织的能力验证计划组织更有保证，结果更可靠，更容易被承认。选择能力验证计划时，应考虑以下因素：

① 涉及的检测应与参加者所开展的检测类型相匹配：包括检测样品、检测标准方法、检测仪器等。注：有些能力验证计划中的检测可能与参加者所开展的检测不完全匹配（如对同一个测定使用不同的国家标准），但如果数据处理考虑了检测方法的重大差异或其他因素，参加能力验证计划在技术上仍然是可行的。

② 利益相关方对计划设计的细节、确定指定值的程序、给参加者的指导书、数据统计处理以及最终总结报告的可获得性。

③ 能力验证计划运作的频次：对于日常检测业务量较大，检测风险相对较高的项目应增加相应的参加能力验证计划。因此，选择能力验证计划时，参加者应考虑到可利用的或已开展的其他质量控制活动。

④ 与有意向参加者相关的能力验证计划组织保障方面（如时间、地点、样品稳定性考虑、样品发送安排）的适宜性。

⑤ 接受准则（即用于判定能力验证中的满意表现）的适宜性。

⑥ 成本。

⑦ 能力验证提供者为参加者保密的政策。

⑧ 报告结果和分析数据的时间表。

⑨ 确信能力验证物品适宜性的特性（如均匀性、稳定性，以及适当时对国家或国际标准的计量溯源性）。

⑩ 认可机构关于参加能力验证计划的政策。包括参加特定能力验证计划的频次和其他强制性要求；在认可机构使用能力验证的政策，若参加者的表现被判定为不满意，有何具体要求等。

9.4.2　能力验证计划的参加程序

① 制定年度计划：目前，能力验证计划组织机构通常在年初（或提前至上年末）将拟组织的能力验证计划目录对外公布，因此，参加者应在积极登录有关网站，了解有关信息，必要时，可直接咨询相关机构。根据收集到的信息，选择本实验室需要参加的能力验证计划，制定参加能力验证计划的年度计划。

② 申请参加：根据每个能力验证计划的安排，组织机构通常会有相应的邀请参加的公告或通知，实验室如需要参加，务必根据通知要求，做好相关准备，如根据其对实验室的要求，确认实验室满足参加的条件，通常要填写参加申请表，并交纳相应的费用。申请表请务必在要求的截止日期前反馈至组织机构，并与其确认报名成功。

③ 能力验证物品的检测：邀请通知一般有计划的日程表，由于报名参加能力验证计划后，离组织机构分发能力验证物品的时间可能较长，参加实验室应特别留意组织机构分发能力验证物品的时间，包括征询具体的时间和日期，以免因样品邮寄等问题错过提交结果的时间。在收到样品时，应特别留意给参加者的《作业指导书》，检查样品的状态，确认样品无异常后向组织机构反馈《被测物品接受状态确认表》，样品如无法立即分析，请务必按《作业指导书》的要求保存。在开始进行检测时，请严格按《作业指导书》相关检测要求对样品进行检测，在《作业指导书》要求与检测标准方法要求出现偏差时，可与组织机构联系。参加能力验证的实验室应正确认识能力验证的目的和作用，正确对待检验结果，独立完成检验数据，杜绝与其他参与者串通。

④ 能力验证结果的提交：能力验证结果的提交通常在《作业指导书》上有明确的要求，检测结果通常需要填写统一的结果表格，《作业指导书》中对检测结果及其不确定度记录和报告方式的明确和详细的说明，通常包括测量单位、有效数字或小数位数、报告的依据（如按干基重量计或按"收到基"计）等参数。此外，应特别留意收用于分析的能力验证结果的截止日期和其他要求，如实验室负责人签名和实验室盖章等。

⑤ 能力验证报告分析：在提交能力验证结果后，由于组织机构需要统计处理数据，编制能力验证计划报告可能需要较长的时间，参加实验室需要耐心等待。在收到能力验证计划报告后，应认真阅读，组织相关人员学习研究，在重点了解自身结果的基础上，对相关项目检测的整体情况、检测标准和检测方法、目前检测的精密度和准确度、其他实验室与本实验室的差异、检测容易出现的偏差和产生偏差的原因等。

⑥ 存在问题及采取的相应措施：对于能力验证结果不满意的实验室，应及时进行改进，启动实验室纠正措施程序，认真查找分析不满意的原因进行整改。

9.4.3　能力验证计划结果的分析处理

(1) 概述　实验室收到能力验证结果，实验室不仅应注重结果满意与否，还应对结果进行详细分析并形成相关分析报告，必要时，应组织实验室相关人员进行讨论研究。当出现不满意结果时，应按其文件体系规定程序实施有效的纠正措施。

（2）分析实验室结果　　由于一轮能力验证计划持续时间较长，参加实验室在提交检测结果后，通常需要 1～3 个月后才会收到组织机构发回的能力验证计划结果报告和本实验室参加能力验证的结果通知单。一般结果通知单应与能力验证计划结果报告结合使用。

技术负责人应组织相关人员，对比能力验证计划结果试验原始记录和能力验证计划结果报告，对有关技术参数和内容进行讨论和分析，并填写"能力验证/比对试验结果分析表"。

在注重自身结果的同时，也应对关注其他参加实验室进行结果分析，了解同行检测机构对该检测项目的检测水平和结果差异，特别是报告中有关技术分析部分和各实验室检测方法和技术参数等的内容，对每个实验室都有很好的借鉴作用。

不论是结果满意还是不满意的实验室，如组织机构对能力验证组织技术研讨会，都应积极参加。

（3）不满意结果原因分析　　一般而言，实验室参加的能力验证项目中都获得满意的结果，那么可以直接判断实验室内部质量管理处于良性的循环状态；如果能力验证结果中存在不满意结果，实验室应组织有关人员分析原因，找出问题的根源，按《不符合工作的控制与纠正程序》确定需要采取的措施，采取相应的纠正措施和预防措施，总结经验，以便实验室在今后的质量管理中避免类似的差错。只有重视整改的有效性，才能真正提高实验室检测技术水平，始终让实验室进入持续改进的良性循环中，促进实验室内部质量管理水平的稳步提升。

（4）长期监测能力　　一次能力验证计划的满意表现可以代表这一次的能力，但不能反映出持续的能力；同样，在一次能力验证计划中的不满意表现，也许反映的是参加者偶然地偏离了正常的能力状态。

对于同一检测项目，实验室应不断参加能力验证计划，实验室不同时间的能力验证计划结果可反映参加实验室能力的变动。实验室可通过一定的图形方法来反映，观察是否呈现趋势性的变化或不一致的结果，以及随机变化。图形方法有助于更多读者理解数据分析结果。传统的质控图是有用的，特别是出于自我改进的目的。数据列表和总计统计量可以提供更详细的信息。

9.4.4　能力验证在质量控制中的应用

（1）验证新的能力水平

① 用来验收新的试验设备　　实验室购买试验设备或更新试验设备，其准确性是设备验收的关键环节。通过参加能力验证活动，是验收新的检测设备最实在、有效的方法之一，然而这种机会不是太多，且存在一定的风险。如果一个实验室在购进新试验设备时正好有相关项目的能力验证，实验室可以选择参加，假如获得满意结果，设备验收则通过；假如结果有偏离，则可以和设备厂商共同分析原因，找出

不足之处加以改进。

②　用来确认新的检测项目　实验室开展一个新的检测项目，需要做许多的测试准备工作，进行大量的方法验证试验才能确定新的检测项目的可靠性。然而，这些实验室内部进行的验证仍存在一定的风险，此时若有这类项目的能力验证活动，实验室应尽可能利用能力验证结果来进一步验证该检测项目的可靠性。

（2）监控实验室能力水平　采用各种质量控制方法对实验室能力进行监控是实验室保证检测结果质量必须进行的一项质量管理活动，作为内部质量控制的重要补充，应用能力验证结果是监控实验室能力最直观的方法之一。通过参加能力验证，可以客观了解自身的技术能力和水平。但是，由于实验室在不断发展变化，一次的能力验证结果（包括满意和不满意）也只能反映实验室在当前的时间，当时的人员条件下实验室的能力水平，只有持续参加能力验证，监测能力验证结果，将单一结果与持续监测的能力验证结果综合比较，才能真实反映实验室检测水平及其发展趋势。

例如：当一个实验室在全年参加的能力验证项目中都获得满意结果，那么可以直观地认为这个实验室该项目的内部质量管理基本到位，内部质量控制得比较好。如果存在某些不满意结果，实验室可以认真地进行原因分析，找出问题的根源，采取一定的纠正或纠正措施，吸取经验，使得实验室在今后的工作中不会出现同样的差错，有利于实验室提高检测技术，同时也是实验室持续改进，不断提高检测水平的源动力，也反映了实验室内部质量管理是有效的。又如实验室连续几年参加能力验证活动均获得满意结果，同理可以直观地认为实验室这个项目的内部质量管理是很好的。

（3）能力验证的教育意义　能力验证的教育意义体现在多个方面，通过参加能力验证本身，相关检测人员、设备、方法等全面得到考核，技术能力由此获得了锻炼和提高。无论是对检测人员的综合素质，还是对严格执行检测规程的重要性，都能在实验室间比对的实践活动中得到最有效的提升。

能力验证计划完成后的相关信息可为实验室、检测工作审查分析提供参考。能力验证报告，特别是能力验证计划结果的说明和评论是实验室质量管理与继续教育的重要资源。能力验证计划提供者与参加者可采取各种形式进行交流，以有利于双方分享相关信息。

能力验证样品也是实验室继续教育最重要的来源之一。大多数能力验证计划均可提供用于教育的资源。例如当检测方法或评判标准出现重大变化，而大部分实验室缺乏相关经验时，这样的信息就显得特别有价值。之后该样品可作为评估工具再次发放。

9.5　应用实例

能力验证作为一种最重要的实验室外部质量保证活动，已被各类实验室广泛采用。一般而言，实验室在当年度参加的项目中都获得满意的结果，那么可以直接判断该项目检测质量控制处于良性的循环状态；反之，如果能力验证结果中存在不满意结果，表明实验室该项目检测存在问题，应认真进行原因分析，找出问题的根源，采取相应的纠正措施和预防措施，总结经验，以避免实验室在今后的质量管理中类似的差错。

不同实验室测试标准和测试项目有很大差异，但利用能力验证来对实验室检测质量进行监控的方法和原则是基本一致的，以下以玩具化学实验室利用采用能力验证进行质量控制的方法为例加以介绍。

9.5.1　玩具能力验证组织机构

为了更好地选择参加能力验证计划，首先应对国内与能力验证计划相关的组织机构有一定的了解，对于专业检测实验室，则应重点关注本行业内的能力验证计划相关的组织机构。此外，由于玩具属于多行业、多专业技术的综合产品，玩具检测涉及机械、电子、纺织、化工、微生物等多专业。因此，玩具能力验证计划与某些其他相关专业类别的能力验证计划存在交叉。如 RoHS 检测、纺织品中偶氮染料等有害化学物质检测等也是玩具化学检测重点测试项目。

在我国玩具检测领域，除了中国合格评定国家认可委员会（英文缩写为 CNAS），官方管理机构（如 CNCA）也在每年推出一定能力验证计划，广东出入境检验检疫局检验检疫技术中心是 CNAS 认可玩具检测领域的能力验证计划提供者。

此外，CNAS 还承认一些国外机构组织的能力验证。可能会组织玩具能力验证计划的能力验证机构主要有：英国的 LGC、荷兰的 IIS 等。其中，LGC 相应的计划也较多，基本上涵盖玩具主要检测项目，包括机械物理、阻燃、化学测试等；而 IIS 主要在化学领域。能够提供玩具领域能力验证活动的组织机构清单见表 9-3。实验室可根据需要选择参加。

表 9-3　玩具领域能力验证活动的组织机构清单

序号	机　构　名　称	网　　址
1	广东出入境检验检疫局检验检疫技术中心玩具实验室	http://www.iqtc.cn
2	CNAS	www.cnas.org.cn
3	IIS (Institute for Interlaboratory Studies)	http://www.iisnl.com
4	LGC(the Laboratory of the Government Chemist)	http://www.lgc.co.uk

9.5.2　玩具能力验证计划的选择

（1）首先应满足认可政策的要求　在 CNAS 的能力验证政策中，依据国际相关要求规定了"实验室在获得认可前，至少应参加一次能力验证活动"和"获认可的实验室，其被认可的每一主要学科的主要领域每个认可周期应至少参加一次能力验证活动"的要求。CNAS还将根据不同的领域特性制定更为细化的《CNAS能力验证领域和频次表》。该文件规定化学-元素分析最低参加频次一般是1次/年。对于获得CNAS认可的玩具实验室来讲,应积极参加其各项能力验证活动,而对于化学领域更应增加参加的频次。

(2) 积极选择合适的能力验证计划　认可合格评定机构规定的能力验证的频次要求是最低要求,实验室应根据检测范围和质量需求等因素选择参加更多的能力验证计划。

按检测项目专业类别的不同,玩具化学能力验证计划主要可分为两大类:无机重金属测试、有机化学物质检测类。不同类型的能力验证计划特点有较大的差异,由于各国对玩具无机重金属都有严格的限制,相应的测试标准较多,相关实验室也较多,目前,玩具无机重金属化学能力验证计划开展得较多,包括玩具油漆涂层、蜡笔、塑料等玩具材料中可迁移重金属、玩具油漆涂层中总铅以及塑料中的总铅、总镉;而对于玩具有机化学物检测,目前开展的计划相对较少,近年来,CNAS开展玩具塑料中增塑剂等检测能力验证计划。

因此,只要有相关的能力验证计划,建议实验室应珍惜这些计划,积极报名参加。确有同类能力验证计划可选择时,应根据自身的特点,对照组织机构公布的相关信息进行选择,一般原则是优先选择国内机构,因为大多数国外能力验证计划费用都比较昂贵。国内应优先选择权威性和专业性相对较高的机构,如CNAS组织的能力验证。

9.5.3　利用能力验证计划进行质量控制

(1) 应尽量按实验室日常流程和方法进行　参加能力验证计划的一个重要作用是识别与同行机构之间的差异,因此,收到能力验证计划实施机构发送的样品后,应认真阅读作业指导书,在满足其测试要求的前提下,应尽可能按照实验室日常测试同类样品的测试流程和方法进行,即尽量无需按特别程序处理,如实验室日常样品均按操作程序只进行一次测量,则能力验证样品也只进行一次测量,而无需多人,多台仪器进行比对,这种比对应尽量在实验室内部质量控制中进行,当然,如有必要,可进行适当的检查和确认等相关测量。这样才能尽可能地发现本实验室与同行实验室结果间的差异,保证能力验证计划样品检测结果的代表性,即能更客观地反映实验室长期以来对外出具报告检测结果的准确性和实验室的技术能力。

(2) 应分析能力验证结果　实验室收到能力验证结果,实验室不仅应注重结果满意与否,还应对结果进行详细分析并形成相关分析报告,必要时,应组织实验室相关人员进行讨论研究。当出现不满意结果时,应按其文件体系规定程序实施有效的纠正措施。如代码为025的某实验室参加CNAS T0578玩具油漆涂层中可迁移重金属检测结果见表9-4。

表 9-4　某实验室 CNAS T0578 玩具油漆涂层中可迁移重金属的检测结果

测试项目	实验室检测结果 /(mg/kg)	中位值 /(mg/kg)	标准化 IQR /(mg/kg)	实验室 Z 比分数	实验室 能力评价结果
可迁移镉	82.6	101.9	8.30	−2.32	可疑
可迁移铅	263.5	295.8	29.95	−1.08	满意

上述结果中的标准化 IQR 的大小反映了整体结果的分散程度；而实验室 Z 比分数反映了实验室结果与整体结果的符合程度。一个结果的 Z 比分数越接近零，则表示它与整体结果符合得越好，如本实验室测试精密度较好，则当 Z 值为正，表明结果可能偏高；Z 值为负，表明结果可能偏低。

该实验室两个项目结果 Z 比分数均为负，且绝对值均大于 1，表明两测试项目可能同时偏低，但偏离的程度有所差异，可迁移镉已偏离较多，必要时需要查找原因。

（3）认真研读结果报告，对比实验室情况，取长补短　能力验证报告是能力验证计划实施机构对整个能力验证计划的全面总结，报告中有丰富的背景、技术和统计的信息，一般包含所有实验室结果和数据等情况，同时有相关技术分析。实验室可认真阅读能力验证活动的报告，有助于实验室从能力验证活动中了解自身的技术水平，与行业内实验室的差距及技术方法的改善方式等。

能力验证报告中一般包含一些关键的检测参数的有关信息，了解这些信息的整体状况对实验室十分有价值。如玩具涂层可溶性重金属含量的测定，由于不是总含量的测定，测试的结果不是绝对的或真实的，很大程度上取决于样品的提取条件。而标准对于一些提取条件也没有具体的规定，如取样量，如何测定萃取溶液的 pH 值，萃取用的容器，萃取的振荡频率，甚至包括最终溶液中元素采用何种仪器来测定，均无统一的规定，通过查看能力验证计划报告，可使参加实验室了解差异，改善操作程序，从而保证结果的一致性。

技术分析和建议是技术专家对本次能力验证活动的总结和分析，一般会提出产生不满意结果的可能原因，以及如何查找原因，实验室，特别是出现不满意结果的实验室应参考有关建议，查找原因。

（4）参加能力验证计划技术研讨会　一轮能力验证完成后，能力验证计划实施机构为提高参加实验室技术水平，帮助出现不满意结果实验室查找原因，一般会组织参加实验室对本次能力验证计划进行总结，对技术问题进行面对面的交流与研讨。这是组织机构为实验室提供的一个针对性强、技术水平高的交流平台，是帮助实验室提高技术水平的良好途径，实验室特别是出现不满意结果的实验室应积极参加。

9.5.4　不满意结果调查和处理

当实验室得到一个不可接受的能力验证结果时，说明可能在样品处理方面存在不足或分析检测过程有未发现的问题。每一个不可接受的能力验证结果均应彻底调查，应系统评价检测过程的每一个方面，以尽可能纠正潜在的问题。实验室还应按照监管机构的要求制定该系统评价的作业文件，包括出现的问题对检测结果影响的评估、补救措施、调查问题的根本原因，对已发现问题的纠正措施（尽可能消除根本原因）和用于确定纠正措施是否有效的跟踪审核。

（1）收集并核查资料　核查的资料包括最初操作能力验证样品的各种原始记录和能力验证样品及说明，实验室按照能力验证计划逐项对照并收集资料，重新进行审核分析。

（2）问题分类　对产生不可接受结果的原因分为人为错误、方法学问题、设备问题、技术问题、能力验证样品问题、能力验证结果评价问题、调查后无法解释等几类。

（3）根本原因　调查所发现的问题如果不是导致不可接受结果的根本原因，应进一步确定和纠正潜在的根本原因。

（4）影响评估和补救措施　评估不可接受的能力验证结果所产生的影响和补救措施阶段应包括：从判定发生不可接受的能力验证结果可能会影响检测结果。如果检测结果的复查发现结果可能受到影响，实验室应采取相应的补救措施，必要时停止检测和报告。

（5）纠正措施　实验室应考虑实施纠正措施，以消除问题的根本原因，并监测所有纠正措施的有效性。

（6）记录文档　实验室应用标准化的表格记录每一次不可接受结果的调查记录，记录内容应包括调查、评估、补救措施、纠正措施、跟踪审核等。

■ 参考文献

[1] 中国合格评定国家认可委员会，CNAS-RL02 能力验证规则（Rules for Proficiency Testing），2010.
[2] 中国实验室国家认可委员会. 能力验证指南. 北京：中国计量出版社，2001.
[3] 中国实验室国家认可委员会. 实验室认可与管理基础知识. 北京：中国计量出版社，2003.
[4] 翟培军，葛曼丽. 检验实验室技术能力的有效方法——能力验证活动. 中国计量，2001，67（6）. 32-33.
[5] 张树敏，葛曼丽. 能力验证是保障实验室检测能力的重要手段. 现代测量与实验室管理，2007，（5）：59.
[6] ISO 13528：2005，Statistical methods for use in proficiency testing by interlaboratory comparisons.
[7] THOMPSON M.，ELLISON S. L. R.，WOOD R.，"The International Harmonized Protocol for the proficiency testing of analytical chemistry laboratories"（IUPAC Technical Report），in Pure and Applied Chemistry，2006，78（1）：145-196.
[8] ILAC P-9：2005，ILAC Policy for Participation in National and International Proficiency Testing Activities.

第10章 专业实验室质量控制实践

10.1 分析方法验证

在实验室引入一个标准测方法或非标准检测方法之前，为了保证分析检测结果准确、可靠，必须对所采用的分析方法的准确性、科学性和可行性进行验证，以证明该分析方法在实验室能被正确应用，同时也注证分析方法符合检测的目的和要求，这就是分析方法验证。从本质上讲，方法验证就是根据检测项目的要求，预先设置一定的验证内容，并通过设计合理的试验来验证所采用的分析方法符合检测项目的要求。方法验证在质量控制上有着重要的作用和意义，只有经过验证的分析方法才能用于实际样品的分析检测，方法验证是制订质量标准的基础。方法验证的内容相当广泛，主要包括对方法的选择性、线性、范围、准确度、精密度、检出限、定量限、耐用性和系统适用性等方面进行验证，不过检测目的不同，验证要求也不尽相同。

10.1.1 选择性

选择性（selectivity）是指分析方法能够将待测目标物和其他杂质（尤其是对检测结果有干扰的杂质）分开的特性，也称为特异性（specificity）。对于纯度检测，可在标准品中加入一定量的、实际样品中可能存在的杂质，或者直接用粗品，考察目标物是否受到杂质的干扰；对于过程跟踪检测，可用反应体系样品来考察有没有其他的杂质干扰。如用滴定法或原子吸收法分析金属离子时，通常容易受到其他杂质离子的干扰，此时可在待测溶液中加入一定浓度的其他杂质离子，考察这些杂质离子在多大浓度范围内对待测离子的测定存在干扰。在用气相色谱法对样品中某挥发性有机物进行测定时，可将该样品移至气相色谱-质谱仪上进行考察，以确认在气相色谱仪上的目标物色谱峰中是否还包含有其他的杂质成分，通常要求目标物和杂质峰之间的分离度大于 2.0。

10.1.2 线性关系

线性关系（linearity）是指检测仪器的响应值与样品中目标物浓度在一定范围内呈正比关系的程度。它主要由检测仪器的特性所决定。线性范围的确定通常是采用一系列（不少于 3 个）不同浓度的样品进行分析，以测定信号的峰面积（或峰高）对浓度进行线性回归。当相关系数大于 0.99 时，就可认为呈线性关系；小于 0.99 时，就认为线性关系较差。一个好的 GC 定量方法，其线性范围（以 FID 检测器为例）可达 10^7，线性相关系数等于或大于 0.999。

线性关系是分光光度法、光谱法、色谱法等进行定量检测的基础，需要绘制标准曲线进行定量的项目都需要验证方法的线性。一般用标准贮备液经过定量稀释，制得一系列（不得少于 3 个）不同浓度的含被测物质的标准溶液，按浓度从小到大进行检测，以峰面积（或峰高）为纵坐标，以目标物浓度为横坐标，用最小二乘法进行线性回归计算，考察标准曲线的线性。

10.1.3　范围

范围指在能够达到一定的准确度、精密度和线性时，样品中被分析物的浓度区间。简单地说，范围就是分析方法适用的样品中待测物的浓度最大值和最小值。需要定量检测的分析方法都需要对范围进行验证，纯度检测时，范围应为测试浓度的 80%～120%。

10.1.4　准确度

准确度（accuracy）是指测量结果与真值之间一致或接近的程度。需要得到定量结果的分析方法均需进行准确度的验证。

对准确度的验证通常有两种方式：一种是从权威机构购买与所分析样品类似的、已严格定值的有证标准样品，用准备运用的分析方法对其进行测试，将所得结果与证书上的参考值进行比较；另一种是通过在空白样品中定量加入待测物质，用准备运用的分析方法对其进行测定，通过计算回收率来判断分析方法的准确度。

前一种方式需要获得由权威的标准物质提供者所提供的标准样品及证书。如某机构新开发出了一种测定土壤中汞含量的检测方法，此时可向权威的标准物质提供者（如国家标准物质研究中心等）购买含有确切浓度汞的土壤样品进行测试，并将实际测定结果与证书上的结果进行比较，从而判断用新方法测定土壤中汞含量的准确度。

在第一种方式中所需的标准样品难以获得时，通常采取第二种方式，即通过加标回收的方法进行。如用气相色谱-质谱法测定废水中某种有机农药残留量时，可采用确信不含该种农药的水作空白基质，向其中加入已知量的农药标准品，然后按方法进行检测。将测得的含量与加入量的比率乘以 100 即为回收率。为确保分析方法在一定的目标物浓度范围内都适用，进行加标回收试验时，最好能进行高、中、低三个浓度水平的加标试验，以保证分析方法对不同浓度的样品进行测试时都能获得准确的结果。

如果样品无需经过任何预处理就可直接上仪器进行检测，则回收率一般可不予考虑。如果样品经过了预处理，如萃取、浓缩、净化等步骤时，那就必须考虑整个方法的回收率，此时最好能进行全过程的加标回收试验。条件允许时，应分步测定回收率，最后针对回收率最低的步骤对方法进行进一步的改进，以期提高整个方法的回收率，因为回收率太低时会影响到方法的灵敏度和检出限。一般要求回收率不低于 60%，越接近 100% 越好。

10.1.5　精密度

精密度（precision）是指在规定条件下，对同一均匀样品经多次取样进行一系列检测所得结果之间的接近程度。精密度一般用相对标准偏差表示，取样检测次数至少应不少于 6 次。

精密度通常包括重复性（repeatability）和再现性（reproducibility）两个方面。

① 重复性是指同一操作者用同一仪器在恒定的实验条件下，对同一测定对象，按正常和正确的实验方法操作，获得的若干个连续测定结果之间的相对标准偏差。重复性通常也称作实验室内偏差。

② 再现性是指不同操作者，不同实验室，对同一测定对象，按正常和正确的实验方法操作，获得的若干个测定结果之间的相对标准偏差。再现性通常也称作实验室间偏差。再现性试验通常需要 6 家（或以上）不同的实验室协同完成。有时，为了确保分析方法能被检测业界广泛接受，甚至需要组织这方面的实验室比对或能力验证。

10.1.6　检测限

方法的检测限有两种表达方式：检出限（limit of detection，LOD）和测定下限（limit of quantitation，LOQ）。

检出限是指方法可以在样品中检测到目标物的最低浓度，不需要准确定量。检出限体现了分析方法的灵敏度。检出限的测定可以通过对一系列已知浓度的被测物试样进行检测，以能准确、可靠地检出被测物的最小浓度来确定；也可按以下步骤进行：①在色谱分析中，把已知浓度样品的信号与噪声信号进行比较，以信噪比为 3∶1 时的浓度作为检出限；②在光谱分析中，将空白样品连续测定 6 次以上，利用标准曲线得到空白样品的测定结果，并计算这几次测定结果的标准偏差，将标准偏差的 3 倍作为检出限。

定量下限是指样品中的目标物能够被定量检测的最低浓度，其测定结果需要一定的准确度和精密度作保证。定量下限体现了分析方法灵敏定量检测的能力。通常在色谱分析中，把已知浓度样品的信号与噪声信号进行比较，以信噪比为 10∶1 时的浓度作为定量下限；在光谱分析中，将空白样品连续测定 6 次以上，利用标准曲线得到空白样品的测定结果，并计算这几次测定结果的标准偏差，将标准偏差的 10 倍作为定量下限。

以色谱分析的检出限计算为例，用一个浓度已知、且浓度低至接近检测限的样品进行分析，测得目标物的色谱峰峰高为 h。设此时浓度为 c、相应的峰高为 h（信号强度单位）、基线噪声为 N（与 h 的单位相同），则检出限可按下式计算：

$$c/h = LOD/(3N)$$
$$故：LOD = 3Nc/h$$
$$同样：LOQ = 10Nc/h$$

从上式可见，气相色谱分析方法的检出限和测定下限都与色谱仪的噪声密切相关。噪声大小与仪器的性能，特别是检测器及其电子电路的稳定性直接相关，也与载气的纯度、色谱柱的性能及操作条件有关。噪声的测定应该是在仪器稳定的工作条件下，取目标物出峰前后 1min 的基线噪声。

对于分析方法，检测限无疑是越低越好。为此，应选择灵敏度高的检测器，使用高纯度的载气和辅助气，同时要定期维护仪器，保持进样口和检测器的清洁，保持色谱柱的性能。此外，仔细优化分离条件、适当加大进样量（如采用大体积进样技术）也是降低检测限的常用方法。

分析方法的开发与验证是一个整体，在实际工作中，一般是先开发分析方法，经过适当的优化以后再做方法验证。方法验证的某些内容在分析方法开发时就可以同步进行，比如说分析方法的选择性。分析方法验证有时也并非必须验证所有的内容，但必须注意验证内容充分，数据翔实，足以证明分析方法的合理性。

10.2　食品安全理化检测实验室

10.2.1　实验室概况

食品安全是"食物中有毒、有害物质对人体健康影响的公共卫生问题"。根据我国食品卫生法的要求，"食品应当无毒、无害，符合应当有的营养要求，具有相应的色、香、味等感官要求"，因此，评价食品品质的优劣需要采用现代分离、分析技术对食品进行检验。食品理化检验就是研究和评定食品品质及其变化的一门技术性和实践性很强的应用学科，它运用现代的检测分析手段，监测和检验食品中与营养及卫生指标有关的化学物质，指出这些物质的种类及含量是否符合卫生标准和质量要求，从而决定有无食用价值及应用价值。

食品检验机构，是指依法设立或者经批准，从事食品检验活动并向社会出具具有证明作用的检验数据和结果的检验机构。《食品安全法》涉及的食品范围包括食品、食品添加剂、食品相关产品三类产品，其中食品相关产品指用于食品的包装材料、容器、洗涤剂、消毒剂和用于食品生产经营的工具、设备。

食品理化检验的内容主要分为四大类，第一类为营养分析，包括水分、灰分、矿物质元素、脂肪、碳水化合物、蛋白质与氨基酸、有机酸及维生素等；第二类是添加物分析，包括苯甲酸、山梨酸等防腐剂，硝酸盐、亚硝酸盐等发色剂，二氧化硫、吊白块等漂白剂，糖精钠、甜蜜素等甜味剂，食用合成色素、天然色素等着色剂，多聚磷酸盐等品质改良剂等；第三类是有毒有害物质分析，包括砷、汞、镉、铅、铬等重金属元素，六六六、滴滴涕等农药，硝基呋喃、氯霉素等兽药、黄曲霉毒素、赭曲霉毒素等真菌毒素，亚硝胺等食品加工过程中形成的有害物质，聚氯乙烯等来自包装材料中的有害物质，二噁英等来自环境中的污染物等；第四类是食品感官鉴定。

食品理化检验分析方法主要有感官检验法、化学分析法、仪器分析法、微生物分析法、酶分析法和免疫检测法六大类。仪器分析法涉及的主要仪器设备有紫外分光光度计、原子吸收分光光度计、氢化物发生原子荧光光度计、电导率仪、电位分析仪、极谱分析仪、薄层色谱仪、气相色谱仪、气相色谱-质谱联用仪、液相色谱仪、液相色谱-质谱/质谱联用仪、离子色谱仪、电感耦合等离子质谱仪等设备。

10.2.2　内部质量控制活动的流程

检测结果的质量控制是一个管理过程，这一过程主要是通过一个反馈环路进行的。对于不涉及抽样的检测实验室，其内部检测质量控制活动流程描述如下：实验室收到来自客户的委托样品后，质量监督员根据年初制订的质控计划向项目承担者安排质控样品及内部质量控制方式，要求检验员将质控样随同检测样品一同进行检测，同时检验员自行安排质量控制样品（自控样）一同检测，以监测这批次样品的检测结果的有效性；检测完成后，检验员分析其自控样品的检测结果，认为其符合预定值，则向质量监督员提交质控样的检测结果，质量监督员根据年度质控计划设定的质控样品的预期值来判断其检测过程是否受控，如受控则可出具检测结果，如失控，则要求对失控原因进行查找，排除引起失控的原因后重新进行检测；如检验员认为其自控样品的检测结果不符合预期值，则采取同样的失控步骤进行重新检测。其流程见图 10-1。

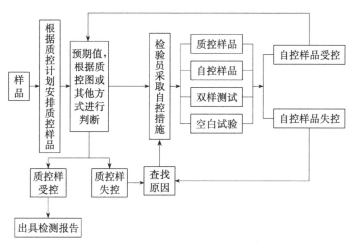

图 10-1　检测质量控制活动流程

10.2.3　年度质量控制活动的策划

检测质量控制的实质就是通过策划和实施质量控制活动，从而保障检测结果的准确性，为客户提供"满意"的产品。又分为内部检测质量控制计划及外部检测质量控制计划。

10.2.3.1　内部检测质量控制年度计划

年初实验室技术负责人根据工作需要制订内部检测质量控制年度计划，该年度计划应在控制成本和效益之间寻求平衡。原则上质量控制的项目应覆盖实验室重要的和常规的检测项目，新开检的项目、上一年度不合格控制工作和新上岗人员应作为重点的质量监控对象。年度质量控制计划应包括质控项目、方式、时间、质控对象、负责人和判断指标等内容，年度控制计划一般以年度为一个周期。

10.2.3.2　外部检测质量控制年度计划

技术负责人定期从认可委网站、认监委网站或其他相关网站、函件、邮件获知能力验证信息，年初时依据本室认可项目或拟新开检项目情况制订本年度能力验证计划，并及时更新添加新的能力验证活动计划内容。获准认可合格评定机构参加能力验证活动必须符合 CNAS-RL20：2010《能力验证规则》和 CNAS-AL07：2010《CNAS 能力验证领域和频次表》的要求。

CNAS-RL20：2010《能力验证规则》要求，只要存在可获得的能力验证，获准认可合格评定机构应满足 CNAS 能力验证领域和频次要求且获得满意结果。对 CNAS 能力验证领域和频次表中未列入的领域（子领域），只要存在可获得的能力验证，获准认可合格评定机构在每个认可周期内应至少参加一次。CNAS-AL07：2010《CNAS 能力验证领域和频次表》食品化学检测领域要求，食品营养成分、重金属、添加剂、药物残留、微生物每年一次，毒素及转基因则每两年参加一次。

10.2.3.3　年度质量控制计划实例

表 10-1 列出了某检测实验室的××年度内部检测质量控制计划部分内容，表10-2 列出了某检测实验室的××年度能力验证计划部分内容。

表 10-1　某实验室××年度内部检测质量控制计划

质控项目	质控方式	时间	质控对象	负责人	判断指标
呋喃唑酮代谢物	检测限水平添加回收试验，绘制回收率质量控制图	随同样品测试做控制样品测定	×××	×××	回收率 60%～120%之间,质控点在控制图上的排列呈受控状态
山梨酸	添加回收	每季一次	×××	×××	符合 GB/T 27404—2008《实验室质量控制规范 食品理化检测》附录 F 的要求
砷	标准物质	每季一次	×××	×××	$\mid E_n \mid < 1$
脂肪	同法不同人员比对	×月	×××	×××	根据标准方法规定的精密度要求判断
亚硫酸盐	实验室间比对	×月	×××	×××	

表 10-2　某实验室××年度能力验证计划

代号名称	组织机构	联系方式	能力验证项目	实施日期	完成人
CNCA-11-B17 水产品中呋喃唑酮代谢物的检测	福建检验检疫局技术中心	×××××	呋喃唑酮代谢物	2011 年 6 月	×××
CNCA-11-A12 花生油中黄曲霉毒素 B1 检测能力验证	广东局技术中心	×××××	黄曲霉毒素 B1	2011 年 8 月	×××
CNCA-11-A11 小麦粉中过氧化苯甲酰检测能力验证	国家果类及农副产品加工产品质量监督检验中心	×××××	过氧化苯甲酰	2011 年 8 月	×××

代号名称	组织机构	联系方式	能力验证项目	实施日期	完成人
CNCA-11-B12 酱油中三氯丙醇、总酸和氨基酸态氮的检测	山西检验检疫局技术中心	×××××	总酸、氨基酸态氮	2011 年 9 月	×××
CNAS PT0011《SISIQ-T005 果汁饮料中铅、总砷、铜、锰元素含量的测定》	山东出入境检验检疫局技术中心	×××××	铅、总砷、铜、锰	2011 年 9 月	×××
奶粉中三聚氰胺能力验证	山西检验检疫局技术中心	×××××	三聚氰胺	2011 年 9 月	×××
CNAS T0615 葡萄酒中总糖、柠檬酸和环己基氨基磺酸钠(甜蜜素)含量的测定	沈阳产品质量监督检验研究院	×××××	环己基氨基磺酸钠	2011 年 12 月	×××

10.2.4　年度质量控制计划的实施

10.2.4.1　质量控制样品的选择原则

① 质量控制样品的基体应尽量与待测样品基体的化学组成和物理性质相同或相似，其浓度应包括样品的浓度范围。

② 质量控制样品应尽量采用实物标样（有证标准物质），在无法得到这类实物标样的情况下，可以采用空白添加样品。

③ 质控样品的前处理必须与样品的前处理同批进行，使用同一方法同时测定。

④ 在测定时，如每批测定样品的数量很多，应根据使用仪器的稳定性，每隔一定时间重复测定质控样品，如发现质控样品的偏差大于测定方法相对标准偏差的两倍，应立即停止测定，采取措施，并对上次质控样品以后所测的样品重新测定。

10.2.4.2　内部检测质量控制计划的实施

内部检测质量控制计划制订后，实验室就应按预先安排的时间安排进行质量控制活动。

① 如根据《实验室××年度内部检测质量控制计划》的安排，在检测样品中呋喃唑酮代谢物时，质量监督员要求检验员取空白样品按国家标准方法 GB/T 21311—2007《动物源性食品中硝基呋喃类药物代谢物残留量检测方法　高效液相色谱/串联质谱法》规定的检测限水平添加相应标准物质制作质控样，之后质控样与样品同时按这一方法的要求进行前处理，相同仪器条件上机测定。测定完成后，计算质控样品的加标回收率，并将回收率数据标在相应的回收率质量控制图上，根据质控点在图上的排列情况来判断该批次样品的检测是否受控。图 10-2 是某实验室呋喃唑酮代谢物的回收率质量控制图。从图上可看出，点均落在上下控制限内，未出现连续 9 点落在中心线同一侧、连续 6 点递增或递减、连续 14 点交替上下、连续 15 点落在中心线两侧 1 倍标准偏差范围内等几种情况，说明检测过程均处于统计受控状态。图中虽有 5 个点落在警戒限外，但并不存在连续 3 点中 2 点落在警戒限外的情况。

质量监督员不定期检查各位检验员的质量控制图，检验员通过质控图发现检测质量失控时应及时报告技术小组，年终时检验员将质量控制图整理交技术负责人归档。

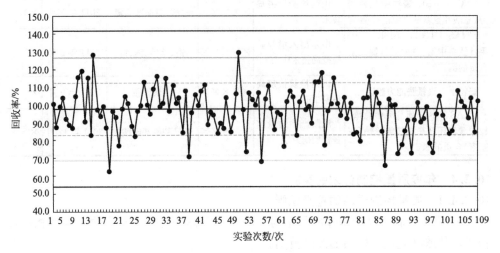

图 10-2　某实验室呋喃唑酮代谢物的质量控制图

②　又比如，按照质量控制计划的安排，采用标准物质质量控制方式对砷的检测质量进行控制。采用标准物质作为质控样品，除其具有参考值、样品均匀之外，实物标样还能检验样品的前处理效率，即检验消解是否完全，这是加标回收试验无法达到的效果，但标准物质成本较高。

采用对虾成分分析标准物质（编号 GBW 08572）作为质控样品，由检验员安排将其与样品按 GB/T 5009.11—2003《食品中总砷及无机砷的测定》（第一法）同时消解同时测定，测定后按公式 $E_n = \dfrac{X_{lab} - X_{ref}}{\sqrt{U_{lab}^2 + U_{ref}^2}}$ 计算 E_n，查看该标准物质证书，显示 $X_{ref} = 1.42 mg/kg$，U_{ref} 为 0.06mg/kg，实验室的测定结果 $X_{lab} = 1.38 mg/kg$，$U_{lab} = 0.18 mg/kg$，计算出 $|E_n| = 0.21 \leqslant 1$，说明该批次的检测结果是受控的。

③　由于本部门不易发现检测过程中的系统误差，为了避免系统误差，而安排实验室间比对，特别是对一些敏感样品或敏感的检测项目。比如，根据质控计划的安排，在适当时间安排亚硫酸盐检测项目进行实验室间比对。实验室将样品分为几份子样，一份送分包实验室，由其按照 GB/T 5009.34—2003《食品中亚硫酸盐的测定》检测标准对样品中的亚硫酸盐进行检测，再将分包实验室的检测结果与实验室的检测结果进行比较，两个实验室的检测结果应当符合测定方法对精密度的要求。实验室依据 GB/T 5009.34—2003 对金香榄（凉果）中的亚硫酸盐进行检测，检测结果为 1.50g/kg，分包实验室的检测结果为 1.56g/kg，两实验室依据同一方法对同一样品的检测结果的绝对差值为 3.9%，符合检测方法 GB/T 5009.34—2003 规定的在重复性条件下获得的两次独立测定结果的绝对差值不得超过 10% 的

要求，说明两实验室对金香榄中亚硫酸盐的检测结果基本一致。

10.2.4.3　外部检测质量控制计划的实施

（1）能力验证的准备工作　根据外部检测质量控制计划预先的安排，在能力验证活动实施前一段时间，或实验室收到能力验证主办单位发送的第二轮能力验证通知后，就应作相应的准备。下面以 CNCA-11-B17 水产品中呋喃唑酮代谢物的能力验证为例进行说明。

①　首先对所用的仪器设备如电子天平、恒温水浴、振荡器、液相色谱-串联质谱联用仪进行核查，确保它们在计量有效期内，以保证其灵敏度、精密度能满足要求。

②　其次核查所用到的呋喃唑酮代谢物标准溶液及其内标标准溶液，确保它们均在有效期内且量值是稳定的，否则就应购置相应的新的标准物质。

③　检查该试验所涉及的试剂，保证它们均是经过验收合格的试剂，且数量是足够的。

④　本次能力验证采用虾样品作为能力验证的样品，实验室应先准备相同基质的不含待测物的虾样，并进行加标回收的预试验。

（2）能力验证的测试工作　实验室收到能力验证样品后，就应着手准备进行测试。

①　对样品状态进行确认，确认样品无变质、包装破损或泄漏污染等无法测试的情况，并填写《国家认监委能力验证计划项目测试样品发送-接受确认表》，之后将样品按保存条件（阴凉、避光）保存。

②　相关检测人员应详细阅读《水产品中呋喃唑酮代谢物的检测能力验证计划参加指导书》，获取实验室代码、样品编号、样品保存条件、推荐采用的方法、结果报告单位、测试结果的小数位数、结果报告的截止日期等信息，应留意是否有特别提示，如该项能力验证活动的主办单位随附的友情提示"各种方法标准的前处理步骤可能有些许差异，或影响检测结果"，提示水解样品前洗涤样品对测定结果会有影响，根据这一提示，实验室在按照 GB/T 21311—2007《动物源性食品中硝基呋喃类药物代谢物残留量检测方法　高效液相色谱/串联质谱用法》检测时，省略了采用甲醇-水混合液洗样品这一步骤。

③　根据完成这次能力验证活动的时间及样品量的情况，取少量样品进行预试验，以确定样品中被测组分的大概含量，以确定正式试验时的取样量。本次能力验证活动，收到样品后十天内提交结果，可安排进行两次试验；同时能力验证样品大概 10g 左右，根据预试验的结果，取样量应为 1g 左右，这样可保证样品量足够进行多次试验，且测定结果落在标准曲线的线性范围内。

④　进行能力验证样品的检测，将能力验证样品分成两组，每组取 3 个平行样，同时取相同基质的空白虾样品在大致含量水平做添加回收试验，目的是能考察检测结果的批内精密度、批间精密度及准确度。

⑤ 检测完成后，将结果填写在《能力验证结果报告单》上，附上相应的原始资料，一起邮寄到组织单位，同时将所有资料复印一份保存在实验室的技术档案-能力验证目录下。

10.2.5　质量控制活动的结果记录及评价

按计划完成质量控制活动后，监督员应及时填写表 10-3《×××实验室内部检测质量控制结果记录表》，对质控结果进行记录、分析、统计，并依据质控计划的判断指标对质控样的检测结果进行评价，并将有关记录、谱图、报告归档整理。

完成能力验证活动后，在收到能力验证结果通知单后填写表 10-4《×××实验室能力验证结果分析表》，对数据进行记录、分析，根据能力验证结果对实验室检测能力进行评价、将相关资料连同分析表一起进行整理、归档。

表 10-3　×××实验室内部检测质量控制结果记录表

格式编号：×××

质控样品	质控方式	不同实验室对同一样品的检测							
	检测项目	检验人	检测结果	检验方法	日期	检验人	检测结果	检测方法	日期
金香槟	亚硫酸盐（二氧化硫）	×××	1.50g/kg	GB/T 5009.34—2003	2010.1.23	××局技术中心	1.56g/kg	GB/T 5009.34—2003	2010.2.9
结果评价	实验室比对的结果，两实验室依据同一方法对同一样品的检测结果的绝对差值为 3.9%，符合检测方法 GB/T 5009.34—2003《食品中亚硫酸盐的测定》规定的在重复性条件下获得的两次独立测定结果的绝对差值不得超过 10%的要求，说明两实验室对金香槟中亚硫酸盐的检测结果基本一致								

表 10-4　×××实验室能力验证结果分析表

代号名称/组织机构	测试样品	接样时间	完成时间	测试项目	结果	收到技术报告时间	中位值	标准化IQR	室间Z	室内Z	结果分析
CNCA-11-B17 水产品中呋喃唑酮代谢物的检测/国家认监委组织/福建局技术中心承担，广西局技术中心协作	虾肉268				4.48 μg/kg		4.20 μg/kg		0.48		能力验证计划结果通知单显示，本实验室提交的测试结果为满意结果。说明本实验室对水产品中"呋喃唑酮代谢物"的检测结果是合格、准确的，实验室具备了开展水产品中"呋喃唑酮代谢物"的检测能力
	虾肉182	2011-5-30	2011-6-9	呋喃唑酮代谢物	7.44 μg/kg	2011-12-5	6.74 μg/kg		0.84		

10.2.6　不符合检测工作的原因分析

当质量控制样品结果超过允许范围或出现不满意结果时，立即启动"不符合检测工作的控制程序"，首先检查所引用的检测方法是否现行有效，在引用方法之前验证该方法是否能在该实验室正确应用；其次要检查操作者的操作过程是否完全按标准方法操作，是否会偏离标准方法，如果偏离，该偏离又是否被确认；最后查看检测过程是否引用了新的仪器及试剂，按图 10-3 的流程对这部分要素进行失控原因分析，查找原因后制定纠正措施并报技术负责人批准实施，同时该批样品重新检测。

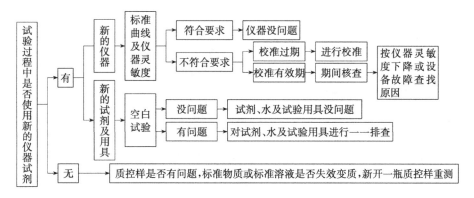

图 10-3　失控原因分析流程

总结：要确保实验室内部质量控制活动的有效运行，首先实验室要建立完整、有效、适应的质量管理体系，使实验室活动处于受控状态而不是随意而为；其次要提高检验人员的检验技能和质量意识；第三是制订切实有效的年度质量控制计划，内容应覆盖实验室重要的和常规的检测项目，新开检的项目和上一年度不合格控制工作应作为重点的质量监控对象，同时该计划应具有可操作性；第四，实验室对质量控制工作应持续地进行改进，不断地加以完善；最后实验室应尽可能参加外部质量控制，即参加能力验证、实验室间比对及测量审核，通过外部质量控制，可以更好地帮助实验室找出不易发现的检测过程中的系统误差，改善质量管理，以向实验室的客户提供更高可信度的服务，促进实验室质量目标的实现。

10.3　玩具检测室内质量控制方法

本部分以玩具重金属检测为代表，介绍玩具检测室内质量控制方法。

玩具中重金属可直接或间接地影响儿童的身心健康，因此，目前国内外各标准，包括中国、欧洲、美国玩具安全标准均对重金属含量进行了限制，测定玩具中重金属含量是玩具检测的最主要的检测项目。由于玩具中重金属测定结果是判定玩具是否合格的最重要的依据，其结果的准确性显得尤为重要，如果测量结果不准确或甚至出现错误，对产品是否合格发生误判，将造成国家和企业的经济利益受损或危害儿童健康等严重后果。因此，保证测试结果的准确性不仅是检测实验室的重要内容，也是实验室不可推卸的义务。ISO/IEC 17025《检测和校准实验室能力的通用要求》国际标准是检测实验室运作通行规则，该标准将内部质量控制作为技术要求强调的一个重点内容，明确指明实验室需测试的有效性，使检测始终处于监控状态，使检测结果的准确度和精密度都落在预先控制的范围。

　　质量控制包括室内质控和外部质控，由于外部质控运作程序复杂、成本较高等原因，其控制周期一般较长，是质量控制不可缺少的部分；而室内质量控制具有运行简便、实用、有效等优点，是实验室质量管理的基础。质量控制在医学实验室的具体应用有较多报道，但尚未见用于玩具重金属检测实验室。下面将结合作者实验室对玩具重金属检测的质量控制工作实际，提出玩具重金属检测的室内质量控制方法，并对这些方法在具体实践中应注意的问题作初步的探讨。

10.3.1　玩具重金属检测背景

　　许多国家均有专门的玩具安全标准，常用的有欧洲标准 EN71、美国标准 ASTM F963 和国标 GB6675—2003 等。不同的标准对有害元素要求及检验方法基本上是一致的，即对可溶性汞、锑、砷、硒、铅、铬、镉、钡八种有害元素含量作出限制，并采用稀盐酸进行萃取的前处理方法，而对重金属的检测，目前，大多实验室都采用电感耦合等离子体原子发射光谱法（ICP-AES）进行。玩具可溶性有害元素分析方法在标准中有详细规定，即样品粉碎、过筛后用 0.07mol/L 的盐酸在 37℃下，模拟材料吞咽后持续与胃酸接触一定时间而将重金属萃取出来，萃取液用 ICP、AAS 或其他方法测定。

10.3.2　室内质量控制方法及实践

　　玩具重金属检测包括样品的制备、前处理、上机等步骤，其中的每个环节都与操作人员、操作设备、操作技术、质量意识等密切相关。室内质量控制应考虑对以上各因素的控制，采用多种方法对检测全过程以及关键环节进行控制，具体包括的室内质量控制方法有：空白测试、平行性测试、样品加标回收测试、内部质量控制样品测试、有证标准样品测试等。

　　（1）试剂空白的控制　　由于玩具重金属检测属痕量检测，因此，消除与控制重金属污染源、减小空白及其变动性是玩具重金属检测的重要工作内容。这就对实验过程中所使用的玻璃器皿和其他仪器以及配制溶液的试剂和水等都提出了较高的要求。必须确保实验室的环境清洁，无尘，实验中所有使用的玻璃器皿和其他仪器在使用前均应用 5% 的硝酸溶液浸泡至少 24h，再用去离子水冲洗晾干。配制溶液的试剂必须分析纯以上，水应用三级水。此外，还必须对试剂空白的监控检测，一般每批样品进行 1~3 个试剂空白测定，其测定方法：只是不称取实际样品，然后当作一个样品按样品测试同样步骤进行前处理，用仪器检测水溶液样品的重金属含量。通常在八种玩具重金属中由于 ICP 对钡的检出限很低，因此，空白测试除钡有少许检出外，其他元素均在检出限以下，如某元素有检出甚至有一定水平的含量，则应注意从环境尘埃、样品交叉污染、化学试剂的纯度、储存处理样品的器皿或材料、操作人员自身等因素进行检查，直至消除这种因素的影响为止。个别偶然的高空白含量也必须引起重视。通常八种重金属中最容易引起污染的元素是铅，其次是铬。

　　（2）仪器性能的控制　　仪器作为获得样品检测数据的工具，其性能对测量结果的准确性直接产生影响，目前多数实验室和操作人员对此有足够的重视，常常采用的方法有仪器内部性能检查法及标准溶液监控法。前者是定期进行，检查内容也更为全面，检查的项目可参考仪器校准规程而有所简化。而标准溶液监控法主要是指监控仪器日常运转状态，即 ICP 测定每批样品前和后，对连续测定大批量样品时，每 20 个样品必须插入一已知浓度的标准溶液当作样品测定。测定样品的结果落在一定范围为可接受数据，超范围数据应停止样品分析，对偏差不大情况，一般可重新用标准溶液校准后分析，但如结果偏差较大，应停机检查，直至重新分析该样品结果合格。

采用标准溶液对仪器性能进行监控必须确保该标准溶液的可靠性，同时应避免采用绘制工作曲线的标准溶液做质量控制样品。更换新批号的质控品时，应在"旧"批号质控品使用结束前与"旧"批号质控品一起测定，检查其差异。

采用标准溶液对仪器性能进行日常运转状态监控获得的数据通常可采用质量控制图来分析，用于监控仪器状态、鉴别仪器失控原因的方法，以作者实验室 2007 年 4 月某一标准溶液 As 测定结果（见表 10-5）为例加以简单介绍。

表 10-5　ICP 在不同时间连续 20 次测定标准溶液质量控制样品结果

测定次序	测试时间	测定结果/$(\mu g/mL)$	测定次序	测试时间	测定结果/$(\mu g/mL)$
1	4 月 2 日	1.05	12	4 月 17 日	1.01
2	4 月 3 日	0.992	13	4 月 18 日	1.01
3	4 月 4 日	0.983	14	4 月 19 日	1.00
4	4 月 5 日	0.99	15	4 月 20 日	0.997
5	4 月 6 日	0.959	16	4 月 23 日	1.00
6	4 月 9 日	0.959	17	4 月 24 日	0.997
7	4 月 10 日	1.02	18	4 月 25 日	0.944
8	4 月 11 日	1.06	19	4 月 26 日	1.03
9	4 月 12 日	1.01	20	4 月 27 日	1.03
10	4 月 13 日	1.01	21	4 月 28 日	1.02
11	4 月 16 日	0.954	22	4 月 29 日	1.01
平均值	—	1.0016	标准偏差	—	0.0295
控制限			警戒限		

参考有关方法对上述数据可采用 Excel 软件计算并绘制质量控制图，见图 10-4。图中的控制限和警戒限分别为：控制限 ($X\pm3S$)，简称 UCL 和 LCL；警戒限：($X\pm2S$)，简称 UWL 和 LWL，其中，X 为 n 次（$n>20$）历史测量数据的平均值，S 为历史数据的标准偏差。但必须首先进行离群值检验。

（3）样品加标回收的控制　回收率是样品处理过程的综合质量指标，是估计分析结果准确度的主要依据之一。回收率可考察检测过程中的损失、污染，同时也可

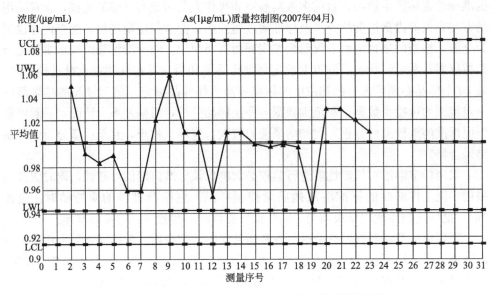

图 10-4　ICP-AES 测定 1μg/mL 标准溶液的质量控制图

考察样品基体是否对仪器检测产生干扰，但由于标准加入的待测元素存在的状态与实际样品中真实存在的状态有很大差别，因此，对样品的萃取效率是无法进行考察的。通常样品的回收率越接近 100％越好，但在玩具重金属分析中由于样品前处理采用的是萃取，而并非测定材料中总含量，因此，在某些特殊材料的样品，如木材由于吸附等原因使有些元素回收率偏低，而无法证明方法样品前处理存在问题。经验表明，一般情况下，回收率的合理范围为 80％～120％。对加标样品的选择尽可能选不同代表性基体材料的样品进行，同时对加标水平一般浓度值应接近限量，必要时可进行其他浓度水平。不同材料的典型回收率数据见表 10-6。

表 10-6　玩具重金属检测不同材料的 2μg/mL 加标水平的典型回收率数据/％

材料类型	样品号	As	Sb	Ba	Hg	Se	Cd	Cr	Pb
涂层	0117-482	104	90	109	81	100	110	113	104
塑料	0714-831	102	84	100	113	95	96	101	98
纸板	0725-220	94	50	84	55	84	86	88	88
木材	0721-852	91	49	94	36	83	93	94	84
纺织材料	0718-251	100	95	86	82	91	99	96	82

　　（4）平行性的控制　由于玩具重金属测试样品量一般较少，通常不进行平行性样品测试，因此，对样品平行性测试进行一定的控制显得尤其重要。类似样品加标回收测试，样品也应考虑选者一些不同材料的，同时由于大多数样品未检出，因此，通常可对有检出的样品隔日进行重复测定，将测定结果与前次结果进行比较，计算相对差异系数。对同一样品平行测定两份，计算两次平行测定的相对偏差。由

于玩具重金属检测不确定度较大，因此，两次平行测定的允许相对偏差通常较大，一般在 30%～60% 之间。

（5）有证标准样品的控制　采用有证标准样品进行质量控制是最可靠的质量控制方法，也是可准确评定结果准确性的方法，但由于标准样品品种和类型有限，价格昂贵，且经常无法完全满足实际检测的需要。如玩具重金属检测目前尚无国家标准样品，国外虽有个别可适用的样品，如欧洲 CRM 623 即为专门用于玩具重金属检测的有证标准样品，但一般价格十分昂贵，且样品量也仅可分析 1～3 次，不适合日常检验的质量控制。但每年进行一至两次标准样品的测试对保证测试结果准确性，增强实验室的信心是十分必要的。标准样品按常规样品测试方法测定，将测定结果与标准样品证书提供的标准值比较，计算误差，结果误差一般应在证书提供的范围之内。或者测试结果落在证书根据不确定度给出的标准值区间。

（6）内控样品的控制　由于经济、实用、适时等因素，标准物质有时无法满足实验室质量控制的要求，这时就应自己制备或确定内部控制样品。内部控制样品有更大的灵活性，但由于缺少真值，且其样品的均匀性、稳定性等有一定的风险，一般需经过一定的统计检验分析才能使用。对有条件的可对内部质控品进行定值，有定值的内部质控品可参考有证标准样品方法使用，但其可靠性较低。无测定值的内部质控品可用于监控方法的精密度。一种简便可行的玩具重金属检测的内部质控品的制备方法可采用水性涂料，加入各元素标准溶液搅拌均匀后涂在洁净的玻璃或金属板在一定温度下烘干。

10.3.3　质量控制周期及评价指标

表 10-7 给出了玩具重金属检测内部质量控制的控制周期及评价指标。

表 10-7　玩具重金属检测内部质量控制的控制周期及评价指标

测试类型	质控频率	评价指标	要求
空白测试	每批或每 20 个样品测试中间应进行一次	溶液元素含量	一般应未检出，最大应不超出 0.1μg/mL
平行性测试	每批或每 20 个样品测试中间应进行一次	相对偏差	符合标准要求，一般应<30%～60%
加标回收测试	每批或每 20 个样品测试中间应进行一次	回收率	一般应在 80%～120% 范围
标准溶液质控样品	每批或每 20 个样品测试中间应进行一次	相对误差	采用质控图方法，测量点落在警戒限区域
质控油漆样品	每隔 1 至 2 月进行一次	样品含量	采用质控图方法，测量点落在警戒限区域
有证标准样品	每一年一次或测试场所发生重大改变后	样品含量	符合证书范围

10.3.4　失控原因分析及情况处理

一旦失控信号出现首先应分析其原因。失控信号的出现受多种因素的影响，这些因素包括操作上的失误、试剂、校准物、质控品的失效，仪器性能不合格等，个别情况也可能是一些特殊原因，如 10.3.2(3) 节提到的一些木材类型样品个别元素偏低并不表明测试存在问题。表 10-8 为玩具重金属检测产生失控的可能原因。根据明确的原因采取一定的措施，如质控油漆样品测试失控，可查标准溶液质控样品测试情况，如标准溶液质控样品测试正常，可能是样品的制备、样品处理，必要时可更换新的质控品进行检查。此外，通常对与失控测定相关的那批测试结果进行重新测定。

表 10-8　玩具重金属检测产生失控的可能原因

失控类型	产生失控的可能原因
空白测试	试剂不纯、水质不符合标准、容器污染、样品污染等
平行性测试	样品污染或损失等偶然因素等
加标回收测试	样品基体干扰、样品前处理损失或污染等
标准溶液质控样品	仪器不稳定、ICP 进样系统有堵塞、标准溶液等
质控油漆样品	样品的制备、样品处理、标准溶液、仪器测定等
有证标准样品	样品的制备、样品处理、标准溶液、仪器测定等

10.4　纺织品检测实验室

10.4.1　实验室概况

纺织品包括纺织纤维、纱线、织物及其制成品，纺织品由天然纺织纤维和/或化学纤维组成。为了达到不同的使用和服用目的，纺织品需要经过大量的处理过程，在这个处理过程中，主要是应用化学试剂对纺织品进行印染加工及后整理。最常见的是纺织品的印花染色加工。随着人们生活质量的不断提高，现在针对纺织品的各种功能性整理也层出不穷，如防油防水性能、防虫、防霉等整理，这些整理均需采用各种整理剂对纺织品进行处理。这些整理剂中可能会含有一些对人体有害的物质，如可分解禁用致癌芳香胺的偶氮类染料、甲醛、含氯苯酚等以及可能致皮肤过敏的酸碱性物质、致敏染料等。所以，纺织化学测试除天然纤维在生长周期内受生长环境的影响可能带来一些化学物质的残留影响外，均与其在加工过程中所使用的化学物质残留有关。

纺织化学实验室化学检测称为生态纺织品检测，常规检测项目有纺织品的 pH 值检测、游离甲醛含量检测、可分解致癌芳香胺检测、含氯酚检测、可萃取重金属检测等项目。和其他检测实验室相同，纺织实验室质量控制也是实验室质量管理体系的重要组成部分。实验室建立质量控制的依据来自国家标准 GB/T 27025《检测和校准实验室能力通用要求》。

纺织化学检测实验室的质量控制一般分为外部质量控制和内部质量控制。外部质量控制一般采用能力验证、实验室间比对的方式，内部质量控制一般采用留样再测、质控图、标准溶液（标准物质）测试、仪器比对、人员比对等方式对检测结果进行监控。下面主要结合纺织实验室的检测项目特点进行论述。

10.4.2　制定质量控制计划的基础

在编制纺织化学检测实验室质量控制计划工作前，应保证质量控制工作的基础工作。最常规的质量控制计划应涵盖对仪器设备、标准物质和试剂、检测样品、检测方法等的监控。

常规纺织化学实验室的检测设备主要有 GC、GC/MS、LC、LC/MS、ICP、AAS、pH、UV 等诸如此类设备。这些计量用仪器设备必须按计划进行检定或校准，做好定期维护和日常维护工作及仪器设备的期间核查，并保存相应的记录。

纺织实验室对标准物质无特殊要求，实验室新购的标准物质应经过验收，建立试验数据。在使用期间，也应定期进行有效期限检查，以了解其变化动态，确定有效期。对试剂耗材等的控制，应重点进行空白试验，以确保对测定无干扰。值得注意的是消耗品中特别要注意过滤头、固相萃取小柱等要进行回收率测定，需保证对被测成分无截留。

同其他实验室一样，纺织检测样品在接收时，要认真填写接样单，对样品的性状、检测项目、取样部位、包装、数量等进行描述。样品在实验室使用唯一性标识，同时确保样品在检测传递过程中的标识转移。在进行制（取）样时，确保样品的均匀性、代表性。

选择的检测方法需经过客户同意，分析方法有国家标准或行业标准、公定的标准方法，国际标准化组织（ISO）发布的方法，经权威的管理部门或机构认可的标准操作程序（SOP），已经被实验室验证的方法，必须符合技术要求并按实验室方法管理的相关程序审批。方法性能参数包括校准曲线、空白值、检出限、定量限、准确度和精密度。在选择方法时应注意方法的适用性，如在进行纺织品中禁用芳香胺检测项目时，必须知道检测样品的纤维组分，方可选择合适的方法进行检测。

以上监控活动在实验室的仪器设备年度校准计量、标准物质的购置保存、检测样品的传递及检测方法的选择中进行，是保障实验室检测质量的基础。

10.4.3　制定年度质量控制计划

为确保检测数据的准确性，需对实验室工作质量采取有效的检查方法，并对这些方法的有效性进行评价。除以上常规的实验室日常质量控制工作外，实验室还必须在实验室内部及与外部其他实验室间进行有针对性的质量控制活动。一般由实验室质量主管负责制定检测质量控制计划和实施方案，下达任务，根据实验结果对样品检测结果和控制方法的有效性进行评价。年末对年度检测质量情况进行汇总并形成报告。纺织化学检测实验室一般在年初制定质量控制计划，质量控制计划包括外部质量控制计划和内部质量控制计划。年度质量控制计划中应体现检测技术的关键和薄弱环节。检测室负责按计划进行实验，上交结果，必要时写出试验报告。

（1）内部质量控制计划的制定　纺织化学检测实验室的常规检测项目有可分解

禁用芳香胺、pH 值、甲醛含量、酚类物质、邻苯二甲酸盐、可溶重金属、六价铬等检测项目。内部质量控制计划的方式可结合项目的特点进行，以可分解禁用芳香胺的检测为例，其关键技术是还原反应，所以应对还原反应的有效性进行重点控制，还原试剂连二亚硫酸钠的还原性一般可用化学滴定法加以确认，但因为连二亚硫酸钠在光和空气中均为较易变质的化学品，所以在应用时，对其还原性的滴定应在短时间内持续进行。同时，实验室也可以采用留样再测（阳性样品）的方式对其还原性进行监督。同样，纺织品中五氯苯酚含量检测的关键技术是衍生化反应的有效性，为了保证检测质量，需在同批的检测样品前处理中穿插标准溶液的衍生，这样就不但是对衍生过程的一个验证，也是对操作人员以及设备等检测过程全程的控制。实验室内部质量控制计划以表 10-9 为例。

表 10-9　实验室内部质量控制计划

序号	控制方法及周期安排	实施项目	监控对象	评价范围	评价方式
1	日常控制：同批样品插入一个"控制标准样"，或在分析大批样品时，每隔 10～20 个样品插入一个"控制标准样"	纺织品禁用芳香胺含量的检测、含氯苯酚检测等	设备	测量点落在警戒区域内或一般要求不超过配制浓度的 10%	质控图（针对仪器的）
2	日常控制：1. 禁用芳香胺、含氯苯酚等的阳性样品需两种不同手段的定性定量确认。2. 人员岗位变动。3. 毛皮织物甲醛含量采用 UV 方法样品空白 ABS>0.03,需用高效液相色谱法定性定量	当检测样品为可疑阳性样品时实施	检测结果	一般要求重复测试及确认结果间偏差不超过 10%,合格限量附近的样品采用不确定度表示	相对偏差
3	临近有效期到期日之前更换标准溶液	所有项目	标准溶液	与旧标准溶液检测结果比对	相对偏差
4	每星期至少一次。或更换试剂、更换人员时必须安排	试剂符合性验证、阳性样品留样再测	人员、试剂	一般要求不超过 10%	留样再测
5	禁用芳香胺测试每星期进行，含氯酚测试需每次进行	回收率	检测方法	按方法要求	范围
6	三个月一次(新配制标准品、检测结果于限量附近)	甲醛含量、禁用芳香胺、含氯苯酚等	仪器	不确定度	不确定度

实验室内部质量控制结果一般用以下方式进行评价。

质控图：纺织实验室样品日常批次较频繁的检测项目一般为 pH 值、甲醛、禁用芳香胺等有代表性的项目，这些项目中的针对仪器状态采用的标准物质控制和针对检测过程的样品复测结果，宜采用质控图的统计方法进行检测过程质量控制。由检测人员随时将每次的检测结果填入质控图，进行观察与分析。

以对纺织品中可分解致癌芳香胺检测项目为例，日常质控中对检测所使用设备超高效液相色谱仪的状态控制，以 5 月份的标准溶液测试数据为例，检测数据如表

10-10 所示。

表 10-10　联苯胺标准溶液（浓度：20mg/L）2012 年 5 月份仪器测试结果

日期	结果/(mg/L)	日期	结果/(mg/L)	日期	结果/(mg/L)
5 月 1 日	—	5 月 12 日	—	5 月 22 日	19
5 月 2 日	22	5 月 13 日	—	5 月 23 日	21
5 月 3 日	19	5 月 14 日	19	5 月 24 日	22
5 月 4 日	20	5 月 15 日	21	5 月 25 日	19
5 月 5 日	—	5 月 16 日	21	5 月 26 日	—
5 月 6 日	—	5 月 17 日	17	5 月 27 日	—
5 月 7 日	21	5 月 18 日	18	5 月 28 日	20
5 月 8 日	22	5 月 3 日	21	5 月 29 日	21
5 月 9 日	18	5 月 19 日	—	5 月 30 日	19
5 月 10 日	17	5 月 20 日	—	5 月 31 日	20
5 月 11 日	19	5 月 21 日	18		

注：每天按样品量安排标准溶液测试频次。"—"表示当天未案排测试。上述数据可绘成质量控制图，其中控制限（UCL 和 LCL）及警戒限（UWL 和 LWL）的计算见本书第 4 章。

使用标准样品：由质量主管定期或不定期将标准样品以比对样或正常样品的形式向相应项目承检人下达检测任务，与样品检测同时进行，检测室完成后上报检测结果。也可由检测室自行安排在样品检测时同时插入标准物质，验证检测结果的准确性。因为标准样品比较难以得到，所以这种方法一般比较难以经常进行。

样品复测：某一样品的检测完成后，再用相同或不同的方法对该样品的相同参数进行复测，将两次或两方法的检测结果进行比对，以验证提供给委托方的检测结果的可靠性。纺织实验室的禁用芳香胺、含氯苯酚等项目比较适宜用这种方式进行，甲醛测试项目不适宜。样品复测手段除针对实验室的日常监控外，特别适用于在人员岗位变动、新进人员岗位测试、试剂更换或者易变质试剂性能的检验等情况。例如在进行禁用芳香胺测试项目中，保险粉是非常关键的一种试剂，本身保险粉极易见光分解，在使用时必须严格监控其还原性能，除进行有效成分标定外，样品复测也是一种非常方便、有效的手段。

以可分解致癌芳香胺阳性样品（联苯胺含量约为 85mg/kg）复测为例，结果采用质控图的方式表示，如图 10-5 所示。因为和样品的均匀性及样品的保存有关，在复测过程中要求测量结果不超过（85±10）mg/kg，即可认为对检测过程在受控制范围内。

回收率测试：纺织实验室加标回收率适用于禁用芳香胺检测项目，日常检测中测得的加标回收率不应超过标准方法或统一方法中所列的回收率范围，未列回收率范围一般控制在 90%～110%。加标量应和样品中所含待测物的测量精密度控制在

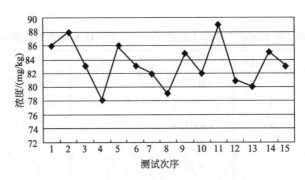

图 10-5　分解致癌芳香胺阳性样品复测质控图

相同的范围内，当样品中待测物含量接近方法检出限时，加标量应控制在校准曲线的低浓度范围内；当样品中待测物浓度高于校准曲线的中间浓度时，加标量应控制在待测物浓度的半量；加标后的总量应不超过测定上限的 90%。

不确定度评估：合理的评定测量不确定度是检测分析工作中需要重视的问题。纺织实验室应对实验室人员、仪器设备、设施环境等进行综合的评定，根据其评定结果，尽可能地使其影响检测质量的因素都处于受控和良性循环的状态。

实验室内部质量控制是实验室自我控制质量的常规程序。在实验室检测工作中，严把检测质量关，对突发、易出现的问题及时提出整改意见，做好质量监督检查和记录，不断改进监督方式，完善监督程序，提高质量监督的水平和作用。把质量控制考核、人员比对、方法比对纳入到日常的检测工作中，从而进一步保证了实验室内部检测质量的连续性。

（2）外部质量控制计划　外部质量控制活动包括能力验证和实验室间比对。实验室通过参加能力验证来验证检测结果的准确可靠性，在没有适当能力验证的领域，实验室可通过强化内部质量控制和自行开展与其他实验室的比对等措施来确保其能力。能力验证和实验室间比对于年初制定计划并下达参加能力验证比对任务，也可根据检测需要临时安排。实验室参加外部质量活动需对活动的有效性进行评价，评价包括时间、比对项目、试样种类、检测方法、比对单位、允差、结果评价等。为了能充分使用能力验证及比对实验结果，通过外部质量控制事件来监督内部质量，实验室要对每一次的能力验证及对比测试进行数据分析评价。按照能力验证规则要求，实验室在制定能力验证和实验室间比对活动计划时应考虑以下因素（不限于）：

① 认可范围所覆盖的检测、校准和检查方法；

② 人员的培训、知识、经验及其变动情况；

③ 内部质量控制情况；

④ 检测、校准和检查结果的用途；

⑤ 检测、校准和检查技术的稳定性等。

参加能力验证或实验室间比对按照中国合格评定国家认可委员会和中国认证认可国家监督管理委员会公布的能力验证项目进行报名，实施机构的具体信息见 CNAS 网站"能力验证专栏"中的"能力验证提供机构清单"。目前 CNAS 对纺织品化学领域的能力验证频次要求是 1 次/年。

分析的内容以实验室在进行该能力验证项目时的采用方法、设备、标准物质、检测人员及对结果的分析。在采用方法分析中，应着重描述对方法有无偏离或采用不同方法之间的差异，以及这种偏离或差异对结果有无显著影响的分析。在采用设备中，应对所采用的设备的状态进行总结，如采用不同设备，还应对不同设备之间的检测结果，以及是否存在差异及原因进行分析。对于本次能力验证项目所采用的标准物质，应对标准物质的有效性及标准曲线的相关性进行分析。一般来说，检测人员应为有经验的人员，但能力验证项目也是一个实验室人员间比对的很好机会，特别是对新进人员，如果有机会采用能力验证的方式与有经验的检测人员进行比对，也可以对人员的技术情况进行了解和掌握。

在注意问题中，应着重描述本实验室在此项能力验证活动中发现的问题，如无特殊问题，也应对能力验证技术报告进行分析，对有可能存在的问题进行预防。

当能力验证结果或实验室间比对结果不满意时，实验室应及时对原因进行分析，并提出整改纠正措施。如果除能力验证计划外，CNAS 也指定机构为合格评定机构提供测量审核。测量审核是一种特殊的能力验证计划，在无适当、适时的常规能力验证计划时，可依据申请项目与范围参加适当的测量审核。同时，实验室也可参加 CNAS 承认外部机构组织的能力验证活动。

10.5　电子电气产品有害物质检测实验室

10.5.1　实验室概况

20 世纪 90 年代以来，作为全球高科技产业主体的信息产业获得高速发展。随着全球信息化浪潮的推进，信息技术、信息资源已经成为各国发展的主要推动力和社会扩大再生产的基础。技术的创新使电子电气产品的更新换代越来越快，从而导致报废的电子垃圾数量猛增。由于大部分电子垃圾中含有有害物质，因此大量有害物质随着电子垃圾进入环境中，造成地下水、土壤、空气等严重污染。同时，各国政府为保护本国产品的竞争优势和保证本国的进出口贸易平衡，逐步制定了技术性贸易壁垒（TBT）。这些逐渐形成了针对电子电气产品的法令法规，例如欧盟的 RoHS 和电池指令，以及美国、中国、日本、韩国的类似法规；德国 GS 认证对于 PAH（多环芳烃）的要求；各个电子厂商对于材料的无/低卤素要求，邻苯二甲酸酯限制要求，挥发性有机化合物（VOC）限制要求等。

以上法规带来了大量的测试需求，这些测试要求有专业的实验室来进行完成。

因此而建立的电子电气有害物质检测实验室，其主要检测范围是电子电气产品的成品、半成品或原材料中的有害物质，主要包括重金属、卤素、多环芳烃、邻苯二甲酸酯、全氟辛烷磺酸（PFOS）、全氟辛酸及盐类（PFOA）、挥发性有机化合物（VOC）、表面离子污染等，主要针对的法规包括 RoHS、REACH、GS mark、电池指令等。

　　电子电气有害物质检测实验室，主要是采用化学分析的手段来检测有害物质，其常用的化学分析设备包括电感耦合等离子体原子发射光谱仪（ICP-AES）、气相色谱质谱联用仪（GC-MS）、原子吸收光谱仪（AAS）、紫外可见分光光度计（UV-Vis）、离子色谱（IC）、液相色谱质谱联用仪（LC-MS）等设备。电子电气有害物质检测实验室，其质量控制的主要方式和手段，将在下文中逐一讲述。

10.5.2　质量控制计划

　　检测实验室的一个非常重要的质量控制方式，就是通过制定和实施质量控制计划，从而从整体上实现对整个检测实验室的测试监督和质量保证。检测实验室的质量控制计划，主要包括内部质量控制计划和外部质量控制计划。

　　质量控制计划是为了实现质量目标，对一系列质量控制措施进行了安排。内部质量控制计划主要包括盲样测试、人员比对、仪器比对、标准物质期间核查、方法验证、留样重测等质量控制措施的项目名称、实施时间、频率、实施方法和验收标准进行规定。而外部质量控制计划主要内容包括参加能力验证或其他实验室间比对活动的项目、时间等内容。

　　以下分别给出两个例子，以更清晰地说明电子电气有害物质测试实验室的内部质量控制计划表（见表 10-11）和外部质量控制计划表（见表 10-12），主要包括电子电气有害物质实验室常见测试方法。

表 10-11　2011 年内部质量控制计划表

测试项目	样品类型	标准	类型	允许范围	负责人	时间表
铅镉	塑料	IEC 62321:2008 Clause 8	盲样测试	平均相对偏差<15%		每月两次
铅镉	金属	IEC 62321:2008 Clause 9	盲样测试	平均相对偏差<15%		每月两次
铅镉	电子元器件	IEC 62321:2008 Clause 10	盲样测试	平均相对偏差<15%		每月两次
汞	塑料	IEC 62321:2008 Clause 7	盲样测试	平均相对偏差<15%		每月一次
汞	金属	IEC 62321:2008 Clause 7	盲样测试	平均相对偏差<15%		每月一次
汞	电子元器件	IEC 62321:2008 Clause 7	盲样测试	平均相对偏差<15%		每月一次
六价铬	塑料	IEC 62321:2008 ANNEX C	人员比对	平均相对偏差<15%		每月一次
六价铬	金属	IEC 62321:2008 ANNEX B	人员比对	平均相对偏差<15%		每月一次
溴化阻燃剂多溴联苯/多溴联苯醚	塑料	IEC 62321:2008	盲样测试	平均相对偏差<15%		每月一次

续表

测试项目	样品类型	标准	类型	允许范围	负责人	时间表
多环芳烃	塑料	ZEK 01.4-08	仪器比对	平均相对偏差<5%		3 月份
卤素含量	塑料	EN 14582:2007	人员比对	平均相对偏差<10%		4 月份
汞镉铅	电池	GB/T 20155—2006	人员比对	平均相对偏差<15%		7 月份
邻苯二甲酸盐	油漆	EN 14372:2004	人员比对	平均相对偏差<15%		每两月一次

表 10-12　2011 年外部质量控制计划表

测试项目	样品类型	标准	类型	计划时间
铅镉	塑料	IEC 62321:2008 Clause 8	能力验证	第一季度
汞	塑料	IEC 62321:2008 Clause 7	能力验证	第一季度
六价铬	塑料	IEC 62321:2008 ANNEX C	能力验证	第一季度
溴化阻燃剂多溴联苯/多溴联苯醚	塑料	IEC 62321:2008	能力验证	第一季度
多环芳烃	塑料	ZEK 01.4-08	实验室间比对	9 月份
卤素含量	塑料	EN 14582:2007	实验室间比对	8 月份
汞镉铅	电池	GB/T 20155—2006	实验室间比对	2 月份
邻苯二甲酸盐	油漆	EN 14372:2004	实验室间比对	12 月份

（1）盲样测试　将已知待测物含量的样品，在测试人员未知相关信息的情况下，以普通样品的方式分给测试人员进行测试并出具结果，就是盲样测试。

盲样测试时，可选择带证标准物质作为盲样。优点就是样品的均匀性有保证，测试结果可直接与标准值进行比较；如盲样测试结果有偏差，则一般只需查找测试上的原因，很少需要再对测试样品本身进行调查。但缺点就是成本较高，且不一定能找到合适的带证标准物质。盲样测试时，也可使用之前测试过的阳性样品，作为盲样样品。但需注意的是，该阳性样品在使用前，需经过多次测试以证明其均匀性。一般有条件的话，建议进行至少 6 次的平行测试，通过测试结果的精密度来评估样品的均匀性。

电子电气有害物质的检测实验室，其日常处理的样品中含有有害物质的浓度相对较低，且基质复杂，分析时出现干扰的机会较多，因此盲样测试，应作为一种主要质量控制手段。

（2）仪器比对　仪器比对就是用同一型号的不同仪器对同一样品进行检测，例如用两台离子色谱（IC）对同一个样品进行检测。整个比对的过程，除了设备不同，其他的要求应参照重复性测试条件。

电子电气有害物质的检测实验室，因日常处理的样品基质复杂多样，有些样品即使在同型号的仪器上，不同的仪器间测试结果也会有差异。例如铁合金中的铅含量，在不同品牌的 ICP-AES 上进行测试，测试人员可能会得到差异较大的测试结果。实验室的测试操作规程应当对此有所规定，并对相关人员进行培训和考核。

（3）人员比对　人员比对测试，即由两个以上人员对同一样品进行比对检测，除人员不同外，其他的测试要求应参照重复性测试条件。电子电气有害物质的检测实验室，因日常处理的样品基质包括有各种金属、聚合物、油墨、玻璃、电子元器件等，因此对于测试人员的要求较高，人员比对应作为检测实验室主要的质量控制手段。尤其是需要针对一些特殊的基质或样品，例如某些带镀层金属产品上六价铬含量的测定，测试人员对于显色后样品上的颜色判断，存在一些主观因素，更需要利用人员比对测试的方式，来减少不同人员间结果不一致情况。

（4）接收范围　不论是盲样测试、仪器比对，还是人员比对等，在制定质量控制计划时，测试样品的选择与测试结果的接收范围需要联系到一起考虑。因为样品中待测物含量的浓度水平，不同的浓度其可被接收的条件不一定一致。例如盲样中含有 800mg/kg 的 PBB（多溴联苯），那其盲样测试结果的接收范围（比如说相对偏差＜15％）就不同于含有 15mg/kg 的 PBB（多溴联苯）的盲样测试结果（这时的接受范围可以是相对偏差＜25％）。目前绝大部分方法都未说明其盲样测试结果的接收范围，但说明了精密度的要求。测试人员使用时可以参考该精密度的要求，依据实验室的质量目标，制定实验室的接收范围。或者也可以根据该方法不确定度评估的结果，或者平行样测试的结果，来制定实验室的盲样测试、人员比对、仪器比对等接受范围。

（5）实施时间或频率　质量控制计划中项目的实施时间或频率，是检测实验室根据测试项目量和对风险的认知而做出的。测试项目量大，风险高，则意味着质量控制措施实施的频率需要比较高。一般在一年的时间内，对检测实验室的各个测试项目，至少需安排一次盲样测试，或人员比对，或仪器比对等质量监督控制措施。

电子电气有害物质检测实验室的检测项目，外部的能力验证还比较少，只能更多地依靠实验室间比对测试。或者更多地利用带证标准物质（CRM），以保证测试的正确度。外部质量控制计划的制定准则，与内部质量控制计划类似，根据测试量和测试风险制定。但同时还需考虑参加的费用，能力验证开展的时间与实验室工作时间是否冲突等因素。

10.5.3　日常测试质量控制措施

（1）空白测试（包括试剂空白、方法空白）　电子电气有害物质检测实验室的检测项目，对于检测限的要求比食品检测等要求低，因而实验过程中使用到的化学试剂级别不需很高，分析纯以上级别即可满足大部分实验项目要求。一般情况下，每批测试中至少有一个方法空白测试样，即可满足品质控制要求。

由于利用方法空白测试，对测试过程的背景值进行监控的方式，是发生了事故之后才能被发现的。如果实验室有能力，则最好在收到试剂之后，就安排对试剂验收进行试剂空白测试，使到试剂在被用于测试之前，就能得到有效的监控。实验室应至少保证主要试剂或者高风险试剂，采用试剂空白的验收方式。

电子电气有害物质检测实验室的检测样品，其中某些有害物质（如铅、增塑剂）的含量，从 $10^{-6} \sim 10^{-2}$ 范围都存在；因此，高含量样品将对低含量样品的检测带来潜在的污染的风险。例如高含量样品可能在实验器皿中残留，或者在分析仪器的进样分析管路中残留，从而对下一测试样品造成污染。因此，日常检测中，必须制定相应的规范，如对超过某一浓度值的样品，设备在分析该样品后应增加适当的清洗步骤；对与其接触的器皿，则应增加适当的清洗步骤。同时，在设立空白测试的频率时，可结合考虑该因素。例如在仪器分析时，适当增加空白样（例如 CCB，连续的校正曲线空白溶液）频率到每 5～10 个样品一次。

例如：按照 RoHS 法规要求测试电子元器件中的铅含量时，通过样品的拆分，将样品尽可能地拆分为均质的测试子样。一些电子元器件中常含有高温焊料，其铅含量常高达 92%。因此，在整个样品的拆分，前处理和仪器分析过程中，应特别注意避免待测样品间的交叉污染，同时也需注意避免高含量样品对实验器皿和设备造成污染。例如用合适的取样工具（如电烙铁）代替剪刀或其他机械工具，避免取样交叉污染；或者可以对样品消解时接触的实验室器皿增加清洗步骤，避免造成后续测试样品的污染；可以在仪器分析完该样品后，增加一个空白样，避免造成对下一待测样品的污染。

（2）平行样测试 电子电气有害物质的检测实验室，其日常处理的样品基质复杂，可能包括塑料、各种金属合金、各种阻燃添加剂、电子部件、电子陶瓷等。因而，日常检测中需各种不同的基体进行平行样和回收率测试，以对测试过程和结果的精密度和正确度进行监控。样品基体的复杂，带来最直接的影响就是样品的前处理困难，还有仪器分析的判定困难。

在电子电气实验室，如果是主要做成品样品的材料测试，则可以将样品基体分成四类：塑料类，普通金属类，锡合金、铝合金或含钨钽合金类，电子元器件类或难以拆分的混合材质类。四种材质的样品的前处理方式和步骤，略有不同，最好能分开四个批次进行处理，每个批次至少做一个平行样测试。

如果实验室的测试涉及原材料的分析测试，则样品的基体更加复杂，需按材质分开更多的批次进行测试。检测实验室可以根据测试项目的原理，样品的组成对于测试结果是否造成影响等因素进行识别和判断。一般情况下，每种材质的每批测试中至少有一个平行测试，才可满足品质控制要求。

电子电气有害物质的检测实验室，因其涉及的样品材质众多，其平行样的要求自然不同。一般情况下，塑料类、普通金属类的平行样测试，其重复性比较好，在200 倍方法检测限的浓度水平下，两次独立测定结果的相对偏差可以小于 10%。然而对于电子元器件类，因样品本身不够均匀，两次独立测定结果的相对偏差可能达

到 $10\%\sim20\%$。实验室有必要针对各种材质,建立相应的品质控制图和控制要求。

(3) 回收率测试 电子电气有害物质的检测实验室所检测的项目较多,有些项目的阳性率非常低,例如金属中的铅,阳性率很可能高于 30%;而有些项目的阳性率比较高。例如塑料中的六价铬测试,阳性率就比较低($<15\%$)。对于阳性率不高的一些测试项目,可以通过样品加标,并做平行样的方式,同时得到样品结果的精密度和正确度估计值。对于阳性率较高的一些测试项目,则建议在同一批中同时做两个样品的回收率测试。原因是阳性率较高的测试,有些时候其某一样品的待测物含量将远远超过加标浓度,从而导致回收率计算结果不准确,影响了数据审核人员对测试结果正确度的判断。

例如:有些电子电气产品中常含有铜合金,此类铜合金中含有 $1.5\%\sim3.5\%$ 的铅。如果选择了该样品进行加标,而加标的浓度仅在 $100\sim1000\mathrm{mg/kg}$ 之间时,远远小于样品中的铅含量;那么最后加标回收率的结果,其正确度就会受到很大的影响。此时,测试人员无法使用该回收率数据对同批测试的样品结果进行评估。对于这样的情况,除了多找一个样品进行加标回收率测试之外,如有可能,建议购买适当的带证标准样品,作为品质控制样同批进行样品前处理,从而实现对该批样品的结果的正确度评估。

(4) 仪器分析的特别要求 如上所述,电子电气有害物质的检测实验室,其日常处理的样品基质复杂,因此统一的仪器分析方法,不一定能适合所有样品的准确分析。如果测试方法没有特别的要求,一般建议使用内标法进行仪器分析。同时,电子电气产品的样品基质对于很多的有机物测试项目来说,会影响仪器的灵敏度。因此,在进行仪器分析过程中,更加频密地进行 CCV(连续校正曲线验证)或者灵敏度检查。每 $5\sim10$ 个样品做一次是比较合适的。

由于电子电气有害物质的检测样品基质类型繁多,有些样品基质会给仪器分析带来干扰,导致出现检测限提高、假阳性等情况。因此,采用不同的技术对同一个样品的检测,是一个较好的分析手段。例如某不锈钢样品在采用 ICP-AES(电感耦合等离子体原子发射光谱仪)分析低含量的铅时,可能会遇到光谱干扰的问题,这时可以采用 AAS(原子吸收光谱仪)进行检测,则可以很好地实现低含量铅的测定。或者某橡胶样品,如果在采用 GC-MS(气相色谱质谱联用仪)进行分析时遇到基体干扰时,可以用 LC-MS(液相色谱质谱联用仪)进行重新测定,从而得到准确的测试结果。这些测试项目的这种处理方式,最好能列入质量控制计划作为仪器比对项目,从整体上实现对该项目的质量控制。同时,测试人员能否正确判定这样的假阳性情况,并给予正确的处理,是需要特别重视的。对于这样的情况,除了在管理上要制定人员培训和考核计划外,最好还在质量控制计划中,将类似的情况作为人员比对项目。

10.5.4 定期评估测量不确定度

测量不确定度的大小,在一定程度上反映了测试实验室在该测试方法上的质量水平。电子电气有害物质的检测实验室中测量不确定度的应用，跟其他类型的检测实验室类似，通过对每个测试项目的评估和年度审核，衡量实验室的测试水平，并指导质量管理。

电子电气有害物质的检测项目，大部分的不确定度分布如以下例子所示，主要来源在于样品的回收率和重复性。根据该结果，如果实验室需要提升该项目的测试水平，那么实验室在制定质量控制计划或者要求的时候，就需重点针对样品回收率和重复性定出措施。以下列举了一个电子产品塑料中铅含量的不确定度分布的例子，来具体说明如何利用定期地评估不确定度，进行针对性的改善，从而减少该测试的不确定度（见图 10-6）。

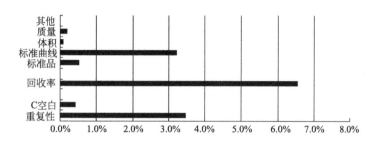

图 10-6　IEC62321：2008 Sec. 8 方法测试塑料中铅含量的不确定度分布

在该例子中，假设置信度为 95%，样品中 50mg/kg 铅含量的相对扩展不确定度为 16.1%。从图 10-6 可以看出，对该方法的测量不确定度影响最大的两个因素，分别是回收率和重复性；对该测量不确定度影响不大的因素，则包括质量、体积等。因此，实验室根据该分布图，可以重点针对该测试方法的回收率和重复性，制定改善措施，从而降低该测试的测量不确定度大小。例如，针对该例子，因电子电气样品的基体复杂性，多次加标回收率的平均值仅有 85.2%。通过采用内标法进行分析，减少了基体干扰，样品的加标回收率提高到 94.5%，则样品回收率带来的不确定度分量减少。此时在置信度为 95%，样品中 50mg/kg 铅含量的情况下，相对扩展不确定度为 10.6%。该方法的测量不确定度明显减少。

另外，根据该分布图，基于控制成本考虑，针对那些测试不确定度分量比较小的因素（如质量和体积），可以考虑放宽对其要求，将更多的资源和精力投入到对不确定度影响较大的因素。假如原来采用的是 A 级容量瓶，就可以考虑使用 B 级容量瓶，然后再重新评估不确定度分布。如前后不确定度的变化不大，则说明该措施是可行的。

10.5.5　质量控制图

电子电气有害物质的检测实验室，其质量控制图的使用，主要有加标回收率的单值质量控制图、标准物质回收率的单值质量控制图、平行样的极差质量控制图、空白样的质量控制图。

（1）加标回收率的质量控制图　加标回收率的质量控制图，可以分别对平均值和异常值进行监控，实现对测试结果的正确度和精密度进行监控。

加标回收率的单值质量控制图，如果该项目测试量较大，每月或每季度超过20个数据，可以取上一个月或上一个季度的数据，计算之前这些测试数据的平均值和标准偏差，用于制定本月或本季度的质量控制图。如果该测试项目测试量较小，则可以取之前一段时间内至少 20 点的数据，来制定这次的质量控制图。

例如，塑料中增塑剂 DEHP 含量测试的样品加标回收率 10 月份的结果见表10-13，则根据该表格，可定出 11 月份的质量控制图的中心线和上下限。

表 10-13　塑料中增塑剂 DEHP 的样品加标回收率（10 月份）

序号	1	2	3	4	5	6	7
日期	10 月 6 日	10 月 7 日	10 月 8 日	10 月 9 日	10 月 10 日	10 月 11 日	10 月 12 日
回收率/%	100.2	98.5	95.5	105.2	89.8	90.1	96.9
序号	8	9	10	11	12	13	14
日期	10 月 13 日	10 月 14 日	10 月 17 日	10 月 18 日	10 月 19 日	10 月 20 日	10 月 21 日
回收率/%	98.5	110.2	107.6	91.1	100.0	113.8	109.0
序号	15	16	17	18	19	20	
日期	10 月 24 日	10 月 25 日	10 月 26 日	10 月 27 日	10 月 28 日	10 月 31 日	
回收率/%	111.2	111.6	110.2	110.8	110.8	89.3	

中心线 $\bar{X}=102.5\%$；标准偏差 $s=8.5\%$；$UWL=\bar{X}+2s=119.5\%$；

$LWL=\bar{X}-2s=85.5\%$；$UCL=\bar{X}+3s=127.9\%$；$LCL=\bar{X}-3s=77.1\%$；

根据以上所获得的信息，可以画出 11 月份的增塑剂加标回收率质量控制图如图 10-7 所示。

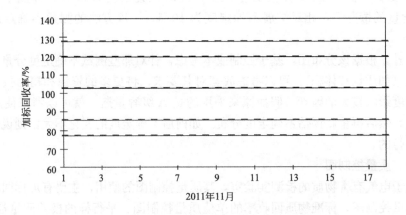

图 10-7　塑料中增塑剂 DEHP 的加标回收率质量控制图

（2）全程测试空白的质量控制图　全程空白测试样的质量控制图，可以不需要对其下限做出规定，因此空白测试样的质量控制图，只需有一个上限即可。例如塑料中铅含量测试的空白测试质量控制图如图 10-8 所示。

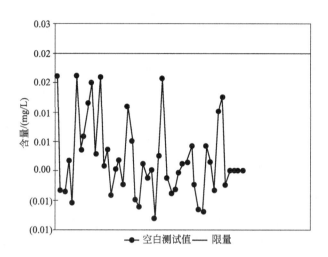

图 10-8　塑料中铅含量测试的空白测试质量控制图

10.5.6　纠正措施、预防措施和持续改进

（1）纠正措施　为消除已发现的不合格或其他不期望情况的原因所采取的措施，就是纠正措施。纠正措施针对的是已经发生的事情所进行的事后补救措施，但更主要的是，希望能通过一系列的方法，找到导致事情发生的根本原因，制定出针对根本原因的措施。将纠正措施记录表举例如表 10-14 所示，供实际应用时参考。

表 10-14　纠正措施记录表

编号：×××××	提出人及日期：
涉及事情描述：	
相关文件/报告/人员：	
事情发生后即刻采取的纠正行动：	
根本原因分析：	
纠正措施及预计完成日期：	
纠正措施批准人和批准日期：	纠正措施结果验证人和验证日期：

（2）预防措施与持续改进　纠正措施仅仅针对已经发生的错误，针对其具体原

因制定措施。这是属于亡羊补牢。而预防措施是针对潜在的未发生的问题或者潜在的改善机会制定的措施。这是属于未雨绸缪。全面品质管理重视"事前预防",而非"事后检测",认为品质应是可管理出来的,对于产品制造过程中可能发生变异的关键点均须加以列管、控制,要求组织的各部门对各项事务的实施程序,都应有清楚的认定,使变异尚未发生之前,即能早期发现,并尽速予以改善调整,而非一味地事后检测缺失,以有效提升产品品质,并可避免产生错误,而在重做或延误过程中增加制造成本。因此,全面品质管理强调"每一次、第一次就把事情做对",以事先预防为前提,不以事后补救来弥补。纠正措施和预防措施,是电子电气有害物质检测实验室品质管理中的重要手段。

电子电气有害物质检测实验室日常收到的检测样品,其样品基质将包括塑料、橡胶和硅橡胶、各种金属和合金、各种溶剂、各种色粉颜料、各种无机阻燃剂(如锑氧粉)、陶瓷玻璃、电子元器件以及纸张皮革等。复杂的样品基质带来了复杂的测试方法,并造成人员培训上,仪器分析上众多的困难,并会造成质量控制流程上存在一些漏洞。对于大型的电子电气有害物质检测实验室,无论一开始如何制定测试流程,都很难达到完美无缺的地步。因此尤其需要制定纠正措施和预防措施,通过它们的运作,从整体上优化了流程,弥补了质量控制中的一些漏洞。将预防措施记录表举例如表 10-15 所示,供实际应用时参考。

表 10-15　预防措施记录表

编号:×××××	提出人及日期:
预防措施的目的:	
预防措施的的内容及所需资源:	
预防措施及预计完成日期:	
预防措施批准人和批准日期:	结果验证人和验证日期:

顾客对于所使用的产品往往有喜新厌旧的倾向,对品质的期望亦会随时变动,尤其对于电子电气产品,因此,为掌握顾客长期的需求,对于产品必须不断地创新求变,推陈出新,才能获得顾客的欣赏与符合顾客的期待。电子电气有害物质检测实验室,更需要建立预防措施的制度,持续地改进样品的测试流程和测试方法,以满足客户的需求。Deming(1986)曾强调:不断地改进生产与服务系统,进而改善品质与生产力,如此才能不断地降低成本。全面品质管理强调的是"过程导向",而非"产品导向",组织必须不断地改进缺陷,突破现状,采用创新且永不休止改进的手段,在产品上革新求进步,才能提升产品与服务的品质。

■ 参考文献

［1］　中国合格评定国家认可委员会 . CNAS-CL01《检测和校准实验室能力认可准则》. 2006-6.
［2］　中国合格评定国家认可委员会 . CNAS-CL10《检测和校准实验室能力认可准则在化学检测领域的应用说明》. 2007.
［3］　中国认证认可监督管理委员会 .《实验室资质认定评审准则》. 2006.
［4］　ISO/IEC 17025：1999，General Requirements for the Competence of Testing and Calibration Laboratories.
［5］　杨振华 . 检验医学，2004，19（1）：1.
［6］　钟华，赵飞，邢文革 . 中国医药导刊，2005，7（1）：60.
［7］　EN71-Part 3：1994 玩具安全 . 特定元素的迁移 .
［8］　方其丰，庄少辉，陈锐强 . 中国国境卫生检疫杂志，2002，25（6）：360.

第 11 章　全面质量管理

11.1　概述

11.1.1　全面质量管理的含义

近些年来，全面质量管理思想在全球获得广泛的应用与发展。了解和应用全面质量管理的理论和方法对做好检测实验室质量控制必将有很大的促进作用。本章将简单介绍全面质量管理的主要思想，并介绍全过程管理、全员管理、全面控制质量因素、科学系统管理方法等内容。

全面质量管理（total quality management，TQM）最早叫全面质量控制（total quality control，TQC），是由美国质量管理专家费根堡姆（Feigenbaum）提出的。他对全面质量管理给出的定义是："为了能够在最经济的水平上并考虑到充分满足用户要求的条件下进行市场研究、设计、生产和服务，把企业内部各部门的研制质量和提高质量的活动构成为一体的一种有效体系。"

费根堡姆主张用系统（俗称"全面"）的方法管理质量，在质量过程中要求所有职能部门参与，而不局限于生产部门。这一观点要求在产品形成的早期就建立质量，而不是在既成事实后再做质量的检验和控制。在费根堡姆的学说里，他摈弃当时最受关注的质量控制的技术方法，而将质量控制作为一种管理方法，强调管理的观点并认为人际关系是质量控制活动的基本问题。一些特殊的方法如统计和预防维护，只能被视为全面质量控制程序的一部分。当时他强调，"质量并非意味着最佳，而是顾客使用和售价的最佳。"

早期 TQM 的定义主要是适用在产品制造企业，与传统质量管理有很大的区别，TQM 主要强调了四个方面。

① 全面质量是相对狭义的产品质量概念而言的。即 TQM 不仅仅是指产品的质量管理，还包括与产品质量相关的各种因素，即产品生命周期全部相关过程的质量管理，包括产品产生、形成、实现和最终为消费者服务。比如：服务质量、工作流程质量、后勤保障质量、供应采购质量、咨询情报质量、售后质量等。TQM 既有对物的管理，也有对人的管理。

② 早期质量管理过分强调数理统计方法，认为数理统计方法应用到质量管理中能解决质量的一切问题。TQM 不仅需要应用数理统计工具，还需要运用一切可以运用的解决问题的方法或工具，如管理学、质量工程学、系统工程学、运筹学、心理学、组织学、计算机科学等一切科学和手段，全面地解决质量存在的问题。

③ 早期质量管理认为产品是检验出来的，质量着重在检验，事后控制。TQM 认为质量管理应包括全部过程环节，更加强调预防为主、事前控制，即更强调对产品设计和制造阶段的质量进行管理和控制。

④ TQM 强调质量不能盲目追求最好、最优质。一切生产和服务都要基于适当的经济成本，透支成本的质量是不值得人们去追求的。

国际标准 ISO8402 则给 TQM 的定义是："一个组织以质量为中心，全员参与为基础的管理方法，其目的在于通过让顾客满意和本组织所有成员以及社会受益而获得长远的成功的管理途径。"该定义明确了 TQM 为全员、全过程、全方位的质量管理。

注：1. "全员"是指该组织结构所有部门和所有层次的人员。

2. "质量"这个概念涉及全部管理目标的实现。

3. "社会效益"是指满足"社会要求"。也即是说，不仅需要考虑本部门、本实验室的利益，不仅需要考虑顾客、供应商、服务商的利益，而且还需要考虑全社会的利益。

目前，全面质量管理这个术语在不同国家还有不同的表达形式，如在日本，被称为 CWQC，即全公司的质量控制（company wide quality control）；在俄罗斯，称为质量的综合管理；在英国、德国等欧洲国家则称为 TQA，即全面质量保证（total quality assurance）等。

11.1.2　全面质量管理的核心思想

现代 TQM 强调三个基本思想。

（1）为顾客服务的思想　"组织依存于顾客。因此，组织应当理解顾客当前和未来的需求，满足顾客要求并争取超越顾客期望。"

首先要确立牢固为各阶层各环节顾客服务的思想，以满足顾客需求为导向，不断改善，最终达到顾客的全面满足。

对检测实验室来说，质量管理的基础仍是"顾客的需求"。"实验室顾客的需求"是实验室质量管理的上帝，是"质量工作的起点和归宿"。

不同类型实验室为顾客服务的重点有很大差异。对于第三方实验室来说，其生存与发展都直接依赖于顾客，有了顾客才有市场，才有效益；对于官方检测实验室来说，"顾客需求"主要体现为"社会需求"，因为官方检测实验室不仅仅是对某一顾客负责，更重要的是要对更大多数的顾客负责，对国家和社会负责。

"为顾客服务"不仅仅是"说"，必须是实实在在地"做"。绝大多数检测实验室都会将"顾客至上"等类似的口号展示在实验室宣传单、检测现场，甚至检测报告等的醒目位置，但在实际上往往是某些方面或某个环节忽略了。

此外，TQM 要求树立为每一位顾客服务的思想，并将顾客的概念扩充到检测实验室内部。对实验室全体人员来说，实验室的整体目标是让所有实验室顾客满意，而对每个人员来说，在实验室内部，每个人员还必须让实验室相关的内部人员满意，如每一检测环节人员应让下一检测环节人员满意，而不应将问题留给下一检测环节。因此，在现代检测实验室管理实践中就必须以全员参与为基础，进行全过程的质量控制。

有时，顾客的需求并非一定明确，因此，顾客的需求也需持续挖掘、不断开拓。

（2）预防为主的思想　　"事后检验"面对的是已经既成事实的结果质量，并且，如果一味只强调事后检验出来，实际上放松了上一环节的质量要求，总是心存侥幸地把对结果质量控制寄托在下一步，工作注意力也放到了下一步。因此，TQM 要求将"事后检验"变为"事前预防"，让检测实验室在实际的运营中、具体的工作上提前做好计划，能按时完成工作任务，把管理工作的重点，从"事后把关"转移到"事前预防"上来。实行"预防为主"的方针，把不合格工作可能产生的概率在它的形成过程中就消灭掉，做到从源头处控制质量，防患于未然。这样则可以避免因事前的准备不足而造成各类质量问题的发生，从而造成重大的损失。

具体来说，对于检测实验室来说，必须做好检测前的合同评审，在检测实验之前做好充分准备，对于新的检测项目，必须做好方法确认和验证工作，对于特殊复杂的项目和要求，还必须讨论制定相应的检测方案，在实施检测过程中也必须进行预先质量控制。目前，实验室普遍推行 ISO/IEC 17025 的质量管理体系，其中包含不少"事前预防"的要求，但对于预防为主更为直接有效，则是实验室所制定的标准操作程序（SOP）切实执行，这方面，良好实验室操作（GLP）认可的实验室做得相对较好。

（3）系统、全面、科学的思想　　质量问题并不仅是某个点，某个人的问题，而必须系统、全面、科学地分析其产生的根源，并且寻求系统科学性解决方式（详见11.5 节科学系统管理）。通常来说，推行全面质量管理，必须考虑满足"三全"的基本要求，即全过程管理、全员管理、全面质量控制因素（或全方位质量管理）。

11.2　全过程管理

11.2.1　全过程管理的含义

现代质量管理体系都是基于过程方法，根据 ISO9000 标准，过程管理方法就是"为使组织有效运作，必须识别和管理许多相互关联和相互作用的过程。通常一个过程的输出将直接成为下一个过程的输入，系统地识别和管理组织所应用的过程，特别是这些过程间的相互作用。"

将活动和相关的资源作为过程进行管理，可以更高效地得到期望的结果。ISO9000 鼓励采用过程方法管理组织。TQM 是一种全过程方法质量管理，强调质量的产生、形成和实现，都是通过过程链来完成的。因此，过程的质量，最终决定了产品和服务的质量。过程管理覆盖了组织的所有活动，涉及组织的所有部门，并聚焦于关键/主要过程。过程管理充分体现了"预防为主"的现代管理思想，从"预防为主"的角度出发，对工作的全过程都应进行严格的质量控制，把影响质量的问题控制在最低允许限度，力争取得最好的效果。同时更加强调加强过程设计的科学性和有效性，注重对过程中发生问题的及时反馈和果断处理，注重对设计的及时调整。过程管理并非没有目标，只是注重管理过程中信息反馈及处理的及时性，它弥补目标管理的不足。检测实验室需要明确一切符合要求的因素，在此基础上确定关键业务或检测流程，做好各类资源、各层次人员、各方面的组织协调工作。

11.2.2　检测实验室实验过程

化学检测实验室，主要流程与产品制造企业有较大差异，但全过程管理的思想和方法是一致的。类似地，检验过程又可分为申请受理、合同评审、抽样、制样、下单或工作任务安排、样品登记、检测标准或方法融会贯通，样品前处理、样品检测、复核、结果报告、报告的签发。这些侧重于过程的管理方法称为过程方法或过程管理方法。每个过程又由多个子过程组成。图 11-1 为典型的检测室实验过程图。

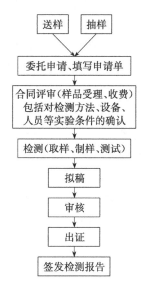

但这只是一个核心过程，其中还未包括：检测前顾客咨询、检测前供应采购、仪器标物期间核查、检测后结果反馈、顾客服务等，这些过程的全部影响因素都必须考虑，纳入全过程的质量控制范畴。

11.2.3　全过程质量控制

通常，对检测实验室来说，首先要确定每一个过程的顾客需求及目标，如报检环节要确定外来顾客的真实需求及潜在的需求，合同评审时要尽可能清晰明了；其次，要规定实现目标的每一过程作业人员和管理人员的职责和权限，如受理

图 11-1　典型的检测室实验过程图

报检后交检测任务单或样品给检测环节时，双方各自的职责和权限都要分清，各个过程之间的接口要特别注意管理；第三，要确定和规定每一过程实现目标所需要的资源，比如检测过程需要检验方法、检测仪器、试剂等；第四，确定每一个过程的作业标准和成果衡量方法，通常许多实验室对此都相对忽视或者不得法，毕竟衡量起来还是比较困难；第五，要确定防止不合格及消除其产生原因的措施；第六，运用 PDCA 和 SDCA 循环持续改进这些过程。

检测实验室全过程质量控制应重点对以下检验过程进行质量控制。

（1）样品的质量控制　样品是检验工作的主要对象，样品状态和特性的变化对检验结果的有效性和准确性将带来直接的影响。实验室应对样品进行登记，贴好标识，并确保样品不受污染，不发生变化等。

（2）方法保证　检验方法是实验室实现检验的主要手段。为了确保检验结果的质量，实验室应对在用标准进行查新，适时对实验室的检验方法进行检查，要求实验室在选择检验方法时，优先采用现行有效的国家、行业、地方或企业标准，对确实需要采用非标准方法的，应编制作业指导书，并经过验证（确认），符合要求后方能使用。

（3）仪器设备的质量控制　仪器设备是实验室实现检验的基本保证。用于检测的设备及其软件应达到要求的技术指标。对结果有重要影响的仪器的关键量或值，应制定校准计划。在投入服务前应进行校准或核查，以证实其能够满足实验室的规范要求和相应的标准规范，保证检验结果的准确性和可靠性。

（4）分析过程的质量控制　在进行每批样品分析的同时，实验室可采用空白试验、平行双样试验、加标回收试验、标准样品分析核查等质控方法，以保证检验工作的科学性、准确性、权威性。事实上，进行实验室内部比对、参加能力验证等也是分析过程质量控制的方法。对于定量分析结果，一种常用的分析过程的质量控制工具，是将定期测定结果绘制质量控制图，以监控持续的分析过程是否受控。

（5）检验报告的质量控制　结果报告是实验室一系列活动的最终成品，也是实验室质量体系赖以存在的必要条件之一。为了使结果报告得到有效控制，实验室实行分级负责制，即检验人员根据检验记录、计算方法和导出的数据填报检验结果底稿并签字，经检验科室负责人复核、签字；交检验质量管理部门（综合业务部门）编制报告并打印，授权签字人负责检验报告的审核、签发；然后送实验室质量管理部门统一复核，盖章发出。

11.2.4　全过程质量管理方法

TQM的基本方法可以简单概括为：一个过程和四个阶段。

（1）一个过程　检测实验室质量管理自始至终都是一个过程，不管期间分成多少个不同部分、不同层次或者是不同子过程。检测实验室的每项检测、咨询服务、供应采购、计量校准活动，都有一个产生、形成、实施和验证的过程。

（2）四个阶段　根据管理是一个过程的理论，美国戴明博士把它运用到质量管理中来，总结出"计划P(plan)→执行D(do)→检查C(check)→采取措施A(action)"PDCA四个阶段循环方式，即著名的"戴明循环"，通常被公认为TQM必须遵循的四个有效阶段，即以PDCA循环运行模式。

P阶段就是摸清顾客的需求，通过调查、咨询来制定适宜的技术指标及相应的质量目标，同时确定适当的技术标准方法，或者是需要采取的具体措施等。P阶段的主要内容：市场调查、用户访问、顾客咨询、合同评审要求、方案设计、工作计划制定、相关检测方法、技术壁垒制定、应对或处理措施的准备等。

D阶段也即是根据P阶段的调查摸底成果，如市场、顾客需求等，按照P阶段设计所确定的标准方法或者制定的处理措施去执行实施。这个阶段主要是实施P阶段所计划或规定的内容，严格按照质量标准进行设计、试制、试验、试用、原材料准备、信息资源汇集、分工安排以及对相关人员进行培训等。

C 阶段是第三阶段，主要就是对照 P 阶段计划的内容或相关标准方法规程，检查 D 阶段执行的情况和效果。C 阶段必须注意及时发现和总结前两个阶段的经验和存在的教训。检查阶段必须遵循一定的原则，既要公平，不要偏袒，又要善于把握关键核查点，避免胡子眉毛一起抓，对事不对人，有时还要懂得如何规避风险，确保实际效果。

第四阶段是 A 阶段，即采取措施或说是总结调整，这一阶段与通常我国习惯理解不同，采取措施与 P 阶段的执行是有区别的，这里的采取措施就是根据 C 阶段检查的结果采取适当措施：要么是总结成功经验，然后确定相关标准，实施标准化作业，或制定作业指导书，并转入下一轮 PDCA 循环；要么是提出整改方案，采取纠正措施，警示通报，汲取教训，防止问题再发生，然后再转入下一轮。

以上四个过程相互作用构成 PDCA 循环，从而促进质量管理体系的持续改进，持续改进又使质量管理体系螺旋式提升。

11.3　全员管理

11.3.1　全员质量管理的内涵

产品质量只是制造车间的事吗？检测质量只是检测部门的事吗？后勤服务、供应采购等对结果质量不会造成影响吗？

曾任美国联邦统计局首席数学家兼抽样专家的戴明博士指出，在生产过程中，造成质量问题的原因只有 10%～15% 来自工人，而 85%～90% 是企业内部在管理上有问题。由此可见，现代检测实验室如果把质量事故几乎第一意识地归罪于检测员，是不利于质量真正提高的。

现代社会，联系日益广泛，环节错综复杂，后勤保障部门如果原材料把关不严，很有可能影响到最终产品质量。即使食堂，好像与检测实验室检测质量毫不相关，但如果不巧这天的伙食有问题，每个人都闹肚子，那么一整天的工作质量可想而知了。

"各级人员都是组织之本，只有他们的充分参与，才能使他们的才干为组织带来收益。"检测实验室要注意持之以恒地结合实际发生情况或需要做出的决策，对全体人员进行有效培训和教育，一是提高质量意识，二是可以达到相互理解、行动一致的目的。

全员参与关键在于每个人都是质量上的领导者，每个人都主动地完成自己的职责及相关衔接。如果绝大部分人都不过是被动的参与者，这样的"全员参与"只是形式上的，并非 TQM 要求的真正全员参与。

TQM 包括检测实验室的全部人员，不管是直接与产品或服务有关的，还是间接相关的，不管是检验、生产人员，还是行政后勤人员，不管是临时工，还是最高领导人，都必须注意到质量，你我他都有份，可能你重要，也可能他更重要，但说到底，质量对谁都一样重要。

11.3.2　全员质量管理方法要点

（1）最高管理层质量意识到位　如果最高管理层质量意识不到位，只是把质量工作当成可有可无，那么是不可能要求全员参加到质量活动中的。

最高管理层不重视，能不能搞好质量工作呢？能，但只能局部，不能全部；只能一时，不能长久。有些检测实验室检验员责任心很强，自己总认为要想方设法避免老是出差错，这种精神和努力非常可嘉。但如果某些层次领导不以为然，总是支使检验员一会做这，一会做那，一会这里急，一会那里急，时不时再搞个无关质量的紧急会议，要么要求加班写份特急的情况报告，要么是每批次检测时间死催加快，质量工作始终未真正放在第一位，检验员受干扰的因素太多，压力太大，精力不济，即使加班加点，也只能是赶场，又怎能保证质量呢？

因此，最高管理层的质量意识和质量活动，将从根本上决定全员质量意识和活动。

（2）必须抓好全员的质量教育和培训　教育和培训至少需要达到两个目的，一是加强全体人员的质量意识，如"顾客至上、质量第一"等；二是提高所有人员的质量相关的技术能力和质量管理能力。教育培训最好能避免填鸭式空洞说教，用组织的事例或其他实验室组织的例子更能说明问题。

（3）建设科学的组织责任管理机制　科学部署各部门、各层次、各类人员的岗位质量责任，既要明确各自所承担的任务和各自职权，又要相互合作、精诚团结，以形成一个高效有序、协调畅通、严密周到的质量管理工作的系统。上层领导侧重于质量决策，最终质量战略目标，中层管理则着重于贯彻落实领导层的重要事项，基层管理对具体程序文件、作业指导书熟悉，严格按规范操作，不断改进。

责任管理机制主要强调两个方面：一是上级敢于放权，善于授权；二是下级勇于承担责任，积极参与。

因此，积极开展群众性的质量教育、培训、竞技等质量活动，充分发挥职员以企业、检测实验室为家，当家作主的主人翁主观能动性，这一条说起来容易，做起来难，但又必须做，并且一定要做好，否则，质量没准在哪个人身上就出了问题。

11.3.3　领导的作用

"真正的管理既不在于管人，也不在于理事，而在于是否善于领导。"一位管理大家曾说过，"管理的要旨就在于领导人们进行有效的自我管理。"

"领导者确立组织统一的宗旨及方向。他们应当创造并保持使员工能充分参与实现组织目标的内部环境。"检测实验室领导应对他们的产品（服务）质量负完全责任，因此，质量决策和质量管理应是检测实验室领导的重要职责。开展 TQM，检测实验室的最高层领导首先就必须质量态度端正，质量意识牢固，能够在实践中排除一切干扰或阻力，切实将质量放至第一位。

　　第一，最高管理者的绝对重视和行动上的支持。现代检测实验室，说到质量，恐怕没有哪个一把手都会否认自己平时最重视，最支持。但是，行动上呢？现实工作中诸多矛盾，是否保证了业务工作中质量第一？高层管理者需要学习和研究 TQM，对于什么是质量和 TQM 的基本原则要有一个正确的认识。

　　第二，建立相关质量组织机构并授予重权，具体包括：组成质量委员会，任命质量主管和成员，培训选中的管理者。

　　第三，确立实验室的愿景、战略和质量目标，并制订为实现质量目标所必需的长期计划和短期计划；质量目标为全体员工提供了关注的焦点，给出了实现检测实验室战略规划的实施方向，它确定了预期的结果，并指导检测实验室使用资源来达到这些预期的结果。质量目标，一要满足顾客的要求，二要满足检测实验室整体目标的要求，还要适应检测实验室内外环境。为了实现质量目标，要制定相应的质量计划，实施质量预控。

11.4　全方位的质量管理

　　全方位的质量管理或者称作"全面控制质量因素"。全方位的质量管理不仅应由质量管理部门和质量检验部门来承担，而且必须有项目的其他各部门参加，如技术、计划、物资供应、原材料采购、财务成本、预算合同、仪器设备、劳务、后勤服务等部门。各部门均对项目的质量作保证，实现项目的全方位质量管理。

11.4.1　类型

　　影响质量的因素从大的方面可以划分为两大类：即仪器、试剂材料和检测方法等技术方面的因素；以及操作者、检验员、基层管理人员、质量保证人员和组织的其他人员等人的方面因素。全面控制质量因素则意味着把影响质量的这些因素全部予以控制，受到足够的关注和控制，避免质量缺陷产生，以确保质量。

　　但相对来说，人的因素通常更容易忽视，因此相对更重要一些，更需要注意一些。对检测质量因素可以按其性质分为：合同评审、标准方法管理、检测项目管理、抽样监督、制样或样品前处理、检测实验控制、专题项目攻关等。

　　例如某一政府检测实验室，它的样品来源就与许多其他社会上的检测机构不同，它有相当一大批样品是由政府产品质量监管机构直接抽样送检过来的，而这些样品绝大部分是依据相关法律进行法定强制检验的。这样，检测实验室的管理就必须更多地考虑到这一因素，它受到政府机构这种外部环境力量的制约也是显而易见的，质量管理如果不考虑这一特殊情况，那就很难施行了。然而，这并不意味着质量管理就是被动的，只能适应这些限制条件。相反，管理在认识和确定环境的关系、设计内部各分系统中，具有一种积极的作用。也即是说，要实施有效的质量管理，首先必须进行有效的系统组织管理，然后在实践中根据系统科学的基本原理，灵活运用还原与上索、层次分析与综合、功能分析与黑箱方法、隐喻、类比与数学计算机模型等系统科学方法来进行质量系统管理，这就是科技高速发展的今天管理手段也必须跟上的主要趋向。

又如，影响实验室检定、校准和检测结果质量的因素，还包括人员、设备、设施与环境条件、样品、方法、溯源性、与结果有关的材料等，还包括不同操作者、设备再校准、天气变化（温度、湿度）等。

11.4.2　如何控制质量因素

控制质量因素的关键是排除干扰。对于检测实验室检验业务系统外的干扰因素，可以参考下面四个方面考虑，然后结合自身组织的实际情况，建立质量干扰判断标准，如有必要，可以估计干扰后果。

① 区间核查，每天检查，盲样考核，不定期内部审核，组织比对试验，参加能力验证等。

② 事前控制的关键则是检验标准、方法的收集、理解、掌握，外部供应商的管理和试剂标物及其他消耗品的进货检验，分包实验室管理，计量管理，与顾客沟通、合同评审、顾客咨询等。在对供应商进行管理时，可以考虑进行供应商等级评估和资料库的管理。在对供应商进行评估时，可以从几个方面进行，即被评估供应商的资质、经营状况、研发状况、生产状况、提供服务项目、供应物品质量评价、服务的质量评价等情况。

③ 事后警示反馈，需要对出现的问题进行反馈，坚决改正，把问题暴露出来，绝不妥协。实际上流程再造、前台服务改革、提升对顾客服务意识等都可以作为事后反馈的主要渠道。

④ 质量和准时交付都是顾客所要求的。从某种意义上来说，准时交付也是质量的一个组成部分，但往往准时交付和质量是有矛盾的。检测实验室为了检测周期在规定内达到，往往有可能牺牲了某些检测质量，如样品前处理时间、复核时间、证书审核和签发时间，这些都有可能让质量问题从几道关卡"从容快捷"而过，更为可悲的是，更多时候减少检测周期，不是依靠科技攻关，而是依靠行政命令，这样，检测质量的牺牲就在所难免了。在一定时期内，在一定的技术水平前提下，检测质量是离不开一定的检测周期的，这本来是一个很浅显的道理，顾客经过耐心的解释也会非常乐意接受两者的一个最佳平衡点，在实际操作中，更需要避免一些无谓的政治上干扰。

11.5　科学系统管理

11.5.1　科学系统管理原则

全过程质量管理和全员质量管理，还不能完全体现全面质量管理。不论是什么质量管理，都离不开科学的管理，全面质量管理必须以科学的态度，采用科学的方法进行系统的管理。一切按客观规律办事，一切用数据来说话。必须采用各种先进技术和方法，这些方法包括科学系统的管理方法、数理统计的方法、现代检测技术、电子技术、通信技术等。

目前，ISO 系列标准认为科学管理涉及下面的八条基本原则：以顾客为关注焦点，领导作用，全员参与，过程方法，管理的系统方法，持续改进，以事实为基础进行决策，与供方互利的关系。

但是，TQM 的原则还不仅限于此。ISO9000 族是世界性的通用标准，因此它并不能代表质量管理的最高水平。检测实验室在达到 ISO 9000 族标准的要求之后，还需要进一步的发展。这就需要更高的标准和更高的要求来指导检测实验室的工作。代表着国际顶尖质量管理水平、在国际范围内享有一流声誉的美国马尔克姆·波多里奇国际质量奖核心价值观就反映了 TQM 的基本原则和思想。比如：①领导者的远见卓识；②顾客推动；③有组织的和个人的学习；④尊重员工和合作伙伴；⑤灵敏性；⑥以未来为中心；⑦管理创新；⑧基于事实的管理；⑨社会责任和公民义务；⑩重在结果及创造价值；⑪系统观点。

11.5.2　科学管理与机械管理

科学管理与机械管理的两个根本区别就在于，机械管理迷信标准，迷信权威模式，而科学管理则是从科学事实出发，用事实说话，根据数据来进行科学的判断。全面质量管理的基础就是科学管理，或者说，全面质量管理与科学管理是一脉相承的。

11.5.2.1　迷信标准

不少学者认为，ISO/IEC17025 实际是在 TQM 原理基础上建立起来的，检测实验室达到了 ISO/IEC17025 标准要求，就万事大吉，质量无忧了，意味着它们成功实现了 TQM。不少实验室迷信 ISO17025 标准。

对比 ISO/IEC17025 标准和 TQM，两者最大的共同点是它们的目的、要求和作用是一致的：两者都是为了加强质量管理，提高质量。但是，两者也存在根本区别，两者最大的不同点是：ISO/IEC17025 标准是从顾客（用户）的立场建立的一种质量管理制度，包容的质量活动面窄；TQM 是从检测实验室出发，站在制造者或检测实验室立场建立的一种质量管理制度，包括质量经营的全部内容，包容的质量活动面宽。ISO/IEC17025 标准和 TQM 各有短长，两者不是互相对立的关系，在贯彻 ISO/IEC17025 标准和深化 TQM 中，两者应做到互补，巧妙结合，融成一体，以便取得事半功倍的作用。

ISO/IEC17025 标准固然有其初衷动态、持续改进的设想或要求，但它作为标准，不可避免地在给人们实施过程中易造成僵化、死板、机械执行的体系，如果是未达标的检测实验室，它是一个很好的能够激励，能够提升一个新层次的管理要求，实质也是质量管理的最基本、必须具备的要求。但如果是对已经达标了的检测实验室，这种体系要求的更多可能会起反作用，令人疲于应付，或是僵化执行，甚至是做假应付交差了事。这一点，不管是在国内，还是在国外，都较为普遍地存在。

　　国内许多检测实验室建立了 ISO/IEC17025 体系，但并不意味着它们成功实现了 TQM。不可否认，它们的质量在这过程中有了很大的提高，但是，质量还是经常出事故，质量文化也没有多大改变，甚至领导者也以为过了就可以松一口气，睁一只眼，闭一只眼，高枕无忧了，主要精力又转向了别的方面，过了一段时间，发现怎么又出现了一大堆质量问题，警钟再次敲响。

　　"TQM 恐怕不只是学会帕累托图、办一周质量培训班、背熟质量管理口诀、通过 ISO 认证标准"。质量管理专家 Rachel Salazar 坦承，"如果推行 TQM 只重过程，不重结果，就是不得要领"。科学的管理不是把所谓先进的条条框框标准化列出来并且严格执行然后评估达标就了事。芝加哥大学商学研究生院教授尔温·贝克（Selwyn Becker）指出："质量管理失败的原因是这些机构实施了 TQM 的技艺，却没有吸收 TQM 的哲学——授权于工人。"

　　实验室 TQM 需要激发一线检验人员的主动质量管理精神，始终不断地寻求质量改进的机会，是更高的质量管理要求，更为动态，更易于适应管理原则。国内检测实验室要真正贯彻 TQM，还有很长的路要走，需要在各方面如流程、技术、技巧、辅助系统、培训系统、质量创造活动、价值观和质量文化等都坚持不懈地努力，没有止境的追求。

　　简单地说，如果把 ISO 相关质量体系和 TQM 用数学概念来表示，ISO 更像一个固定值，而 TQM 则更趋向于一个无限值。

11.5.2.2　权威模式

　　目前，质量管理业界流行所谓的权威模式，如 6σ、8D、ISO 体系认证、双零模式、森口体系、田口质量工作方法、两种质量诊断理论等，好像一遵照执行，质量问题就一劳永逸。特别是 6σ 模式，引入的 AQL，好像很有数理依据。

　　AQL（Acceptable Quality Level）是验收合格标准的缩写，即平均质量水平，它是检验的一个参数，不是标准，但通常已被国人理解为可接受质量水平。不同的 AQL 标准应用于不同物质的检验上。在 AQL 抽样时，抽取的数量相同，而 AQL 后面跟的数值越小，允许的瑕疵数量就越少，说明品质要求越高，检验就相对较严。

　　那么，AQL 是多少才是可以接受的呢？被视为质量管理神话的 6σ 断言：百万分之三点四，做到了，你就拥有一流的质量。是这样的吗？实际上，6σ 究竟是多少，国内外一直都有人表示质疑，一些国外的资料甚至认为 6σ 是亿分之一，是绝对达不到的质量要求。

　　不少管理者喜欢套用某种似乎相当先进的权威管理模式，以为这样就可以一劳永逸地解决质量问题了，实际上，许多似乎在管理者看起来很容易实现的措施、模式，如果不考虑检验员的实际操作，必然受到不同程度的抵制，如果强制施行，可能贯彻一时，但实践将证明不适用自己的最终被抛弃，不管其理论根据多么堂而皇之。

11.5.3　科学管理实施的注意事项

TQM 在实践过程中必须注意一些相关的基本概念和思想，同时在实践中升华与发展。

① 质量管理不宜用"最好"、"最优质"、"最佳"、"一流"等没有"质"和"量"的含糊词语来表达"质量"的含义。质量是指"最适合于一定顾客的要求"，这些要求包括检验实际效果、检测费、检验结果可靠性、检验相关服务等。

② 质量控制是指采取的管理手段，包括四个步骤：制订或执行相关标准、法规，评价相应标准或法规的执行情况，偏离相应标准或法规时应该采取的纠正措施，以及改善标准或法规的计划。

③ TQM 是为实验室提供优良检测的一种重要手段，体现在优良的检测设计、检测方法以及认真的检测服务等一系列活动的全部过程中。

④ TQM 的基本原理放之四海而皆准，适用于任何检测过程，虽然在不同情景，不同场合应用方法可能截然不同。一般来说，在大量检测作业中，质量控制的重点在检测流程，控制了流程就控制了质量；在单一检测试验中，重点则在每一个影响质量因素。

⑤ TQM 贯穿在检验过程的所有阶段，包括为报检咨询、合同评审，也包括内部审核、纠正措施等阶段。TQM 中所定义的质量是一个多层次多方面的概念，不仅与最终检测结果有关，并且与组织如何传送证书，如何迅速响应顾客的投诉等服务过程都有关。

⑥ TQM 的一种非常有效的手段就是建立符合组织特点的质量体系，如果不适合自己组织，纵使再好也枉然。但建立好了体系并非万事无忧，体系的建立只不过是万里长征的第一步。质量管理体系开始运行之后，还要通过一系列的工作对质量管理体系进行监控，保证使之按照规定的目标持续、稳定地运行。这方面的工作包括质量成本的分析、报告，质量管理体系审核，以及对顾客满意程度的调查等。宏观的质量认证制度、质量监督制度也是促进实验室 TQM 工作的有效手段。

⑦ TQM 活动的衡量和优化最重要的手段之一就是质量成本，用经济手段来评价是最有效、最直观的方法。

⑧ TQM 可以是上级管理层授权下级管理层进行质量管理的工具，既可免除上级的一些不必要的琐事，又可确保质量令人满意，从而达到上级管理层的要求。

⑨ 质量管理工作必须得到上层管理部门的全力支持，否则，其他人再努力也难以取得真正效果。原则上，组织第一把手，如实验室主任、主任总工程师应当成为 TQM 的"总设计师"，同时，还应促进组织在效率、现代化、质量控制等方面的提升。

⑩ 实施 TQM 的组织通常包括两个方面：为相关的全体职员和部门提供检测或服务的质量信息和顺畅的沟通渠道；为有关的职员和部门参与 TQM 工作提供必要的手段或工具。

⑪ TQM 广泛地应用数理统计方法，但需要注意的是，它们只是工具，是其中内容之一，既不是全部，也不是最重要的决定性因素。

⑫ 如何在组织的范围内开展 TQM 活动呢？明智的做法是可以先选择一两个课题或项目，在一两个子系统、子单位内解决，成功后再一步步扩展推进。

11.5.4　科学管理的评价模式

如何评价自己的实验室是否达到科学管理呢？是否是严格按照 ISO/IEC17025 的体系通过评审就达成了呢？

美国著名的管理专家汤姆·彼得斯（Tom Peters）用几年的时间读遍了所能够找到的有关这个主题的材料，并仔细地研究了 IBM、泰能、米利肯等公司的质量革命成果，总结出来世界级质量管理的 12 个特征：

① 管理者着迷于质量。质量是从感情上的依恋开始的，没有"如果"、"那么"或"但是"可言。

② 有一套思想体系或思想方法作为指导。

③ 质量是可以衡量的。

④ 高质量要受到奖励。

⑤ 每个员工都应在技术上受到培训，以便评估质量。正如日本人所说：质量，始于培训，终于培训。

⑥ 利用包含跨职能部门或跨系统的团队。必须从思想认识上把我们的管理哲学从敌对转移到合作上来。

⑦ 小的就是美的。

⑧ 提供不断的刺激。创造无止境的"霍桑效应"；质量革命是一场关注琐碎细节的战争。

⑨ 建立一个致力于质量改进的平行组织结构——"影子质量组织"。

⑩ 人人都发挥作用。尤其是供应商，但销售商与顾客也同样必须是质量改进过程的一部分。

⑪ 质量上升会导致成本下降，改进质量是降低成本的关键所在。

⑫ 质量改进永无止境。每件产品或服务，每天都是相对地变好或变坏，但绝不会停滞不前的。

由此可见，即使是多次经过了 ISO/IEC17025 的体系认证，也只不过是科学管理的最基本要求，是一种世界通用性的基本要求，离世界级的质量管理还是有一段距离，这也是为什么 ISO/IEC17025 体系不断更新的一个重要原因。

评价是否管理科学，是否较为系统性，是否全面质量管理得以有效施行，卓越绩效模式可以予以参考。

卓越绩效模式（performance excellence model），是 20 世纪 80 年代在美国发展起来的评价质量管理成效的一种模式，它的根源可追溯到美国的鲍德里奇奖评审标准。首先是要以顾客为导向，顾客的需求满足为目标，在完成这一目标的过程中追求卓越的绩效管理，也可以说是给 TQM 提供了一个世界公认的，在许多方面规范化、标准化的操作程序。通常包括七个方面因素：领导、战略、顾客和市场、测量分析改进、人力资源、过程管理、经营结果，涵盖了质量竞争力的所有要素。当然，随着时代的发展及不同国家和地区的应用，评价标准也有了很大的变化。目前，TQM 发展到一个以追求卓越为核心的全新阶段，主要有：①强调质量是企业效益最大化和顾客利益最大化相结合；②不但强调顾客满意，还强调顾客的忠诚；③强调系统整合和经营；④强调组织文化建设的重要性；⑤强调坚持永续发展的原则；⑥更加强调社会责任。具体如下。

(1) 卓越绩效首先体现在质量方面　质量追求的目标是实验室效益最大化和顾客利益最大化相结合，质量不仅是好、优、一流等模糊的代名词，也不仅只是符合顾客的需求，还要与实验室效益结合在一起，以追求组织的效益最大化和顾客的价值最大化相结合为目标，从而在概念范畴上就是一种全面的考虑。

(2) 顾客至上不仅体现在顾客满意，还更多地体现在顾客的忠诚　卓越绩效不仅要把顾客满意作为衡量组织运作的各个过程各项指标的核心要素，而且对顾客感知价值，即忠诚度作为新的关注焦点。

组织既要关注现有顾客的需求，还要预测未来顾客期望和潜在顾客；顾客导向的卓越要体现在组织运作的全过程，因为很多因素都会影响到顾客感知的价值和满意，包括组织要与顾客建立良好的关系，以增强顾客对组织的信任、信心和忠诚；在预防缺陷和差错产生的同时，要重视快速、热情、有效地解决顾客的投诉和抱怨，留住顾客并驱动改进；在满足顾客基本要求的基础上，要努力掌握新技术和竞争对手的发展，为顾客提供个性化和差异化的产品和服务；对顾客需求变化和满意度保持敏感性，做出快速、灵活的反应。

(3) 更加强调系统思考和系统整合　全面质量管理思想从科学角度来说，应该是系统性思想应用于质量管理，是质量管理的系统科学化思想。另外，追求卓越绩效的过程本身就是一个系统工程，必须要有一个统筹的战略规划，有一个系统核心价值取向，系统地应用各种科学方法和工具，遵循系统管理的原则和方法，充分调动并整合各种可利用的资源，特别是人力资源，协调一致地发挥各部门和各层次职员的主观能动性，最终达到组织效益最大化和顾客利益最大化的战略目标。实验室 TQM 系统图见图 11-2。

更加强调重视组织文化的作用。无论是追求组织卓越绩效、确立以顾客为中心的经营宗旨，还是系统思考和整合，都涉及检测实验室经营的价值观。所以必须首先建设符合组织愿景和经营理念的组织文化。

(4) 更加强调坚持永续发展的原则　实验室的发展不能只局限于眼前、短期利益，实验室的发展要有愿景、战略目标、长期计划，更加强调永续发展的理念，构筑与社会各阶层如顾客、供销商、实验室内部职员、社区、公共权力机构、国外贸易商等牢不可破的长期稳定关系和永续发展的利益。

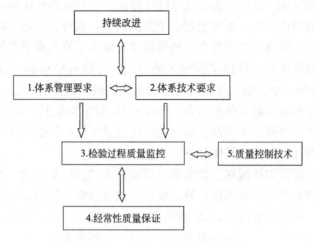

图 11-2　实验室 TQM 系统图

（5）更加强调组织的社会责任　组织应注重对社会所负有的责任、道德规范，并履行好公民义务。领导应成为组织表率，在组织的经营过程中，以及在组织提供的产品和服务的生命周期内，要恪守商业道德，保护公众健康、安全和环境，注重保护资源。组织不应仅满足于达到国家和地方法律法规的要求，还应寻求更进一步改进的机会。要有发生问题时的应对方案，能做出准确、快速的反应，保护公众安全，提供所需的信息与支持。组织应严格遵守道德规范，建立组织内外部有效的监管体系。

这些核心价值观反映了国际上最先进的经营管理理念和方法，也是许多世界级成功实验室的经验总结，它贯穿于卓越绩效模式的各项要求之中，应成为检测实验室全体员工，尤其是检测实验室高层经营管理人员的理念和行为准则。

（6）追求卓越管理　领导力是一个组织成功的关键。组织的高层领导应确定组织正确的发展方向和以顾客为中心的组织文化，并提出有挑战性的目标。组织的方向、价值观和目标应体现其利益相关方的需求，用于指导组织所有的活动和决策。高层领导应确保建立组织追求卓越的战略、管理系统、方法和激励机制，激励员工勇于奉献、成长、学习和创新。

从符合性质量到实用性质量，从顾客满意到相关方满意，随着质量管理的演化，卓越绩效评价标准反映了现代质量经营的先进理念和方法，为实验室追求卓越提供了途径和测量标准，也引导它们在观念和运作模式上实现改进和创新。可以说，标准的实施是实验室展示管理特色和经营业绩的过程，也是学习和借鉴先进经验的过程。卓越无止境，实验室只有深入理解和实践新的标准，坚持持续改进，不断追求卓越，才能真正提高质量水平和国内外竞争实力，获得持久的生命力。

高层领导应通过治理机构对组织的道德行为、绩效和所有利益相关方负责，并以自己的道德行为、领导力、进取精神发挥其表率作用，将有力地强化组织的文化、价值观和目标意识，带领全体员工实现组织的目标。

"卓越绩效模式"得到了美国企业和管理界的公认，该模式适用于实验室、事业单位、医院和学校。世界各国许多企业和组织纷纷引入实施，其中施乐公司、通用公司、微软公司、摩托罗拉公司等世界级企业都是运用卓越绩效模式取得出色经营结果的典范。

参考文献

[1]　ISO9001：2008 Quality management systems—Requirements.
[2]　ISO/IEC 17025 General requirements for the competence of testing and calibration laboratories.
[3]　GB/T 19580—2012 卓越绩效评价准则.